우주의 전기

빅뱅에서 우주의 미래까지 시간을 가로지르는 짜릿한 여행

The Universe *A Biography*

THE UNIVERSE
Copyright ⓒ John and Mary Gribbin, 2006
All rights reserved

Korean translation copyright ⓒ 2010 by Dulnyouk Publishing Co.
Korean translation rights arranged with David Higham Associates Limited,
through EYA (Eric Yang Agency)

이 책의 한국어판 저작권은 EYA (Eric Yang Agency)를 통해 David Higham Associates Limited와 독점계약한 '들녘'에 있습니다. 저작권법에 의하여 한국 내에서 보호를 받는 저작물이므로 무단전재와 복제를 금합니다.

우주의 전기

ⓒ 들녘 2010

초판 1쇄 발행일 2010년 7월 9일

지은이 존 그리빈
옮긴이 남경태
펴낸이 이정원
책임편집 선우미정
펴낸곳 도서출판 들녘
등록일자 1987년 12월 12일
등록번호 10-156
주소 경기도 파주시 교하읍 문발리 파주출판도시 513-9
전화 마케팅 (031)955-7374 / 편집 (031)955-7381
팩시밀리 (031) 955-7393
홈페이지 www.ddd21.co.kr
블로그 주경야독 http://blog.naver.com/dnk21

ISBN 978-89-7527-849-5 (03440)
값은 뒤표지에 있습니다. 잘못된 책은 구입하신 곳에서 바꿔드립니다.

빅뱅에서 우주의 미래까지 **시간을 가로지르는 짜릿한 여행**
우주의 전기

지은이 존 그리빈 · 옮긴이 남경태

들녘

■ 차례

■ 책머리에 _왜 전기인가? … 6

1장 | How Do We Know the Things We Think We Know?
우리는 우리가 안다고 생각하는 것을
어떻게 알까? … 11

2장 | Is There a Theory of Everything?
모든 것을 설명하는 이론이 있을까? … 41

3장 | How Did the Universe Begin?
우주는 어떻게 시작되었을까? … 65

4장 | How Did the Early Universe Develop?
초기 우주는 어떻게 진화했을까? … 87

5장 | How Did the Observed Structure in the Universe Develop?
우주의 구조는 어떻게 진화했을까? … 113

6장 | What is it That Holds the Universe Together?
우주를 뭉치게 해주는 것은 무엇일까? … 143

7장 | Where Did the Chemical Elements Come from?
화학 원소는 어떻게 생겨났을까? … 175

8장 | Where Did the Solar System Come from?
태양계는 어떻게 생겨났을까? … 205

9장 | Where Did Life Originate?
생명은 어떻게 탄생했을까? … 237

10장 | How Will it All End?
우주는 어떻게 끝날까? … 273

■ 용어해설 … 300
■ 참고문헌 … 305
■ 찾아보기 … 307

■ 책머리에

왜 전기인가?

30여 년 전 과학에 관한 책들을 쓰기 시작할 무렵 나는 명확한 사실들을 다룬다고 생각했다. 뉴턴의 법칙이 그랬고, 대륙들이 지표면을 이동하는 현상, 별들이 심장부에서 일어나는 핵융합 과정을 통해 에너지를 발산하는 현상이 다 그랬다. 그런데 훗날 과학과 전기傳記의 역사에 점점 큰 관심을 기울이게 되면서 나는 그런 연구들이 상당 부분 주관적이고 해석의 여지가 클 수밖에 없다는 것을 깨달았다. 과학의 역사를 '엄정하게' 서술하기란 불가능하다(과학만이 아니라 무엇이든 마찬가지지만). 우리가 모든 사실을 알 수는 없기 때문이다. 우리는 추측의 빈틈을 메워야 한다. 아무리 우리가 가진 모든 사실을 충분히 활용한 전문적 추측이라 해도 추측은 어디까지나 추측이다. 마찬가지로, 한 개인의 생애를 '엄정하게' 서술하는 것도 불가능하다. 인간의 기억은 틀릴 가능성이 있고 기록도 불완전하기 때문이다. 나중에 나는 우주의 역사 혹은 생애를 서술하려 할 때도 똑같은 제약이 따른다는 것을 깨달았다. 비록 우리는 빅뱅 이후 우주가 걸어온 길에 관해 상당히 많은 지식을 쌓았고 그중에는 제법 정교한 지식도 있지만, 그 지식에는 언제나 빈틈이 있다. 그 빈틈을 메우려면 전문적인 추측이 필요하다. 그러므로 단일하고 결정적인 우주의 역사 혹은 전기란 없다. 그보다는 다양하고 어느 정도 주관적인 여러 가지 해석들만이 가능할 따름이다.

그렇다면 우주의 기원, 진화, 가능한 운명을 서술하는 것도 일반 전기를 서술하는 것과 다를 바 없다는 이야기다. 즉 주제에 관한 기본적인 문제를 제기하고, 전문적 추측에 필연적으로 따르는 빈틈을 메워 최선의 답을 구하는 것이다. 우주는 어떻게 시작되었을까? 우리를 구성하는 물질의 소립자는 어디서 왔을까? 은하는 어디서 왔을까? 별과 행성은 어떻게 형성되었을까? 이런 문제들에 대해 지금 우리는 잠정적인 답밖에 없지만(다른 문제들보다 더 잠정적이다), 과학 연구가 앞으로 10년쯤 더 진행되면 답도 크게 나아질 것이다. 기존의 잠정적인 답도 아예 답이 없는 것보다는 훨씬 낫다. 이 답을 얻게 된 과정도 나름대로 설명할 가치가 충분하다. 또한 그것은 앞으로 10년 뒤 헤드라인 뉴스가 될 이야기를 위한 준비 무대이기도 하다.

16세기 이후 과학의 역사를 서술할 때[1] 나는 다른 종류의 전기 서술 방식을 이용했다. 그것은 개별 과학자들의 생애와 업적에 집중하는 방식이었다. 원래 나는 이 책에서도 바로 그와 똑같은 방식으로 각 과학자들의 개별적 연구 성과에 초점을 맞춰 독자들에게 오늘날의 과학에 관한 통찰력을 주고자 했다. 그러나 요즘은 과학의 연구 방식이 달라졌다. 현재 활동하는 과학자들을 살펴보면 과거와는 크게

---

1 『Science: A History』 (Allen Lane, London, 2002).

다르다는 것을 깨닫게 된다. 오늘날 물리학자들은 대체로 많은 인원이 한 팀을 이뤄 작은 문제를 집중적으로 연구한다. 그런 탓에 어느 한 개인이 연구에 어떻게 기여했는지 알기가 어렵고, 만약 다른 과학자가 그 연구를 맡았다면 결과가 어땠을지 확실히 판단할 수 없다. 하지만 전체는 부분들의 합보다 커졌다. 물리적 세계가 어떻게 작동하고, 우리가 바라보는 우주가 어떻게 지금의 모습이 되었는지에 관해 설득력과 일관성을 갖춘 거의 완벽한 그림이 그려졌다. 이 이야기의 흥미로운 특징은 생명의 기원에 관한 수수께끼가 물리학의 영역 안으로 들어왔다는 점이다(그만큼 전보다 신비는 줄었다).

연구 성과의 규모를 올바르고 명확하게 파악하기 위해서는 과학자들의 개별적인 기여로부터 한 걸음 물러나 큰 그림을 보아야 한다. 현재 써야 할 흥미로운 과학적 전기가 있다면, 그것은 우주의 남은 수수께끼를 조사하는 사람들의 전기가 아니라 우주 자체의 전기다. 우주의 생애가 끝나려면 아직 멀었으므로 나는 지금까지의 이야기를 시작의 견지에서 제시하기로 했다. 우리가 아는 우주의 시작은 약 140억 년 전이고, 지구는 그로부터 얼추 100억 년 뒤에 탄생했다. 또한 나는 미래를 엿보고 싶은 심정도 억누를 수 없었다. 즉 우리 행성의 주민들에게 큰 관심거리인 지구의 운명, 나아가 우주 전체의 운명에 대한 호기심이다.

이 이야기의 개요는 전에 개략적으로 설명한 바 있다.[2] 21세기 과학에서 달라진 것은 그 개요가 상당히 정밀해졌다는

---

2 내가 예전에 쓴 책 『Genesis』(Dent, London, 1980)를 비롯해 여러 책들이 있다.

점이다(정밀해지는 과정에서 크게 바뀐 부분도 있다). 우주의 상태를 규정하는 핵심 숫자들이 불과 몇 퍼센트, 혹은 몇 분의 1퍼센트의 정확도로 알려졌다. 그와 동시에 몇몇 부분이 놀라울 만큼 정확하게 밝혀졌다. 예를 들면 실험실에서 발견된 중성자(원자핵의 구성요소)의 속성은 빅뱅에서 일어난 사건이나 오늘날 별들에서 발견되는 헬륨의 양과 긴밀한 연관이 있다. 거꾸로, 별들에 존재하는 헬륨의 양은 우리의 신체를 구성하는 화학 원소의 생산에 영향을 주므로 생명의 기원과 관련된다. 이 책을 '역사'가 아닌 '전기'라고 불러야 하는 또 다른 이유다. 이 책은 생명의 기원, 나아가 우리 자신의 기원에 관한 궁극적인 문제를 다룬다(이 점은 뒷부분에서 더 가시화될 것이다).

이 책은 우주의 '정확한' 전기라기보다는 '하나의' 전기라고 봐야 한다. 그러나 상당 부분 추측이 개재되었다 하더라도 나의 개인적 공상에 치우친 것은 아니다. 추측보다는 사실이 훨씬 더 많다. 유능한 전기작가가 그렇듯이, 나는 우주와 우주 속에서 우리가 차지하는 위치에 관한 새로운 이해와 씨름하기 전에 먼저 물리학자들이 우주에 관해 안다고 확신하는 것을 찬찬히 조사하고, 우리가 안다고 생각하는 것과 우리가 안다고 생각하는 것의 차이를 구분했다.

존 그리빈
2006년 5월

1

우리는 우리가 안다고
생각하는 것을 어떻게 알까?

How Do We Know the Things We Think We Know?

과학자들이 원자의 내부에서 일어나는 일, 혹은 우주가 탄생하고 3초 동안 일어난 일을 '안다'고 말할 때 그 말은 무슨 뜻일까? 그 말은 원자나 초기 우주의 모델이 실험 결과나 세계를 관찰한 결과에 부합한다는 뜻이다. 그런 과학적 모델은 항공기의 모델이 실물 크기의 항공기를 재현하는 것처럼 실재를 물리적으로 재현한 게 아니라 수학 방정식들로 설명되는 일종의 심상이다. 예를 들어 우리가 숨 쉬는 공기를 구성하는 원자와 분자는 완벽한 탄성을 지닌 작은 구체(이를테면 극미의 당구공)들이 서로 충돌하고 용기의 벽에 부딪히는 모델로 설명된다.

이것은 심상이지만 아직은 온전한 모델이 아니다. 과학적 모델이 되려면 구체들이 운동하고 서로 충돌하는 방식을 물리 법칙으로 설명하고 수학 방정식으로 나타낼 수 있어야 한다. 이는 기본적으로 300여 년 전에 아이작 뉴턴Isaac

Newton이 발견한 운동 법칙에 따른다. 수학 법칙을 이용하면 예측이 가능하다. 예컨대 기체의 부피를 절반으로 줄이면 기체의 압력은 어떻게 달라질까? 이것을 실험했을 때 그 결과가 모델의 예측에 부합한다면(이 경우 기체의 압력은 두 배다) 그것은 좋은 모델이 된다.

물론 작은 공들이 뉴턴의 법칙에 따라 서로 부딪히는 것으로 설명하는 기체의 표준모델Standard Model이 올바른 예측을 낳는 것은 지극히 당연하다. 실험을 먼저 한 뒤 그 실험의 결과에 부합하도록 모델을 구성하기 때문이다. 과학적 방법의 다음 단계는 실험에서 얻은 여러 가지 측정을 통해 개발한 모델을 이용하여, 실험을 달리 할 경우 같은 체계에 어떤 변화가 일어날지를 예측(정확하고 수학적인 예측)하는 것이다. 달라진 상황에서 '올바르게' 예측할 경우 그 모델은 훌륭한 모델이다. 올바른 예측에 실패한다 해도 이전 실험에 관해 유용한 것을 말해주기 때문에 그 모델을 완전히 폐기할 필요는 없다. 하지만 응용은 제한된다.

사실 모든 과학 모델은 응용이 제한적이다. 어느 것도 유일한 '진리'는 아니다. 완벽한 탄성을 지닌 작은 구체들이 운동하는 원자 모델은 상황에 따라 기체의 압력이 변화하는 것을 계산하는 데 알맞지만, 원자가 빛을 방출하거나 흡수하는 방식을 설명하고 싶다면 적어도 두 구성요소—작은 중심핵(이것 자체가 완벽한 탄성을 지닌 작은 구체로 간주될 수 있다)과 그 주위를 둘러싼 전자구름—를 가진 원자 모델이 필요하다. 과학 모델은 실재 자체가 아니라 실재의 재현이다. 그러므로 적절한 상황에서 아무리 잘 기능하고 예측이 정확하다 하더라도 궁극적인 진리가 아니라 항상 근사치로, 상상력을 보조하는 장치로 이해해야 한다. 예를 들어 과학자가 원자핵은 양성자와 중성자라는 소립자로 이루어졌다고 말한다면, 그 말의 실제 의미는 원자핵이 특정한 상황에서 마치 양성자와 중성자로 이루어진 것처럼 행동한다는 뜻이다. 이 '마치'를 제대로 이해하는 좋은 과학자는 자신의 모델이 어디까지나 모델에 불과하다는 것을 알지만, 그렇지 못한 과학자는 그 중대한 차이를 종종 잊는다.

저급한 과학자나 일반인은 또 다른 오해를 가지고 있다. 그들은 흔히 오늘날 과학자의 역할이 자기 모델의 정확성을 실험으로 최대한 정밀하게 증명하는 데 있다고 생각한다. 하지만 그것은 큰 착각이다! 검증되지 않은 모델을 가지고 실험하는 참된 이유는 정확성을 입증하는 게 아니라 그 모델이 어디서 제 기능을 하지 못하는지 알아내려는 데 있다. 최고의 물리학자는 늘 자기 모델에서 결함을 찾고자 한다. 그 결함—모델이 정확히 예측하거나 상세히 설명하지 못하는 것—이야말로 새로운 이해가 필요한 곳, 더 나은 모델로 연구를 진전시켜야 할 곳을 말해주기 때문이다. 전형적인 사례는 중력이다. 아이작 뉴턴이 발견한 중력의 법칙은 1680년대부터 20세기 초까지 200여 년 동안이나 물리학의 중추를 이루었다. 그러나 사소해 보이지만 뉴턴의 모델이 설명(혹은 예측)하지 못하는 몇 가지 것들이 있었다. 이를테면 수성의 공전궤도와 빛이 태양을 지나칠 때 휘는 현상이다. 일반상대성이론[3]에 입각한 알베르트 아인슈타인Albert Einstein의 중력 모

---

3 '이론'이라는 용어는 보통 내가 모델이라고 부르는 것과 통한다. 대체로 나는 '모델'이라는 말을 선호하는데, 일반 사람들에게 '이론'이라는 말보다 오해의 여지가 적기 때문이다. 하지만 아인슈타인의 상대성이론 같은 경우에는 '이론'이라는 말이 워낙 익숙하기 때문에 쓰지 않을 수 없다. 지금까지 내가 말한 과학 모델은 과학 이론과 같은 뜻이라고 봐도 무방하다.

델은 뉴턴의 모델이 설명하는 모든 것을 설명하면서 아울러 행성 궤도와 빛의 굴곡에 관해서도 상세하게 설명할 수 있다. 그런 의미에서 그것은 옛 모델보다 더 나은 모델이며, 옛 모델이 하지 못한 올바른 예측을 한다(특히 우주 전체에 관해). 하지만 우주탐사선을 지구에서 달까지 보내는 궤도를 계산하려면 여전히 뉴턴의 모델이 필요하다. 일반상대성이론을 이용해도 같은 계산이 가능하지만, 훨씬 더 장황한 작업을 거쳐야 같은 답을 얻을 수 있는데 굳이 그럴 필요가 있을까?

이 책은 주로 우리가 안다고 생각하는 것들을 다룬다. 지금까지의 검증으로는 유효하다고 여겨지지만, 첨단의 과학을 담고 있어 아직 많은 검증이 진행되어야 하는 모델들이다. 그 가운데는 앞으로 우주에 관한 실험과 관찰에 비추어 수정이 필요한 모델도 있고, 완전히 폐기하거나 새로운 관점으로 대체해야 할 모델도 있다. 이는 역사학자나 전기작가가 수세기 동안 묻혀 있었던 중요한 문서를 발견하는 상황과 다르지 않다. 17세기 과학혁명에서 중요한 인물인 로버트 훅Robert Hooke은 자신의 연구 과정에서 생겨난 몇 가지 의문점을 상세히 풀어주는 문서를 찾은 뒤 인간에 관한 자신의 생각(모델이라고 해도 좋다)을 수정해야 했다. 이렇듯 새로운 증거가 발견되면 낡은 관념을 수정해야 한다.

하지만 21세기 과학이 전개될 무대를 세우려면 우리는 우리가 안다고 생각하는 것에서 출발해야 한다. 즉 과학자들이 크게 믿었던 당구공 기체 모델이나 (한계는 있지만) 뉴턴의 중력 모델처럼 20세기의 실험과 관찰 결과에 잘 부합하는 모델로 시작해야 한다. 뉴턴의 모델처럼 이 모델은 응용하기 쉬운 구체적인 범위 내에서 물리적 우주를 거의 완벽하게 설명해준다. 또한 뉴턴의 모델처럼 우리는 이 모델의 응용 한도를 알고 있다.

물리학자들은 세계(혹은 세계의 구체적 특징들)를 훌륭하게 설명한 모델을 '표준'모델이라고 부른다. 당구공 기체 모델(운동하는 소립자를 다루기 때문에 운동학 이론이라고도 말한다)은 표준모델이다. 물리학자들이 말하는 그 표준모델은 아원자 크기의 소립자와 힘의 운동을 설명하는 20세기 과학의 커다란 개가다. 그 시작은 1910년대에 덴마크의 닐스 보어Niels Bohr가 제안한 새로운 원자 모델이었다. 양자물리학의 역사적 발전 과정에 관해서는 나의 책 『슈뢰딩거의 고양이를 찾아서In Search of Schrödinger's Cat』에서 다룬 바 있으니 여기서는 상세한 설명을 생략하기로 하자. 다만 그 소립자 물리학의 표준모델은 전적으로 양자물리학에 바탕을 두고 있으므로 간단히 살펴보는 게 순서겠다. 언뜻 보면 낯익은 내용이라고 생각하는 독자도 있을 것이다. 하지만 두고 보라. 내가 그 낯익은 이야기를 다루는 방식은 여러분이 이미 안다고 생각하는 것과 크게 다를 것이다.

새로운 물리학의 이해로 향하는 첫 걸음을 내딛은 사람은 20세기 초 독일의 막스 플랑크Max Planck다. 그는 우리가 뜨거운 물체에서 발산되는 빛을 관찰할 수 있는 이유는 빛이 작은 덩어리로, 즉 양자라는 묶음으로 방출되기 때문이라는 것을 발견했다. 그 무렵 과학자들은 빛을 일종의 파동으로, 전자기의 진동으로 생각했다. 많은 실험에서 빛의 운동을 관찰한 결과 파동 모델의 예측과 잘 맞았던 것이다. 처음에는 플랑크도, 그 시대의 다른 과학자들도 빛이 작은 덩어리의 형태로 존재하리라고는 생각하지 않았다. 양量

의 형태로 방출되거나 흡수될 수 있는 것은 물질, 즉 원자의 속성뿐이라고 믿었다. 비유하자면, 물방울이 떨어지는 수도꼭지를 연상하면 된다. 수도꼭지에서 떨어지는 물방울이 작은 '덩어리'의 형태를 취한다고 해서 수도꼭지와 연결된 수조 안의 물도 수많은 물방울의 형태로 존재하는 것은 아니다. 알베르트 아인슈타인은 1905년에 현대에 들어 처음으로[4] 빛이 작은 덩어리로 존재한다는 생각을 진지하게 받아들였다. 빛의 입자는 광자光子라고 불렸으나 이후 약 10년간 그 생각은 기본적으로 소수파에 속했다. 하지만 나중에 실험을 통해 빛의 행동은 입자 모델의 예측에 잘 들어맞는다는 것이 밝혀졌다. 그렇다면 입자 모델도 올바르다! 어떤 실험에서도 빛이 파동처럼 행동하면서 동시에 입자처럼 행동하는 경우는 없다. 그러나 빛은 실험의 성격에 따라 파동 모델에 따르기도 하고 입자 모델에 따르기도 한다.

 빛은 모델의 한계를 보여주는 좋은 사례이므로 좀 더 명료하게 설명할 필요가 있다. 누구도 빛이 파동이라거나 입자라고 단언할 수 없다. 단지 상황에 따라 빛은 파동인 것처럼, 혹은 입자인 것처럼 행동한다고 말할 수 있을 뿐이다. 이는 마치 원자가 어떤 상황에서는 작고 단단한 당구공처럼 행동하고 또 어떤 상황에서는 전자구름으로 둘러싸인 작은 핵처럼 행동하는 것과 같다. 여기에는 역설이나 모순이 없다. 한계는 우리의 모델과 인간의 상상력에 있다. 우리가 설명하려는 것은 우리의 감각기관으로 경험한 것과 전혀 다르기 때문이다. 빛이 파동인 동시에 입자라는 것을 상상하려

---

4 아이작 뉴턴도 빛의 입자 모델을 구상했으나 파동 모델에 밀려났다.

할 때 우리가 겪는 혼란을 가리켜 미국의 물리학자 리처드 파인먼Richard Feynman은 "낯익은 것의 견지에서 빛을 보려는 자유로우면서도 헛된 욕망의 반영"이라고 말했다.[5] 빛이 일으키는 양자 현상은 수학 방정식을 통해 설명될 수 있을 뿐 일상생활에서 나오는 심상으로는 상상이 불가능하다. 양자 세계 전체가 마찬가지다. 닐스 보어가 물리학에 기여한 첫 번째 공헌은 양자물리학의 수학으로 원자 모델을 설명한 것이었다. 그 덕분에 모델이 일상적 견지에서 '유의미'한지에 관해서는 신경 쓰지 않아도 되었다.

20세기 벽두에 과학자들은 지구상의 모든 것이 원자로 이루어졌다는 것을 알았다. 산소 원자, 금 원자, 수소 원자 등 하나의 화학 원소는 한 종류의 원자로 되어 있다. 과학자들은 또한 예전에 생각했던 것과 달리 원자가 더 이상 쪼개지지 않는 게 아니라는 것도 알았다. 적절한 상황에서 원자로부터 전자를 떼어낼 수도 있는 것이다. 그 무렵 전자 모델은 소립자로 설명되었으며, 실험 결과 실제로 전자는 소립자처럼 행동한다는 게 밝혀졌다. 보어는 빛이 여러 종류의 개별 원자들에 의해 발산(혹은 흡수)된다는 것을 증명했는데, 이는 빛이 여러 가지 원자들로 이루어진 불타는 물체로부터 방출된다는 플랑크의 연구보다 진일보한 모델이었다. 가시광선의 스펙트럼은 무지개의 모든 색깔들을 낸다(무지개 자체가 하나의 스펙트럼이다). 하지만 순수한 원소(예컨대 나트륨)를 가열하면 매우 정확한 파장, 혹은 색깔의 빛이 발산되면서 스펙트럼의 선형 무늬를 만들어낸다. 나트륨의 경우 스펙

---

[5] 「물리 법칙의 특징The Character of Physical Law」

트럼의 선은 무지개의 주황색이다. 각 원소(즉 각 종류의 원자)는 지문이나 바코드처럼 나름의 고유한 무늬를 만든다. 무지개에서 색깔이 섞여 보이는 것은 여러 종류의 원자가 각기 다른 파장의 햇빛을 발산하기 때문이다. 이 섞임이 모두 더해지면 흰 빛이 나오지만, 이 빛을 빗방울 속에서 보거나 아이작 뉴턴이 했듯이 삼각형 유리로 된 프리즘을 통과시키면 색깔들이 분리된다.

빛은 에너지의 형태이며, 원자가 방출하는 빛의 에너지는 원자 내부에서 나온다(에너지가 무에서 생겨나지 않는다는 것은 물리학의 가장 기본적인 법칙이다. 그러나 나중에 보겠지만 그 법칙에도 한계가 있다). 보어는 에너지가 원자의 바깥 부분에 있는 전자들이 자리를 바꿀 때 방출된다는 것을 알았다.[6] 전자는 음전하를 띠고 원자핵은 양전하를 띤다. 그러므로 전자는 지구상의 물체가 중력에 의해 지구에 이끌리듯이 원자핵에 이끌린다. 짐을 2층으로 올리려면 일을 해서(즉 에너지를 가해서) 짐을 지구의 중심으로부터 더 멀리 옮겨야 한다. 2층 창문에서 짐을 떨어뜨리면 에너지가 방출되어 먼저 떨어지는 짐의 운동에너지로 바뀌었다가 지면에 닿으면 열에너지가 되어 지면을 약간 가열하고 충돌한 곳의 원자와 분자들을 가볍게 흔든다. 그와 마찬가지로, 보어는 원자 바깥 부분의 전자가 핵 가까이로 이동하면 에너지를 잃는다고 주장했다(그 에너지가 빛으로 방출된다). 반대로, 핵 가까이 있는 전자가 에너지를 흡수하면(원자가 가열되므로 빛에서 에너지를 얻는

---

[6] 그래서 빛은 말 그대로 원자 에너지다. 원자 에너지가 핵에너지로 불리게 된 것은 역사의 아이러니다.

다) 바깥쪽으로 도약하게 된다. 그런데 에너지가 항상 일정한 파장으로—즉 항상 일정한 에너지의 양이—방출되거나 흡수되는 이유는 뭘까?

보어가 개발한 모델에 따르면 전자가 핵의 주위를 도는 것은 마치 행성들이 태양의 주위를 도는 모습과 같다. 하지만 행성은 원칙적으로 태양으로부터 다양한 거리를 취할 수 있으나 전자의 궤도는 '고정'되어 있다. 행성의 운동에 비유하면 전자는 지구의 궤도나 화성의 궤도를 점할 수 있을 뿐 그 사이에 위치할 수는 없다. 그래서 전자는 한 궤도에서 다른 궤도로 도약하면서(화성이 지구 궤도로 도약하는 것과 같다) 일정한 빛의 파장에 따라 일정량의 에너지를 방출한다. 하지만 궤도와 궤도 사이로 도약한다거나 중간량의 에너지를 방출하는 경우는 없다. 물론 이 과정은 스펙트럼 연구에 바탕을 둔 적절한 수학으로 입증할 수 있고 계속된 실험과 관찰로 더욱 정교하게 발달했다. 그러나 원자 스펙트럼의 무늬가 어디에 생길지 정확히 예측하는 모델을 보어가 발견한 것은 사실이지만 '양자화'된 궤도는 우리 일상 경험의 견지에서 아무런 의미도 없다. 또한 이 모델이 말해주는 변화는 황당하기 그지없다. 전자는 한 궤도에서 다른 궤도로 공간을 가로질러 이동하는 게 아니라 한 궤도에서 사라지는 것과 동시에 다른 궤도에 불쑥 나타난다. 과학자들이 그 점을 이해하기까지는 상당한 시간이 걸렸다. 그러나 보어는 이해가 가능한 모델만이 훌륭한 모델은 아니라는 점을 분명히 밝혔다. 모델의 용도는 실험 결과에 맞는(확실한 수학과 관찰에 입각한 물리학에 의거한) 예측을 하는 데 있기 때문이다.

보어의 원자 모델은 흔히 지금은 맞지 않고 낡았다고 간주된다. 그의 시대 이후 물리학자들의 전자 이미지는 크게 변했다. 특히 1920년대에는 특정한 실험적 상황에서 전자가 마치 파동처럼 행동한다는 것이 밝혀졌다. 전자도 빛처럼(나아가 양자 세계의 모든 실체들처럼) '파동-입자 이중성'을 가지고 있는 것이다. 우리는 전자를 파동이라고 말할 수도 없고 입자라고 말할 수도 없다. 다만 때로는 파동처럼 행동하고 때로는 입자처럼 행동한다고 말할 수 있을 따름이다(제멋대로 행동한다는 뜻은 아니고 예측 가능한 행동이다). 이 생각은 원자 내의 모든 전자들이 핵 주변에 모호하게 퍼진 구름과 같은 형태로 존재한다는 생각으로 이어졌다. 구름의 에너지 변화는 소립자가 한 궤도에서 다른 궤도로 도약하는 것보다 더 미약하다. 이 더 발달한 모델은 원자들이 결합되어 분자를 이루는 방식을 설명하기에 매우 적합하며, 현대 화학의 전반적인 토대를 이룬다. 그러나 우주탐사선이 달까지 가는 궤도를 계산할 때 중력에 관한 뉴턴의 모델로 충분하듯이, 보어의 모델은 나트륨(혹은 실제 태양)과 같은 뜨거운 물질의 스펙트럼 무늬를 설명하는 데 여전히 유용하다. 낡은 모델은 죽는 게 아니라 다만 유용성이 줄어들 뿐이다.

현재로서 전자에 관해 말할 수 있는 것은 이 정도다. 표준모델에서 전자는 물질의 기본적 재료—더 작은 것으로 분할되지 않는 진정으로 근본적인 실체—의 하나로 간주된다. 하지만 핵은 그렇지 않다. 표준모델은 핵이 무엇인지 '설명' 해줄 뿐 아니라 우리가 입자라고 생각하는 근본적 실체들 간에 작용하는 힘의 정체를 알게 해준다.

전자 같은 근본적 실체를 말할 때 적어도 당분간 '입자'라는 용어를 쓰지 않기가 어렵지만 전자를 입자라고 못박을 수는 없다. 즉 전자를 입자라고 부른다고 해서 작고 단단한 구체, 혹은 질량과 에너지가 뭉친 덩어리라고 여겨서는 안 된다. 어떤 실험에서는 그렇게 행동하지만 다른 실험에서는 그렇지 않다. 양자적 물체의 파동-입자 이중성을 나타내기 위해 '와비클wavicle(파동wave과 입자particle를 합친 조어: 옮긴이)'이라는 용어를 만들어 쓰기도 하지만 그것도 그다지 적절하지는 않다. 반면 물리학자들은 '힘force'이라는 말을 좋은 대안으로 생각하는데, 양자의 '힘'이라는 말이나 양자의 '입자'라는 말이나 일상적인 견지에서 낯설게 여겨지는 것은 마찬가지다.

우리에게 익숙한 자연의 힘은 중력과 전자기력의 두 가지다. 우리는 지구가 우리의 몸을 끌어당기는 힘을 느끼며, 자석이 금속 물체를 끌어당기는 현상이나 플라스틱 빗을 머리카락에 문질러 발생한 정전기가 작은 종이 조각들을 달라붙게 한다는 것을 안다. 그러나 그 사례들이 보여주듯이 힘은 언제나 둘 이상의 물체 사이에 작용한다. 지구는 우리의 몸을 끌어당기고 자석은 못을 끌어당긴다. 물체들 사이에는 상호작용이 있으므로 물리학자들은 이 상호작용 interaction이라는 말을 즐겨 사용한다(현대 물리학에서 상호작용이라는 말은 힘이라는 말과 같다. 앞으로 '전자기적 상호작용'이나 '핵의 상호작용' 같은 말은 '전자기력'이나 '핵력'과 같은 뜻으로 보면 된다: 옮긴이). 앞의 사례들로 보면 일상생활에서 경험하는 상호작용은 세 가지로 생각된다. 자력과 전기력은 눈으로 보기에도 다르다. 하지만 19세기에 스코틀랜드의 제임스 클러크 맥스웰James Clerk Maxwell은 런던의 마이클 패러데이 Michael Faraday가 진행한 연구를 토대로 전기력과 자력을 하나의 모델로 설명하는 방정식들을 발견했다. 두 가지 힘은 사실 동전의 양면처럼 같은 상호작용의 다른 측면이다.

하지만 중력의 상호작용과 전자기력의 상호작용은 몇 가지 중요한 점에서 다르다. 중력은 전자기력에 비해 대단히 약하다. 예를 들어 못이 땅바닥에 붙어 있으려면 지구 전체가 끌어당기는 힘이 필요하지만, 못을 끌어당기거나 들어올리는 데에는 장난감에 딸린 자석만으로도 충분하다. 전자와 원자핵은 전하를 띠고, 한 원자가 다른 원자로 끄는 중력의 힘은 무시할 수 있을 정도로 작다. 그러므로 원자들 간의 유의미한 상호작용은 전자기력뿐이라고 보면 된다. 전자기력은 우리의 신체를 유지하고 근육을 움직인다. 식탁에서 사과 한 개를 집어들 때 근육 내의 전자기적 상호작용은 사과와 지구 전체 사이에 존재하는 중력의 상호작용보다 훨씬 더 크다. 이런 전자기적 상호작용 덕분에 어떤 의미에서 우리는 지구라는 행성보다도 힘이 세다.

중력은 힘이 약하지만 그 대신 작용 범위가 무척 넓다. 태양과 행성들 간의 상호작용은 행성들을 궤도에 붙잡아둔다. 또한 태양이 수천억 개의 별들과 함께 길이가 수만 광년에 달하는 거대한 원반 모양의 은하를 형성하면서 은하의 중심을 회전하는 것도 중력의 힘이다. 전자기적 상호작용도 원리적으로는 범위가 넓다. 하지만 전자기력과 중력은 또 다른 차이가 있다. 전자기력은 여러 가지 형태를 취하며, 서로 상쇄되기도 한다. 원자 안에서 핵의 양전하는 전자의 음전하로 상쇄되므로 원자의 크기에 비해 먼 거리까지 전기적으로 중성의 상태가 유지된다. 마찬가지로 자북극에는 항상 자남극이 따른다. 그렇기 때문에 태양과 지구 같은 물체의 자기장이 우주 공간으로 상당히 뻗어 있어도 전 우주적 차원에서는 사물을 끌어당기거나 밀어내는 자력의 영향력이 작용하지 않는 것이다.

전자기력과 중력의 차이는 또 있다. 중력은 항상 끌어당기는 힘이지만 전자기력은 다르다. 서로 반대되는 전하나 자극은 서로 끌어당기지만 같은 전하와 자극은 서로 밀어낸다. 누구나 어릴 때 두 자석의 북극을 억지로 붙이기 위해 애써본 경험이 있을 것이다. 물리학자들은 양자 영역을 연구하기 전에도 상호작용(힘)의 범위가 다양하고 '부하負荷'의 종류도 여러 가지이며, 끌어당기는 힘과 밀어내는 힘이 있다는 것을 알고 있었다. 더 상세히 구분하면, 모든 상호작용이 같은 방식으로 작용하지는 않는다. 중력은 보편적으로 모든 것에 작용하지만 전자기력은 특정한 물체에만 작용한다. 이런 모든 지식은 물리학자들이 원자핵 내부를 조사하기 시작했을 때 무척 유용했다.

핵 내부를 조사하려면 핵의 입자들에게 광선을 발사하고 반사되는 방식을 측정해야 한다. 입자들에게 발사되는 에너지가 클수록 '과녁'에 관해 상세하게 알 수 있다. 초창기였던 19세기 초에는 자연적인 방사성 물질에서 나오는 입자를 실험에 이용했지만 나중에는 기술이 발전한 덕분에 전자 같은 입자를 이용할 수 있게 되었다. 입자가속기라고 부르는 장치 안에서 자기장으로 전자를 가속해 아주 높은 에너지까지 끌어올리는 것이다. 그 결과 제네바 부근 유럽원자핵공동연구소CERN에 있는 거대한 입자가속기 같은 장치가 개발되어 현재 물질의 본성과 상호작용('자연의 힘')에 관한 최첨단 연구가 진행되고 있다. 이에 관해서는 이 책의 뒷부분에서 다룰 것이다.

  1910년대 초에 케임브리지에서 진행된 실험을 통해 원자핵이 발견된 이후 1920년대에는 핵이 양성자와 중성자 두 종류의 입자가 포도송이처럼 빽빽이 뭉친 공과 같은 구조라는 사실이 밝혀졌다. 가장 단순한 원자인 수소의 핵은 실제로 하나의 양성자로 되어 있지만, 다른 모든 핵은 양성자만이 아니라 중성자도 포함한다. 가장 일반적 형태인 우라늄 원자핵의 경우 양성자가 92개이고 중성자가 146개다. 양성자 하나가 띤 양전하는 전자 하나의 음전하와 같은 크기이므로 중성의 원자핵은 양성자의 수와 전자의 수가 똑같다. 중성자는 그 명칭이 나타내듯이 전기적으로 중성이다. 그렇다면 자연히 한 가지 의문이 솟는다. 양전하를 띤 양성자들 간에 반발력이 작용할 텐데 왜 원자핵이 깨지지 않을까? 나중에 실험을 통해 밝혀진 바에 따르면, 그 이유는 전에 생각하지 못했던 인력이 전기적 반발력을 억제하고 핵을 뭉치게 만들어 주기 때문이다. 이 힘은 전자기력보다 강하므로 강한 상호작용(혹은 강한 핵력)이라고 부른다. 이 힘은 핵에서 멀리 떨어진 곳에서는 감지되지 않으므로 작용 범위가 아주 좁아 큰 핵의 지름 정도밖에 되지 않는다. 우라늄 원자핵보다 큰 원자핵이 없는 이유는 그 때문이다. 그림 모델로 설명하면, 약 240개의 양성자와 중성자를 가진 핵의 경우 그 공 반대편의 양성자들은 전자기력 때문에 서로 강력히 반발하지만 거리가 너무 먼 탓에 강한 상호작용의 인력이 작용하지 못한다.

  양성자와 중성자(합쳐서 핵자核子라고 부른다)의 내부를 조사하려면 막대한 에너지가 필요하다. 그래서 그 입자들의 신뢰할 만한 모델을 구축하는 데는 1930년대부터 1960년대까지 수십 년이 걸렸다. 그 모델에 따르면 각각의 핵자는 쿼크quark라는 더 근본적인(전자만큼 근본적인) 세 가지 실체로 구성되어 있다는 것이 밝혀졌다. 양성자와 중성자를 조사하는 실험은 업쿼크up quark와 다운쿼크down quark의 두 종류로 이루어진 모델의 예측을 입증했다. 양성자는 업쿼크 두 개와 다운쿼크 한 개로 되어 있고 중성자는 다운쿼크 두 개와 업쿼크 한 개로 되어 있다. 전자가 지닌 전하의 1/3은 다운쿼크에 할당되고 양성자가 지닌 전하의 2/3는 업쿼크에 할당된다. 그 전하들의 합이 양성자와 중성자의 전하량을 이룬다.

그러나 개별 쿼크, 즉 '분수'의 전하를 가진 입자는 왜 그 자체로 검출되지 않을까? 그 모델의 설명에 따르면(실험도 뒷받침한다), 2조나 3조로 된 쿼크를 양성자와 중성자 같은 복합 입자 안에 '가두는' 힘은 묘하게도 쿼크들 간의 거리가 멀수록 더 강해지는 상호작용이다. 중력과 전자기력은 거리가 멀수록 힘이 작아진다. 하지만 거리가 멀수록 더 강해지는 힘도 흔히 볼 수 있다. 예를 들어 고무줄은 길게 늘일수록 더 큰 힘이 작용하다가 한계를 넘으면 끊어진다. 쿼크는 핵 내부에서는 서로 잘 달라붙어 있지만 서로 간의 거리가 멀어지면 갑자기 큰 인력이 작용한다. 말하자면 고무줄을 싹둑 끊어버리는 것에 비유할 수 있다. 운동하는 쿼크 하나에 충분한 에너지를 가하면—예를 들어 가속기 실험에서 고속으로 운동하는 입자를 쿼크에 충돌시키면—인접한 쿼크들 간의 상호작용이 끊어지게 된다. 하지만 아인슈타인의 유명한 방정식 $E=mc^2$에 따르면, 그런 현상은 충분한 여분의 에너지(E)가 두 개의 새 쿼크(각각의 질량은 m)를 만들 때만 일어난다. 남는 에너지는 전부 그 끊어진 부분의 양편에 하나씩 들어가는 새 쿼크를 만드는 데 투입된다. 그렇기 때문에 우리는 고립된 쿼크를 검출할 수 없는 것이다.

이처럼 순전히 에너지에서 입자를 만드는 일($E=mc^2$ 대신 $m=E/c^2$이라고 해도 좋다)은 그 자체로 아원자 세계에 대한 우리의 이해에 중대한 의미를 가진다. 입자들이 부딪히면 에너지가 실린 입자의 광선이 서로 정면충돌하거나 정지된 과녁에 부딪힌다. 그러면 고속 운동하는 입자들이 갑자기 멈추고, 입자에 실려 있던 운동에너지가 방출되어 다량의 새 입자가 생겨난다. 이것은 원래 입자의 '내부'에 있다가 충돌로 떨어져나온 입자가 아니라 말 그대로 순전히 에너지에서 만들어진 입자다. 이런 식으로 만들어진 입자는 대개 불안정하며, 더 작은 입자로 부서져 결국에는 낯익은 양성자, 중성자, 전자가 된다. 그러나 부서지는 방식을 보면 내부 구조를 알 수 있고, 이를 바탕으로 표준모델을 개선할 수 있다. 첫 단계는 강한 상호작용을 설명하는 모델을 찾는 것이다.

쿼크를 핵자 내부에 가두는 상호작용은 실제의 강한 상호작용이라고 부른다. 핵자들 사이에 작용하는 원래의 강한 상호작용은 이 실제의 강한 상호작용이 핵자에서 유출되면서 약화되어 생긴 힘이다. 쿼크 모델을 입증하는 증거가 설득력을 얻자 물리학자들은 즉각 쿼크들 간에 작용하는 강한 상호작용의 모델을 구상했다. 이미 1940년대에 그들은 전자와 양성자 같은 대전입자帶電粒子들이 전자기적 상호작용을 통해 서로 영향을 미치는 정교하고 정확한 모델을 개발한 바 있었다.

이 모델은 장field에 근거를 두고 있다. 장이란 자기장처럼 모종의 원천으로부터 공간으로 뻗어나가는 힘의 영향권을 가리킨다. 자기장의 경우 그 안에서 일어나는 일을 시각적으로 볼 수 있다. 종이 위에 쇳가루를 놓고 막대자석을 종이 밑에서 움직이면 쇳가루가 자기장의 힘이 작용하는 방향을 따라 무늬를 그리게 된다. 현대의 장이론field theory은 양자물리학의 발상을 차용하고 있으므로 양자장이론이라고 불린다. 양자물리학 가운데 전자기적 상호작용 이론과 연관된 부분은 빛[7]이 광자라는 양의 형태를 취한다고 보는 점이다. 양자물리학에서 광자는 양자장이라고 불리며, 에너지가 투입되면 '자극'을 받는 장의 하나로 간주된다.

1930년대에 물리학자들은 전자기적 상호작용을 광자와 대전입자가 교환되는 과정이라고 설명했다. 이 모델의 초기 버전이 예측한 대전입자의 행동은 실험에서 관찰된 성질과 비슷했으나 대전입자들 간의 상호작용에 관한 측정치에는 전혀 부합하지 않았다. 하지만 1940년대에는 그 모순이 해결되었다. 현대의 양자역학quantum electrodynamics(QED) 이론은 양자 세계의 가장 묘한 측면 가운데 하나인 불확정성의 기반 위에서 탄생했다.

양자 불확정성은 명칭과 달리 실제로는 매우 정확한 개념이다. 이 관념은 독일의 물리학자 베르너 하이젠베르크Werner Heisenberg가 1920년대 후반에 입자의 두 낯익은 성질—위치와 운동량(입자가 움직이는 방향과 속도)—을 연구하면서 구상했다. 일상생활에서 우리는 원칙적으로 물체(예

---

[7] 여기서 빛은 가시광선만이 아니라 전자파, X선 등 전자기적 복사의 모든 형태를 가리킨다.

컨대 당구공)의 위치와 운동량을 동시에 측정할 수 있다는 생각에 익숙하다. 즉 우리는 물체가 어디에 있고 어디로 움직이는지 동시에 알 수 있다. 하이젠베르크는 전자와 광자 같은 양자의 경우 그렇게 행동하지 않는다는 것을 알았다. 이것은 파동-입자 이중성을 고려한다면 명확한 사실이다. 위치는 입자의 전형적인 성질이지만 파동은 공간상에 정확한 위치를 가지지 않는다. 그러므로 양자가 입자인 동시에 파동의 속성을 가졌다면, 어느 한 시점에 정확히 어느 곳에 있는지 알지 못하는 것은 당연하다.

하이젠베르크는 양자가 위치의 불확정성이 커지면 운동의 불확정성도 커진다는 것을 알아냈다. 그래서 위치를 더 정확히 파악하려 하면 운동을 알 수 없게 되고 운동을 더 정확히 파악하려 하면 위치를 알 수 없게 된다. 이 두 가지 불확정성은 하이젠베르크의 불확정성 원리라고 알려진 방정식을 통해 수학적으로 증명된다. 또한 중대한 사실은 이 불확정성이 전자 같은 입자를 파악하려는 우리의 실험이 잘못되었거나 부실하기 때문에 생겨나는 게 아니라는 점이다. 그것은 양자 세계의 본성에서 비롯되는 현상이다. 전자는 실제로 정확한 위치와 정확한 운동량을 가지지 않는다. 예를 들어 원자 내부에 있는 전자는 공간상으로 상당히 정확한 위치를 점하지만, 원자의 전자구름을 이루어 움직이기 때문에 전자의 운동량은 끊임없이 변한다. 또한 파동처럼 공간 속을 이동하는 전자는 운동량을 정확히 측정할 수 있지만, 그 파동 가운데 '어느 한 지점'에 존재하지는 않는다.

이것만 해도 무슨 소리냐 싶겠지만 이게 다가 아니다. 쌍을 이루는 양자 세계의 다른 속성에도 그와 똑같은 양자 불

29

확정성이 있다. 이를테면 에너지와 시간의 쌍도 그렇다. 하이젠베르크의 불확정성 원리와 (공간과 시간을 다루는) 아인슈타인의 특수상대성이론을 결합하면, 빈 공간처럼 보이는 곳을 일정한 시간 동안 지켜봐도 거기에 에너지가 얼마나 되는지 확실히 알 수는 없다. 단지 우리가 알 수 없는 것만이 아니라 자연 자체라 해도 위치와 운동량을 알지 못한다. 충분한 시간 동안 지켜본다면 그 공간이 비어 있다는 것(정확히 말하면 거의 비어 있다는 것)을 알 수는 있다. 그러나 소요된 시간이 짧을수록 그 공간 안에 있는 에너지의 양에 관한 확실성은 떨어진다. 에너지는 아주 짧은 시간에 그 공간을 채우지만, 불확정성 원리에 의해 설정된 시간의 경계가 지나면 사라져버리기 때문이다.

이 에너지는 무에서 생겨나 곧바로 사라지는 양자의 형태를 취한다. 전자 같은 입자의 형태를 취할 수도 있지만, 불확정성 원리가 허용하는 눈 깜박할 사이에만 존재한다. 그렇게 수명이 짧은 실체를 '가상'입자virtual particle라고 부르며, 그것이 존재하는 전체 과정을 '진공의 요동fluctuation of the vacuum'이라고 말한다. 이 모델에 따르면 '빈 공간' 혹은 '진공'도 양자의 차원에서는 매우 활발한 공간이다. 특히 전자 같은 하전 입자는 가상입자와 광자로 가득한 바다를 떠다니며, 그 짧은 존재 기간에도 전자와 상호작용한다. 양자역학을 이용해 이 가상입자의 바다를 고찰하면 실험에서 관찰된 대전입자의 속성을 정확하게 예측할 수 있다. 사실 실험과 모델은 오차가 100억분의 1, 즉 0.00000001퍼센트밖에 되지 않을 정도로 정확하다. 그보다 더 정확해질 수 없는 이유는 단지 그 모델을 더 정확하게 검증할 실험이 지금까지의 기술로는 불가능하기 때문이다. 이것은 지구상에서 검증된 어느 과학 모델보다도 이론과 실험이 정확하게 일치하는 사례다. 뉴턴의 중력 법칙도 그만큼 정확하게 검증되지는 못한다. 그렇게 볼 때 양자역학은 과학 전체에서 가장 성공적인 모델이다. 하지만 양자 불확정성의 효과, 요동치는 진공과 가상입자를 감안해야만 합의가 가능하고 모델 전체가 검증을 통과할 수 있다.

당연한 일이지만 물리학자들은 쿼크들 간의 상호작용, 즉 강한 상호작용의 모델을 개발하려 할 때 양자역학을 기본 틀로 받아들여 일종의 양자장이론을 구성하고자 했다. 이 모델에서 강한 상호작용을 전달하는 양자장은 쿼크를 풀glue처럼 붙인다고 해서 글루온gluon이라고 불린다. 광자가 전하와 연관되듯이 글루온도 또 다른 부하와 연관된다. 그것을 색色이라고 부르는데, 일상생활에서 말하는 색과는 무관하다. 전하가 양전하와 음전하의 두 종류라면 색은 적색, 청색, 녹색의 세 종류다. 전자기력의 모델은 광자라는 한 가지 장만 있으면 되지만, 강한 상호작용의 모델을 구성하려면 양자장이 여덟 가지나 필요하다. 게다가 글루온은 광자와 달리 질량을 가진다.

양자역학에 기반을 둔 강한 상호작용의 모델은 색과 관련되기 때문에 양자색역학quantum chromodynamics(QCD)이라고 부른다. 여러 가지 양자장이 복잡한 조합을 만들어 내는데다 질량을 가지고 있는 탓에 양자색역학은 양자역학처럼 정확하게 실험 결과에 들어맞지는 않는다. 그것은 곧 표준모델이 물리학의 결정판은 아니라는 뜻이다. 그러나 현재까지 양성자와 중성자의 내부에서 일어나는 일을 설명해주는 최선의 모델인 것은 분명하다.

　광자와 글루온 같은 양자장을 총칭해 보손boson(인도의 물리학자 사티엔드라 보스Satyendra Bose에서 딴 명칭)이라고 부르며, 전자와 쿼크처럼 우리가 입자라고 생각하는 데 익숙한 실체들은 페르미온fermion(이탈리아의 엔리코 페르미Enrico Fermi에서 딴 명칭)이라고 부른다. 보손을 양자장으로 볼 수 있듯이 페르미온도 일종의 장으로 볼 수 있다. 양자는 공간을 채우는 '물질의 장'과 비슷하기 때문이다. 여기서 다시 '입자'와 '힘'의 구분이 무너진다. 하지만 차이는 분명히 있다. 보손은 순전히 에너지로부터 무한히 창조될 수 있다. 우리가 전등을 켤 때마다 무수한 광자들이 만들어져 방안에 흘러넘친다. 그러나 우주에 존재하는 페르미온의 총량은 우리가 아는 한 빅뱅 이후 내내 불변이다. 만약 '새로운' 페르미온(예컨대 전자)을 에너지로부터 만든다면 반드시 쌍둥이처럼 반反입자(전자의 경우 양전자)도 동시에 생겨난다. 이 쌍둥이 입자는 양자와 반대의 성질을 가진다(양전자는 전자와 반대로 양전하를 가진다). 그래서 만약 페르미온의 수를 세려 한다면 양전하와 음전하가 합쳐져 무화되듯이 두 입자는 서로 소멸하게 된다. 이 반물질에 관해서는 나중에 더 상세히 설명할 것이다.

　지금까지 우리는 세 가지 페르미온—전자, 업쿼크, 다운쿼크—과 세 가지 상호작용—중력, 전자기력, 강한 상호작용—을 언급했다. 이제 이 목록에 한 가지 페르미온과 한 가지 상호작용을 더할 차례다. 이것들을 표준모델에 더하려면, 19세기에 처음 관찰되었으나 1960년대에야 수학적으로 설명된 현상을 설명해야 한다. 그것은 베타붕괴beta decay

라는 현상인데, 전자(과거에는 전자를 베타선이라고 불렀다)가 원자로부터 방출되는 과정을 가리킨다. 그 현상을 이해하는 데 오랜 기간이 걸린 이유는 물리학자들이 원자구조를 깊이 연구함에 따라 그 현상의 성격이 달라졌기 때문이다.

어떻게 보면, 모든 원자는 전자를 가지고 있으므로 원자가 전자를 방출하는 것은 당연하다. 그러나 실험 결과 베타붕괴와 관련된 전자는 원자핵에서 직접 나온다는 사실이 밝혀졌다. 원자핵에는 중성자와 양성자밖에 없는데 전자라니 웬 말일까? 실험은 베타붕괴에서 중성자가 전자를 뱉고 양성자로 바뀌는 것을 보여주었다. 이 경우 양전하와 음전하가 상쇄되기 때문에 우주 전체의 전하량에는 변화가 없지만, 페르미온의 수는 늘어난 것처럼 보인다. 게다가 방출된 전자의 에너지와 운동량을 상쇄하기 위해 보이지 않는 입자가 붕괴하는 중성자로부터 반대 방향으로 흘러나와야 한다. 이 두 가지 의문은 1930년대 초에 풀렸다. 베타붕괴에서 에너지로부터 전자가 만들어질 때 중성미자neutrino(엄밀히 말하면 페르미온의 수를 맞추기 위한 반反중성미자)라는 페르미온이 쌍으로 함께 만들어진다. 중성미자는 전하가 없고 질량도 매우 작기 때문에 이 추측(오스트리아의 물리학자 볼프강 파울리 Wolfgang Pauli의 추측)은 1950년대에야 실험으로 증명되었다. 실험 결과 전자와 중성미자가 중성자 '내부'에 존재하는 게 아니라 베타붕괴에서 중성자의 내부 구조가 재배열되면서 그 두 입자의 형태로 에너지가 방출되고 중성자가 양성자로 바뀐다는 것이 드러났다.

이 과정은 현재 쿼크를 이용해 이해할 수 있다. 중성자는 다운쿼크 두 개와 업쿼크 한 개로 구성되며, 양성자는 업쿼크 두 개와 다운쿼크 한 개로 구성된다. 다운쿼크는 전자가 지닌 전하량의 1/3에 해당하는 음전하를 가지며, 업쿼크는 전자가 지닌 전하량의 2/3에 해당하는 양전하를 가진다. 그러므로 다운쿼크 하나가 업쿼크 하나로 바뀔 경우 정확히 그만큼의 음전하가 사라지며, 음과 음이 겹치면 양이 된다는 멋진 논리에 따라 그만큼의 양전하가 남게 되어 중성자가 양성자로 바뀌는 것이다. 음전하는 전자가 가져가고 잉여 에너지의 일부는 반중성미자가 가져간다. 이리하여 페르미온의 총수와 우주의 전체 전하량은 불변이 된다. 다운쿼크의 질량은 업쿼크의 질량보다 크고 질량은 곧 에너지이므로 모든 것이 깔끔한 균형을 이룬다. 엄밀히 말하면, 입자들 간에 또 하나의 상호작용이 진행되는 한 균형이 유지된다.

이 '새로운' 상호작용은 강한 상호작용보다 약하기 때문에 약한 상호작용(혹은 약한 핵력)이라고 불리게 되었다. 약한 상호작용의 연구가 진척되면서 방사성 붕괴(핵이 쪼개질 때)와 핵융합(별의 내부에서 핵들이 뭉쳐 더 복잡한 핵을 이룰 때)을 이해할 수 있게 되었다. 실험 자료에 들어맞으려면 약한 상호작용은 세 가지 보손의 존재를 필요로 한다. 그것은 각각 고유한 전하량을 가진 W^+, W^-와 전기적으로 중성인 Z다. 그래서 양자색역학보다는 수학적으로 다루기가 쉽지만 양자역학보다는 더 복잡하다. 약한 상호작용 이론은 현재 단순한 베타붕괴를 넘어 베타붕괴의 현대적 개념을 충분히 설명한다. 그것은 곧 다운쿼크가 W보손의 형태로 에너지를 방출하고 업쿼크로 변했다가 다시 순식간에 W의 에너지가 질량으로 변해 전자와 반중성미자의 형태를 취하는 과정이다.

W와 Z 같은 입자도 글루온처럼 질량을 가지며, 모델을

통해 그 질량을 예측할 수 있다. 1980년대 초에 CERN 연구소에서 그 입자들이 검출되고 모델로 예측된 것과 똑같은 질량을 가진 사실이 증명된 것은 표준모델이 거둔 최고의 개가 중 하나다. 하지만 그 무렵 표준모델은 어떤 면에서는 더 복잡해졌고 어떤 면에서는 더 단순해졌다.

표준모델은 낯익은 물리 세계를 겨우 네 가지 입자와 네 가지 상호작용만으로 거뜬히 설명한다. 네 입자는 전자와 중성미자(경입자輕粒子로 총칭한다), 그리고 업쿼크와 다운쿼크다. 네 상호작용은 중력, 전자기력, 약한 핵력과 강한 핵력이다. 그것만 가지고 지구상의 모든 자연 현상, 하늘에서 보는 태양과 별들의 모든 운동을 설명할 수 있다. 그러나 입자 가속기 내에서 일어나는 고에너지 과정과 같은 인위적 조건에서 관찰되는 모든 현상을 설명하기에는 불충분하다는 게 드러났다.

우주에는 분명히 단 네 가지 상호작용만 있는 것으로 보인다. 그런데 놀라운 것은 입자 세계가 고에너지 상태에서 중첩되고 삼중첩된다는 사실이다. 에너지가 충분할 경우 순간적으로 존재하는 네 기본 입자의 무거운 짝을 두 세대나 더 만들어낼 수 있다. 한 세대는 전자의 무거운 짝인 뮤온 muon과 이것에서 나오는 뮤온 중성미자, 그리고 참charm과 스트레인지strange라고 부르는 두 개의 무거운 쿼크다. 그 다음 세대는 더 무거운 '전자'인 타우tau와 이것에서 나오는 타우 중성미자, 그리고 톱top과 보텀bottom이라고 부르는 아주 무거운 두 쿼크다. CERN에서 섬세한 실험을 진행한 결과 이것이 최종적이라는 게 증명되었다. 즉 아무리 큰 에너지를 투입해 입자를 충돌시킨다고 해도 제4세대의 입자들을 만들어내지는 못할 것이다.

입자가속기에서 만들어진 그 무거운 입자들은 생겨나자마자 곧바로 붕괴해 낯익은 1세대의 입자들로 바뀐다. 그러므로 현재로서 그것들은 학술적 관심의 대상일 뿐이다. 그러나 고에너지 상태였던 초기 우주에는 그것들이 대량으로 만들어져 우주의 진화에 영향을 미쳤다. 초기 우주가 왜 네 가지 기본 입자의 무거운 짝들을 만들 만큼 낭비가 심했는지는 알 수 없지만, 그것은 표준모델이 물리학의 결정판이 아니라는 또 하나의 징후다.

그러나 실망하지 말라. 표준모델은 입자 동물원의 원치 않는 식구들을 끌어들인 반면, 한 가지 상호작용을 제거했고 다른 상호작용들마저 제거하는 방향으로 나아갔다.

입자의 질량과 전하를 논외로 치면, W와 Z 보손을 약한 장과 연관된 입자로 간주하는 방정식은 광자를 전자기장과 연관된 입자로 간주하는 방정식과 매우 유사하다. 전하에 관해서는 이미 맥스웰의 전자기력 방정식이 설명한 바 있다. 1960년대에 물리학자들은 광자에 질량을 추가하는 방법을 발견한다면 단일한 방정식 체계로 전자기장과 약력장을 둘 다 설명할 수 있으리라고 보았다. 그들은 그 두 장을 하나의 '전자기약력'으로 통합했다. 과학자들은 그런 식으로 두 상호작용을 통합하기 위해 노력하던 중에 몇 차례 막다른 골목에 이르렀다가 이윽고 만족스러운 모델을 찾아냈다.[8] 현재 표준모델의 핵심 부분이 된 그 모델은 원래 CERN에서 연구하던 영국의 물리학자 피터 히그스Peter Higgs가 강한 상

---

8 늘 그렇듯이 '만족스럽다'는 말은 예측이 실험 결과에 들어맞는다는 의미다.

호작용의 모델을 찾는 과정에서 발견되었다. 하지만 오늘날 과학이 흔히 그렇듯 그 관념의 발달에는 다른 많은 사람들이 기여했다.

히그스가 찾아낸 구도에 따르면, 모든 입자는 본래 질량이 없지만 예전에는 생각하지 못했던 '새로운' 장이 우주 전체를 채우고 있으며 입자들과의 상호작용을 통해 입자들에게 질량을 부여한다. 이 장은 현재 히그스장Higgs field이라고 불린다. 이 상태를 쉽게 이해하려면, 우주가 공기처럼 보이지 않는 기체로 가득 차 있을 때 우주선의 움직임이 어떻게 될지를 상상해보라. 빈 공간이라면 우주선의 로켓 엔진이 추진력을 만들어내므로 우주선은 엔진이 작동하는 한 일정한 비율로 가속될 것이다. 그러나 균일하게 퍼진 기체의 바다를 뚫고 전진하려면 엔진이 제대로 작동한다 해도 기체에 질질 끌려 우주선의 가속이 어려워진다. 그 결과 우주선은 실제보다 더 무겁게 느껴진다. 그와 마찬가지로, 질량이 없는 입자가 히그스장을 뚫고 이동한다면 그런 끌리는 현상이 일어난다. 그 때문에 입자들은 질량을 얻게 되는데, 질량의 크기는 개별 입자의 성질과 히그스장에 작용하는 힘의 강도에 따라 다르다.

이 모델은 W와 Z 입자의 질량을 예측한다. 앞에서 말했듯이 1984년 CERN에서의 실험은 필요한 질량을 가진 입자들을 $E=mc^2$의 공식에 맞게 만들 수 있을 정도의 에너지에 도달했다. 정확한 질량을 가진 정확한 입자들이 검출된 것이다. 이것은 표준모델이 거둔 최대 성과 중 하나다. 그러나 그 모델은 또한 아직 검증되지 않은 한 가지 중대한 예측도 했다.

모델에 따르면 모든 장들이 그렇듯이 히그스장도 연관된 입자를 가져야 한다. 그것은 히그스 보손이다. 이 입자는 너무 무거워 현재까지 지구상에서 진행된 실험으로 만들어진 적이 없다. 하지만 2007년부터는 CERN의 새 입자가속기인 대형강입자가속기Large Hadron Collider(LHC)가 가동될 예정이다(이 장치는 계획보다 늦게 2008년 9월 목표보다 낮은 에너지 상태에서 가동을 시작했다: 옮긴이). 현 시점에서 우주의 본질을 조사하는 데 얼마나 큰 노력을 기울이고 있는지는 LHC의 규모와 비용으로 알 수 있다. 지하 100미터 깊이의 단단한 암석층을 깎아 만든 총 연장 27킬로미터 길이의 원형 터널로 이루어진 LHC는 CERN에 설치되어 있는 기존의 입자가속기를 이용해 고에너지로 가속시킨 양성자 광선을 받아들여 원형 터널을 따라 반대 방향으로 보내 정면 충돌시킨다. 이때 발생하는 충돌 에너지는 14테라전자볼트(TeV, 1Tev는 1조 전자볼트)로, 날아다니는 모기 한 마리의 운동 에너지와 비슷하지만 그 에너지를 모기보다 1조 배나 압축된 부피 속에 몰아넣었다고 보면 된다. 순수한 에너지로부터 1천 개의 양성자를 만들 수 있는 에너지다. LHC는 또한 납 핵의 광선들을 서로 충돌시켜 1천 TeV를 약간 상회하는 에너지로 바꿀 수 있다. 이 장치는 초전도자석 1296개와 다른 자석 2500개를 이용해 입자빔을 인도하고 가속시키는데, 거기 드는 비용은 얼추 50억 유로나 된다. 표준모델을 검증하고 싶다면 물어야 하는 비용이다. 표준모델이 실제로 옳다면 LHC는 작동을 개시하자마자 히그스 입자를 만들어내야 한다. 예측대로 된다면 표준모델은 더욱 확고해질 것이고, 피터 히그스는 노벨상을 받게 될 것이다. 예측된 양이

나오지 않는다 해도 아원자 세계에 대한 더 나은 모델을 찾는 데 도움이 될 것이다.

그러므로 입자물리학의 표준모델, 우리가 안다고 생각하는 것에 따르면 두 쌍으로 된 네 기본 입자(전자와 양성자, 업쿼크와 다운쿼크)가 있으며, 그것들은 (아직 알려지지 않은 이유로) 두 세대 더 반복된다. 또한 표준모델에는 세 가지 상호작용(중력, 전자기약력, 강한 핵력)과 히그스장이 있다. 이상의 요소들은 지구상의 모든 것과 별에 관해 설명한다. 하지만 물리학자들의 욕구는 거기서 그치지 않는다. 그들은 우주가 어디서 생겨났고 별과 행성이 어떻게 탄생했는지 알고자 한다. 제3장에서 보겠지만, 우주가 약 140억 년 전에, 우리의 실험에서 만들 수 있는 것보다도 훨씬 큰 에너지를 포함한 뜨거운 불덩이에서 탄생했다는 것은 거의 확실하다. 따라서 세계가 어디서 생겨났는지, 궁극적으로 우리가 어디서 왔는지 알기 위해 학자들은 표준모델을 넘어 우리가 알고 있다고 생각하는 것들을 다루어야 한다.

2

모든 것을 설명하는 이론이 있을까?

Is There a Theory of Everything?

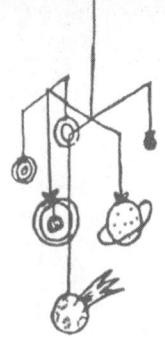

전자기약력의 통합에 성공한 데 힘을 얻은 물리학자들은 전자기약력과 강한 핵력의 통합을 시도했으며, 장차 중력도 통합하게 되기를 꿈꾸었다. 전자기력과 강한 핵력을 하나의 수학으로 통합하려는 모델은 보통 대통일이론Grand Unified Theory(GUT)이라고 부르고, 여기에 중력도 포함시킨 것은 만물이론Theory of Everything(TOE)이라고 부른다. 현재의 지식 수준에서 '이론'이라는 말은 '가설'이나 '모델'로 바꿔 써도 무방하지만 두 약어는 별로 듣기 좋지 않다(일반 단어로 gut는 창자, toe는 발가락이라는 뜻이다: 옮긴이). 물리학자가 우주의 발전을 이끄는 물리 법칙을 이해하려는 노력은 전기작가나 역사가가 율리우스 카이사르 같은 위인이 내린 결정의 배후에 있는 동기를 이해하려는 노력과 비슷하다. 우리는 그가 내린 결정의 결과를 알고서 동기를 역추적하려는 것과 마찬가지로 우주에

작용하는 물리 법칙도 그 결과를 알고서 역추적을 통해 그 법칙을 추론하고자 한다.

역사에서처럼 물리학에서도 사건을 다른 각도로 바라봄으로써 여러 가지 통찰력을 얻을 수 있다. 예를 들어 우리는 중성자 붕괴와 관련해 약력장의 개념을 도입했으나 이 종류의 상호작용에는 대통일이론을 구성하는 데 도움이 되는 또 다른 측면이 있다. 중성자는 전자와 반중성미자를 뱉고 양성자로 바뀌지만 중성미자는 외부에서 약한 핵력을 통해 중성자와 상호작용할 수 있다(엄밀히 말하면 중성자의 내부에서 다운쿼크와 상호작용한다). 그 과정에서 중성미자는 전자로 바뀐다(그리고 중성자는 양성자로 바뀐다). 즉 약한 핵력은 한 종류의 경입자를 다른 종류의 경입자로 변화시킬 수 있다. 양자색역학에서는 글루온이 쿼크 사이를 오가며 색 변화를 일으켜 쿼크의 색(색전하라고 말해도 좋겠다)을 변화시킨다. 즉 강한 핵력이 한 종류의 쿼크를 다른 종류의 쿼크로 변화시킬 수 있다. 이것은 약한 핵력도 할 수 있지만 중성자 내부에서 다운쿼크를 업쿼크로 변화시키는 방식과는 다르다. 그러므로 한 종류의 입자(한 종류의 페르미온)를 다른 종류의 입자로 변화시키는 일은 가능하다. 그 다음 문제는 한 종류의 부하운반체(한 종류의 보손)를 다른 종류의 부하운반체로 변화시킬 수 있느냐다. 이 문제에 답하려는 노력은 전자기약력의 통합과 양자색역학에서 거둔 성공에 뒤이어 대통일이론을 발전시키는 데 기여했다.

우리가 여전히 단일한 결정판 이론이 아니라 대통일이론이 가능한지를 운위해야 한다는 사실은 곧 이 연구가 아직 불완전하다는 것을 말해준다. 하지만 그런 모델에는 한 가지 중대한 의미가 있다. 한 종류의 부하를 다른 종류의 부하로 바꿀 수 있는 보손이라면 경입자를 쿼크로, 혹은 쿼크를 경입자로 변환시킬 수도 있을 것이다. 이것은 그리 놀라운 일이 아니다. 쿼크와 경입자가 각 세대마다 경입자 한 쌍과 쿼크 한 쌍씩 3세대에 걸쳐 나타난다는 사실은 이미 두 종류의 페르미온이 연관되어 있다는 것을 암시한다. 하지만 그렇다면 중성자가 약력장의 보손과 상호작용을 통해 양성자로 붕괴할 수 있듯이, 양성자는 통일장의 보손과 상호작용을 통해 경입자로 전환될 수 있어야 한다. 이는 곧 양성자 내부의 쿼크가 경입자로 바뀌는 것처럼 양성자도 붕괴해야 한다는 뜻이다. 이것은 대통일이론의 가능성을 말해주는 단서가 될 수 있다.

통일장의 가설적 보손은 X 입자와 Y 입자라고 부른다. 이 입자들은 아직 검출된 적이 없지만 모델에 따르면 엄청난 질량을 가져야 한다. 일반적으로 양성자의 10^{15}배나 되는 질량을 가진 것으로 추측되므로 그것들을 만들려면 W와 Z 입자를 찾을 때의 에너지보다 10^{12}배나 큰 에너지를 낼 수 있는 입자가속기가 필요하다.[9] 쿼크처럼 여러 가지 X와 Y 입자들도 분수의 전하를 가지는데, 이 경우 전하는 전자가 가진 전하의 ±4/3 혹은 ±1/3에 해당한다. 그 입자들은 색전하도 다르다. 양성자가 붕괴하려면 양자 불확정성으로부터 진공의 요동이라는 형태로 적절한 양의 에너지를 '차용'하여

---

[9] 입자물리학에서는 사용하는 질량의 단위는 전자볼트(eV)다. 양성자의 질량은 약 1기가전자볼트, 즉 1GeV다. 따라서 X-입자의 질량은 10^{15}GeV가 된다. 물리학자들은 아인슈타인이 질량과 에너지가 같다는 것을 발견했기 때문에 질량과 에너지를 모두 전자볼트로 계산한다. 아인슈타인의 유명한 방정식에 나오는 c^2라는 요소는 상수다.

순간적으로 존재하는 보손을 만들어야 한다.

그 경우 양성자 붕괴의 진행 과정은 이렇다. 양성자 내부의 업쿼크(전하량 2/3)가 반업쿼크(전하량 -2/3)로 바뀌고 X-보손을 방출한다(이 보손의 질량은 쿼크의 질량보다 훨씬 더 크다!). 또한 X-보손(전하량 4/3)은 주변의 다운쿼크와 상호작용하여 양전자positron가 된다. 그러면 양성자에서 나온 남은 한 업쿼크와 짝을 이루는 반反업쿼크가 생성된다. 이 업쿼크와 그 짝이 되는 반물질 반업쿼크는 파이온pion이라고 부르는 일시적인 결합 상태를 이루지만, 금세 서로 상쇄되어 소멸하면서 양전자를 만들고 원래 양성자의 유일한 흔적인 강력한 전자기적 방사(광자)의 폭발을 낳는다. 그러나 그러기 위해서는 진공으로부터 차용한 에너지로 가상입자 X-보손을 만들어 상호작용이 일어날 만한 시간 동안 유지해야 한다. 가상입자 X-보손은 아주 짧은 순간 존재하므로 불과 10^{-29}센티미터까지만 간 뒤 소멸해버린다. 따라서 그 힘을 충분히 느끼려면 두 쿼크가 상당히 가까이 있어야 한다.

이 모델은 그것이 가능하다는 것을 보여준다. 이 모델의 가장 단순한 버전에 따르면 무에서 충분한 에너지가 생길 확률, 개별 양성자 내부에서 진공의 요동이 일어날 확률은 매우 작다. 양성자로 가득한 상자가 있을 경우 10^{30}년간(우주의 나이보다 훨씬 더 오랜 기간)이나 기다려야 절반쯤이 붕괴할 정도다. 하지만 시작할 때는 양이 중요하지 않다. 1천 개로 시작한다면 어쨌든 그 시간이 지난 뒤 500개가 붕괴할 테고 10억 개로 시작한다면 5억 개가 붕괴할 것이다. 이 놀라운 시간 척도는 양성자의 '반감기'라고 불린다. 입자들마다 붕괴 과정에는 고유한 반감기가 있다.[10] 양성자 하나를 놓고 보면 그런 붕괴가 인간의 생애 동안 일어날 확률은 극히 희박하다. 하지만 우주에는 양성자가 무한히 많다(우리의 신체만 해도 약 10^{29}개의 양성자가 있다). 시간은 무척 짧지만 아주 많은 양성자를 보면 그중 일부는 붕괴하는 것을 확인할 수 있다. 반감기가 10^{30}년일 경우 만약 10톤의 물질이 있다면 매년 다섯 차례의 붕괴를 볼 수 있을 것이다. 이것은 물, 철, 소시지 등 양성자를 포함하는 모든 물질에 해당한다. 실험이 진행된 결과(보통 대형 수조를 가지고 실험하는 게 편리하다) 그런 붕괴로 양전자가 검출된 바 있다. 지금까지 양성자 붕괴의 흔적은 드러난 적이 없는데, 이는 양성자의 반감기가 적어도 5×10^{32}년이라는 것을 말해준다. 이것은 처음에 대통일이론이 예측한 반감기보다 길지만 결과적으로는 희소식이다. 다른 이유로 이 모델의 개량이 이루어진 결과 계산이 바뀌어 양성자의 반감기가 더 길어졌기 때문이다.

  한 가지 개선은 입자에 가까이 다가갈수록 힘의 강도가 달라지는 문제를 해결한 것이다. 예전에는 해당 입자의 크기에 비해 입자로부터 먼 거리에서 상호작용의 강도를 측정했다. 전자의 경우 '먼 거리'라 해도 인간의 기준에서는 아주 작은 거리이므로 근사치는 얻을 수 있다. 하지만 전자 주위에 있는 대전입자의 구름은 입자 고유의 전하를 부분적으로 차단한다. 이 효과 때문에 전자로부터의 거리가 멀어지면 전자기력이 다소 약해진다. 전자 혹은 대전입자의 경우에는

---

[10] 예를 들어 중성자의 반감기는 10.3분이다(핵 외부에 있을 경우이고, 핵 내부에 있을 때는 달라진다).

입자에 가까이 접근할수록 전자기력의 강도가 커진다. 반면 쿼크와 글루온이 가상입자와 상호작용하는 경우에는 입자에 접근할수록 강한 핵력이 약해진다. 전자기약력의 경우에는 W와 Z입자의 질량이 가진 효과 때문에 전자기력보다 약간 더 복잡하다. 그런 점을 감안할 때 '순전한' 상호작용의 힘은 강한 핵력과 전자기력 사이에 작용하는데, 이것 역시 거리가 가까워질수록 약해진다.

표준모델이 완벽하다면 이 모든 상호작용들은 일정한 거리에서 같은 강도를 가질 것이다. 앞에서 보았듯이 짧은 거리에서 조사하는 것은 입자빔을 고에너지로 가속한다는 뜻이므로 일정한 에너지에서 강한 핵력, 약한 핵력, 전자기력이 똑같은 강도를 나타내야 한다. 해당 거리는 매우 짧아 약 10^{-29}센티미터밖에 안 된다. 그런 극미의 수치는 상상하기도 어렵지만, 일반적인 원자핵이 지름 1킬로미터의 공만큼 팽창한다 해도 핵의 크기는 10^{-29}센티미터부터 시작한다. 그에 상당하는 에너지는 양성자 질량 에너지의 약 10^{15}배에 달해 우리의 실험에서 도저히 달성할 수 없는 수준이다. 하지만 이 에너지가 X와 Y 보손의 질량과 같은 것은 우연의 일치가 아니다. 관점을 바꿔 새 입자를 만드는 데 사용할 수 있는 에너지의 견지에서 바라볼 수도 있다. X와 Y 보손을 만들 수 있는 에너지가 있다면, W와 Z 입자는 물론이고 원하는 모든 글루온도 만들 수 있다. 모든 가상입자가 검출될 수 있으므로 더 이상 '가상'의 입자는 없다. 하지만 모든 에너지를 투입해 실제 입자가 된다면 그것은 전자처럼 입자 주변에 촘촘한 구름을 형성하지 못하고 제멋대로 돌아다닐 것이다. 차단 효과가 사라져 우리에게는 순전히 전하(전기적 전하, 색전하 등)만 보일 것이다.

지금까지 설명한 표준모델의 약점은 그 모든 과정들이 일어나는 에너지를 예측하지만 세 가지 상호작용을 통일하는 데도 똑같은 에너지가 필요하다는 것은 예측하지 못한다는 점이다. 표준모델에 따르면 전자기력과 약한 핵력이 전자기약력으로 통합되는 에너지, 전자기력과 강한 핵력이 통합되는 에너지, 약한 핵력과 강한 핵력이 통합되는 에너지가 약간씩 다르다. 그러나 세 통일을 한데 모으면 대통일이론의 한 갈래인 이른바 초대칭supersymmetry(SUSY)에 의해 단일한 지점에서 만난다.

한 종류의 페르미온이 다른 종류의 페르미온으로, 한 종류의 보손이 다른 종류의 보손으로 바뀌는 대칭에 관해서는 앞에서 본 바 있다. 1970년대 중반 독일의 율리안 바이스 Julian Weiss와 캘리포니아의 브루노 주미노Bruno Zumino는 페르미온과 보손이 또 다른 종류의 대칭 과정—초대칭—을 통해 서로 연관되어 페르미온과 보손으로 변환될 수 있으며 그 반대도 가능하다고 주장했다.

상식적으로 보면 터무니없게 여겨진다. 물질이 어떻게 힘이 될 수 있고 힘이 어떻게 물질이 될 수 있는가? 그러나 양자 세계는 흔히 상식에 어긋난다. 앞에서도 이미 그런 경우를 많이 보았다. 일상생활에서는 전자 같은 물체를 입자로 여기고 전자기력 같은 힘을 파동으로 간주하지만, 양자 세계에서는 파동과 입자가 서로 넘나들며 같은 물체의 두 측면을 이룬다. 그러므로 힘의 운반체가 물질 입자로 전환된다는 것은 결코 놀라운 일이 아니다. 양자의 관점에서는 초대칭에 의해 페르미온이 보손으로, 보손이 페르미온으로 변환될 수 있다. 하지만 낡은 페르미온을 낡은 보손으로 바꿀 수는 없다. 각 종류의 입자는 같은 종류의 초대칭적 상대와 짝을 이룬다.

그런데 그 짝은 어디 있는가? 우리는 이미 경입자와 쿼크가 서로 관련이 있다는 것을 알고 있으므로 전자와 중성미자가 업쿼크와 다운쿼크에 '어울린다'는 것도 알 수 있다. 하지만 어떤 물질 입자도 초대칭적 의미에서 힘 운반체와 어울리지는 못하며, 어떤 보손도 페르미온과 어울리지는 못한다. 그래도 과학자들은 실망하지 않는다. 그들은 모든 종류의 페르미온(예컨대 전자)이 초대칭 짝(이 경우 초전자 selectron)을 가지며, 모든 종류의 보손(예컨대 광자)이 페르미온 짝(이 경우 포티노photino)을 가진다고 주장한다(수학적으로도 증명되지만 아직 그 짝들이 검출되지는 않았다). 이 가설적 실체들을 총칭해 SUSY 입자라고 부른다. 아직 검출되지 않은 이유는 질량이 큰데다 불안정하기 때문이다. 그래서 그것들은 순식간에 붕괴해 낯익은 종류의 페르미온, 보손, 더 가벼운 SUSY 입자의 혼합물이 된다. 초대칭의 개념이 옳다면 한 가지 예외가 있다. 가장 가벼운 '초대칭 짝'(아마 포티노)은 더 가벼운 것으로 붕괴될 수 없기 때문에 안정적이어야만 한다.

이런 생각들은 진지하게 받아들일 만한 이유가 있다. 표준모델을 초대칭(알려진 최소한의 초대칭)의 가장 단순한 형태에 맞도록 수정하려면 전자기력, 약한 핵력, 강한 핵력의 수렴치를 변화시켜 모두 정확히 한 지점에서, 즉 10^{15} GeV이 아니라 10^{16} GeV의 에너지에서 만나도록 해야 한다. 또한 방정식에 초대칭을 추가하면 양성자의 반감기 예측치도 지금까지 실험으로 도달한 수준 이상으로 끌어올려야 한다.

그렇기 때문에 초대칭이 틀렸다는 증거는 없다. 오히려 머 잖아 옳다는 증거가 나올 것이다. 물리학자들이 LHC에 큰 기대를 거는 이유는 양성자 질량(수천GeV)의 수천 배에 달 하는 질량을 가진 초대칭 짝을 만들 수 있으리라는 전망 때 문이다. 만약 LHC가 히그스 입자를 만들어내지 못한다면 적지 않은 충격이 있을 것이다. 대통일이론의 전체 개념을 재고해야 할지도 모른다. 하지만 이미 대통일이론은 대단한 성과를 보여주었기 때문에 그럴 가능성은 적다. 대통일이론 이 유망하다는 것은 입자물리학자들이 천문학에서 모델을 검증하는 방법을 찾으려 꾸준히 노력하는 것으로도 알 수 있다.

최소한의 초대칭에서 나온 또 하나의 예측은 중성미자 의 질량이 아주 작다는 것이다. SUSY가 없는 표준모델에서 는 중성미자를 광자처럼 질량이 전혀 없는 것으로 간주했 다. 이 문제는 1960년대 후반부터 대두되었다. 그 무렵 태양 에서 나오는 중성미자를 측정한 결과 지구에 도착하는 양 이 너무 적다는 사실이 밝혀졌다. 태양의 내부에서 일어나 는 핵반응은 전자 중성미자를 대량으로 생산한다. 지구를 지나쳐가는 중성미자의 수는 핵물리학과 천체물리학의 표 준모델로 예측할 수 있다. 그러나 미국의 레이 데이비스Ray Davis가 이끄는 연구팀은 중성미자의 흐름을 추적하는 실 험에서 또 다른 예측치를 알아냈다. 핵물리학과 천체물리학 모델이 옳고 입증할 만한 별도의 증거가 많다고 가정한다 면 가능한 설명은 하나뿐이다. 즉 전자 중성미자가 태양에 서 지구로 오는 도중에 다른 종류의 중성미자로 바뀌는 것이다. 이 과정은 진동oscillation이라고 부른다. 전자 중성미자는 우주 공간을 지나면서 뮤온과 타우 중성미자로 바뀌거나 서로 뒤섞인다. 이리하여 세 가지 중성미자가 모두 생성된다. 중성미자는 세 가지밖에 없고 균일하게 생성되기 때문에 데이비스의 연구팀은 원래 전자 중성미자의 1/3만 관찰하고 다른 종류들은 보지 못할 수밖에 없었다. 하지만 중성미자의 진동이 일어나려면 중성미자가 질량을 가져야만 한다. 1970년대에 이것은 극적인 발견이고 물리학의 새로운 발전이었다. 천문학적 발견은 물리학자들에게 그때까지 알려진 가장 작은 입자들의 속성을 밝혀주었다. 이 선구적 실험 이래로 태양 중성미자의 연구가 진행되고 지구상에서 중성미자의 진동을 직접 관찰하게 되자 천문학자들의 견해가 옳았음이 입증되었다. 중성미자는 질량을 가지며(1/10전자볼트 미만)[11] 진동한다. 이런 발견들로 인해 잠시 후에 보겠지만 천문학과 입자물리학의 연결이 더욱 공고해졌다.

전반적으로 대통일이론과 초대칭의 결합('SUSY GUTS')은 매우 유망하며, 여기서 나온 예측은 21세기 초에 검증될 수 있을 것이다. 검증이 이루어진다면 다음 단계는 중력을 포함하는 진정한 만물이론(모델), 즉 TOE를 구성하는 일이다. 일반적으로 볼 때 이를 위해서는 중력의 상호작용을 중력자graviton라는 입자의 교환이라는 견지에서 설명하고, 초대칭 짝의 존재를 가정함으로써 중력을 SUSY의 범위로 끌어들여야 한다. 그런 변형을 포괄적으로 가리켜 '초중력supergravity'이라고 말하는데, 이것은 지금까지 논의한 어

---

[11] 비교하자면, 전자 하나의 질량은 51만 1천eV다.

떤 것보다도 추측의 성격이 강하며 실험으로 증명되지 않았다. 중력자는 SUSY GUTS의 예측만은 아니다. 양자 이론은 중력의 작용을 중력자의 교환으로 간주한다. 전자기력이 광자의 교환으로 작용하는 것과 마찬가지다. 중력의 일반론에 따르면 전자기력이 전자기파와 연관되듯이 중력도 중력파와 연관되며, 광자가 전자기장의 양자이듯이 중력자도 중력장의 양자다. 중력이 전자기력처럼 먼 거리까지 힘을 미치려면 중력자도 광자처럼 질량이 없어야 한다. 하지만 광자와 달리 중력자는 자기들끼리 상호작용할 수 있으므로 계산이 훨씬 더 복잡해진다. 중력은 약한 힘이기 때문에 극히 민감한 검출기가 아니면 중력자와 연관된 파동을 검출하기 어렵다. 현재 그런 검출기가 제작되고 있는데, 앞으로 몇 년 뒤면 중력파를 검출할 수 있게 될 것이다. 하지만 천문 관측에서는 (두 개의 중성자별이 서로의 주위를 도는 쌍성펄서의 연구를 통해) 이미 중력파가 존재한다는 증거가 발견되었다.

앞에서 보았듯이 중력파의 존재는 공간(엄밀히 말하면 시공간)을 물질에 의해 왜곡되는 탄력 있는 실체로 간주함으로써 아인슈타인의 일반상대성이론을 가능케 했다. 빈 시공간을 길게 뻗은 고무판이라고 가정해보자. 그 위에 작은 돌멩이들을 올려놓는다면 거의 직선으로 굴러갈 것이다. 하지만 그 위에 볼링공처럼 무거운 물체를 놓는다면 판 자체가 굽을 것이다. 이 그림에 수학을 적용하면 빛이 태양 부근을 지나칠 때 왜, 얼마나 빗겨 가는지 정확히 설명할 수 있다. 이것은 바로 아인슈타인의 이론에 대한 예측이었으며, 1919년 개기일식 중에 유명한 관찰을 통해 명확히 검증되었다.

한 단계 더 나아가 그 볼링공이 고무판 위를 튕기며 굴러 조직상의 굴곡을 만든다고 상상해보자. 아인슈타인의 방정식에 따르면 우주에서 움직이는 물질은 시공간상의 굴곡을 만들며, 그 굴곡은 3차원 공간의 파동으로 감지된다. 중력은 다른 세 가지 자연의 힘에 비하면 매우 약하므로 그 효과는 크지 않다. 우리의 신체를 포함해 우주 내의 모든 구조물들은 우주를 누비고 다니는 중력복사에 의해 조금씩 흔들린다. 그러나 물질이 일으키는 가장 극적인 움직임, 이를테면 별이 붕괴해 블랙홀이 되는 현상은 첨단 검출기로 검출하기에 충분한 큰 굴곡을 공간상에 만들어낸다.

이 책에서 언급하는 모든 실험에 관해 상세히 파고들 생각은 없다. 실험 결과를 어떻게 얻었는가를 자세히 아는 것보다는 결과 자체를 아는 게 더 중요하다. 하지만 대규모 국제적 연구팀의 공동 노력을 말해주는 한 가지 사례를 보면, 21세기 초에 과학 연구가 어떻게 진행되는지 알 수 있을 것이다.

현재 새로운 중력파 실험은 네 가지가 진행 중이다. 가장 큰 규모는 미국의 LIGO이고, 일본에는 TAMA가 있으며, 프랑스/이탈리아 공동 실험인 VIRGO, 그리고 약간 상세히 살펴볼 영국/독일 공동 검출기인 GEO600이 있다. 하나로 힘을 모아야 할 것을 넷으로 나누어 서로 경쟁하는 게 아니다. 중력파를 실제로 검출하기 위해서도 최소한 두 가지 검출기가 필요하다. 두 곳에서 동시에 진동을 기록해 그것이 지나가는 트럭이나 산사태에 의한 국지적 진동이 아닌지를 확인해야 하기 때문이다. 또한 천체에서 파동의 발원지를 찾고 복사의 상세한 속성을 확인하려면 검출기가 최소한 넷이 필요하다. 검출기들은 모두 작동 원리가 같지만 GEO600은 어떤 면에서 가장 정교하다. 재정상의 제약이 큰 탓에 연구자들이 탁월한 독창성을 발휘해 신기술을 개발한 덕분이다. 1980년대 말에 영국과 독일 팀도 독자적으로 중력파 검출이기를 운영할 만한 재원이 없었던 탓에 서로에게 좋은 협력을 이룬 바 있었다. 이것이 21세기의 중요한 과학이 처한 상황이다. 나중에 보겠지만 오늘날에는 어느 한 나라가 최첨단 연구를 독자적으로 진행하기는 힘들다(연구팀이나 대학은 말할 것도 없다). 뉴턴이나 아인슈타인 같은 고독한 천재의 시절은 오래전에 지났다.

프로젝트 명칭에서 GEO란 유럽중력관측소(Gravitational European Observatory)의 약자이다. 원래는 European Gravitational Observatory라고 표기해야 더 자연스럽겠지만, 아무리 연구자들이 자부심이 크다 해도 EGO라는 약어로 읽히면 부담스러웠을 게다. 600이라는 말은 실험의 규모를 가리킨다. 600미터짜리 암 두 개가 직각으로 교차되어 'L'자 모양을 이루고 있기 때문이다. 암의 크기는 검출기가 설치된 장소에 의해 정해졌다. 하노버 바로 남쪽 농지인데, 바바리아 주의 소유지로 하노버 대학이 농업연구소를 운영하는 곳이다. 두 암은 밭을 구분하는 농로를 따라 건설되어 곡식과 과일 사이를 가로지른다. 한 암은 농지 구역의 경계 바깥으로 삐죽 나와 인접한 농지까지 27미터가량 뻗어 있다. GEO600의 예산에는 토지 이용료로 농부에게 매년 지불하는 270유로도 포함되어 있다.

암 하나에는 0.8밀리미터 두께의 주름진 금속으로 된 지름 60센티미터의 관이 들어 있다. 관 내부는 우주 공간처럼 진공이고, 허공에 거울들이 매달려 있어 관을 따라 비추는 레이저 광선에서 나오는 빛을 반사한다. 거울 하나의 무게는 6킬로그램인데, 두께가 2억분의 1미터밖에 안 되는 가느다란 유리 섬유 네 개에 매달려 있다. 연구자들은 이 장치로 레이저가 거울에 비추는 빛의 신호를 분석하여 장차 암의 길이가 미세하게 10^{-18}미터(다시 말해 양성자 지름의 100만분의 1)만큼 변화하는 것을 측정할 수 있게 될 것이다. 2004년 말에 영국 글래스고 대학의 연구팀장인 짐 하우Jim Hough는 시험 가동 결과 목표 수치에 가까이(즉 10^{-17}미터까지) 근접했다고 말했다. 2006년이면 GEO600은 목표로 하는 만큼의 정밀도에 도달할 것이다.

일반상대성이론에 따르면 중력파는 실험을 통과하면서 고유의 '신호'를 만들어낸다. 처음에는 하나의 암을 약간 연장시키는 동시에 다른 암을 수축시키고, 그 다음에는 반대 과정이 시작된다. 마치 시공간이 흔들려 우리의 몸이 길어지면서 야위었다가 다시 짧아지면서 뚱뚱해지는 것과 같다. 이런 사건들의 독특한 패턴 덕분에 그 섬세한 변화를 측정할 수 있다. GEO600 장치도 관 하나의 길이를 그렇게까지 정밀하게 측정하지는 못한다. 다만 두 암의 레이저 광선이 서로 간섭하는 정도를 비교해 두 암의 상대적인 변화를 측정할 뿐이다. 그런 신호가 GEO600에 잡히고 동시에 비슷한 변화가 LIGO나 다른 검출기에 측정된다면, 연구자들은 지구를 통과하는 공간에서 굴곡의 경로를 관측하게 될 것이다. 언제나 있게 마련인 초기 발견의 흥분이 가시고 나면, 그런 사건이 우주 최대의 폭발과도 관련된다는 사실이 밝혀질 테고 빅뱅의 본질에 관해서도 알게 될 것이다.

짐 하우는 2009년까지 GEO600이 신호를 잡아낼 확률은 5 대 5라고 말한다. 만약 실패한다면 다음 단계로 GEO600의 선구적 설계가 낳은 검출기를 LIGO에 부착해 장치를 개선한 뒤 더 큰 실험을 진행할 것이다(LIGO에는 4킬로미터 길이의 암들이 있지만 검출 성능이 처지므로 GEO600의 감도만큼 개선이 필요하다). 하우는 개선이 이루어질 경우 금세기 후반에는 중력복사가 검출되리라고 '100퍼센트' 확신한다. 자신감을 보이는 한 가지 이유는 지상 실험이 어떻게 되든 2012년에는 LISA(Laser Interferometric Space Antenna)라고 불리는 우주 실험이 시작되기 때문이다. 우주선 세 척이 태양 부근의 궤도에서 각각 500만 킬로미터의 간격을 두고 대열을 지어 비행한다. 세 척의 우주탐사선을 잇는 레이저 빔이 중력파의 작용으로 우주선이 줄어들거나 늘어나면서 생기는 거리의 변화를 1천억 분의 1미터(10피코미터)의 정확도로 측정한다.

한편 중력복사를 찾으려는 노력과 별도로 1980년대 중반에는 만물이론을 찾으려는 노력이 활기를 띠었다. 애초에 중력을 고려하지 않은 어떤 모델이 중력 상호작용 운반체의 속성을 제대로 지닌 보손을 자연스럽게 드러낸 것이다. 이 이른바 끈모델string model은 현재 만물이론을 찾으려는 과정에서 가장 촉망받는 분야인데, 이에 관해서는 나중에 다시 다룰 기회가 있을 것이다.

끈의 개념이 등장한 데는 수학 물리학자들이 원래부터 방정식에 관심이 큰 탓도 있었고, 입자를 범위나 부피와 무관한 것으로 간주하는 모든 모델들이 맞닥뜨리는 현실적 문제 때문이기도 했다. 문제는 전기의 힘이 전자로부터의 거리의 제곱으로 나누어진다고 설명할 경우, 만약 전자가 크기를 가지지 않는다면 거리가 0에 가까워진다는 점이다. 0으로 나누면 무한이 나오는데, 답이 무한인 방정식은 아무런 의미도 없다. 이 함정을 피하는 방법으로 재규격화 renormalization라는 수법이 있다. 하나의 무한을 다른 무한으로 나누어 이치에 맞는 답을 얻는 것이다. 이렇게 하면 표준모델과 양자색역학에 잘 들어맞지만, 실은 실망스러운 방법이다. 리처드 파인먼을 비롯한 저명한 물리학자들은 재규격화를 모델에 심각한 결함이 있다는 조짐이라고 보았다.

끈이론은 물리 세계를 이루는 기본적 실체를 점이 아닌 물체—끈—의 연장이라고 간주한다. 끈은 양쪽이 트인 열린 구조를 취할 수도 있고 작은 고리들을 이룬 닫힌 구조를 취할 수도 있다. 또한 끈은 지금까지 생각했던 어떤 것보다도 작은 형태로 존재할 수도 있다. 아주 작은 척도에서도 길이의 관념이 의미를 가진다면, 끈은 약 10^{-33}센티미터의 길이까지 축소된다. 이것은 양성자의 반지름(10^{-20})보다도 훨씬 작은 크기다. 달리 말해 만약 양성자의 지름이 100킬로미터라면 끈은 실제 양성자만큼 작다. 따라서 끈을 직접 검출할 수는 없고, 양성자만큼 작은 물체들의 세계에 관한 예측을 통해 끈의 관념이 성립하거나 성립하지 않는다고 말할 수 있을 뿐이다.[12] 현재 끈모델에는 두 가지 쟁점이 있다. 첫째, 어떤 끈모델은 재규격화가 필요 없다. 바꿔 말하면 수학의 도움이 없이 스스로 재규격화한다. 즉 무한이 스스로 서로 상쇄되는 것이다. 둘째는 물리학자들에게 더 중요한 사실인

---

[12] 이 기회에 확실히 해둘 게 있다. 중요한 것은 작은 끈으로 이루어진 세계가 '실제로 존재하느냐'가 아니라 세계가 작은 끈으로 이루어진 것처럼 행동하느냐다.

데, 끈모델은 저절로 중력을 포함한다는 것이다. 이 점은 사뭇 충격적이었다. 1980년대에 끈이론을 연구하던 학자들은 (만물이론이라는 관념은 늘 염두에 있었으나) 중력에 관해서는 진지하게 생각하지 못했다. 그래서 그들은 방정식이 성립하려면 표준모델과 대통일이론의 요건에 맞지 않는 입자의 존재가 필요하다는 사실을 알고 크게 당혹스러워했다. 연구의 방향이 바뀌어 그 입자가 바로 중력이라는 게 밝혀지자 연구 전체가 붕 떠버렸다. 그러나 국외자들에게는 더없이 멋진 비행이었다.

끈이론의 성공을 위해 지불해야 할 대가는 우리에게 익숙한 3차원(앞-뒤, 위-아래, 왼쪽-오른쪽), 나아가 시간이라는 4차원을 넘어서는 또 다른 차원의 공간들을 상정해야 한다는 것이다. 묘하게도 차원이라는 관념은 물리학자들이 중력과 전자기력의 두 가지 힘밖에 알지 못했던 1920년대에 생겨났다. 핵력이 확인되기까지 한동안은 5차원을 추가하고 그 두 힘을 통합하면 1920년대식 '만물이론'을 구성할 수 있다는 믿음이 퍼졌다. 그 생각은 다른 힘들이 발견되자 폐기되었으나 차원의 관념은 반세기 뒤에 부활했다.

이 관념은 중력을 4차원 시공간의 왜곡이라고 설명하는 아인슈타인의 일반상대성이론에서 비롯된다. 1919년 독일의 젊은 수학자 테오도르 칼루차Theodor Kaluza는 아인슈타인의 방정식으로 5차원 시공간의 왜곡을 설명한다면 어떻게 될까 궁금하게 여겼다. 그는 그 방정식이 물리 세계와 관련해 뭔가를 말해주리라고 생각하지 않고 단지 수학적 호기심에서 가능성을 탐구한 것뿐이었다. 그런데 놀랍게도 그는 일반상대성이론의 5차원 버전이 두 가지 방정식 체계로 이루어졌다는 것을 알아냈다. 하나는 일반상대성이론 자체의 낯익은 방정식이었고 또 하나는 맥스웰의 전자기학 방정식과 정확히 일치하는 더 낯익은 방정식이었다. 간단히 말해 중력을 4차원 시공간의 굴곡으로 볼 수 있다면 전자기학은 5차원 시공간의 굴곡이라고 볼 수 있다. 나중에 스웨덴의 물리학자 오스카르 클라인Oskar Klein은 그 생각에 양자이론을 포함시켜 칼루차-클라인 모델을 개발했다. 수학적으로는 완벽하다. 유일한 난관은 5차원의 자취(즉 넷째 공간 차원)를 일상 세계에서 확인할 수 없다는 것이다. 하지만 물리학자들은 그 문제를 피하기 위해 조밀화 compactification라는 수법을 끌어들였다.

조밀화는 적절한 예를 통해 쉽게 이해할 수 있다. 고무처럼 유연한 재료로 된 얇은 판이 있다고 하자. 분명히 3차원의 물체이지만 멀리서 보면 두께가 거의 보이지 않기 때문에 2차원의 물체인 것처럼 보인다. 그 판이 실제로 2차원의 물체라고 가정하자. 이 판을 둥글게 말아 관을 만들고 양 끝을 서로 붙이면 차원이 한 단계 상승한다. 2차원의 판이 3차원의 공간을 이루는 것이다. 이것을 아주 멀리서 보면 1차원의 선으로 보인다. 하지만 그 선의 양 '끝'은 사실 관의 일부인 작은 원 혹은 고리를 이루고 있으며, 비록 우리가 볼 수는 없지만 둘째 차원에는 굴곡이 있다. 이 굴곡은 에너지를 전달하므로 선 전체의 움직임에 영향을 미친다. 판의 두 차원 중 하나는 너무 작기 때문에 보이지 않지만 그래도 그 영향력을 드러낸다. 이와 마찬가지로 칼루차-클라인 모델에서 넷째 공간 차원을 상상하려면, 4차원 시공간의 모든 점이 실제로는 지름 10^{-32}센티미터의 아주 작은 고리라고 간주하면 된다(물론 다섯째 차원에서 보면 굽어 있다).

일부 물리학자들은 방정식 체계 하나로 알려진 모든 힘을 설명한다는 점에 흥미를 느꼈다. 양자적 관점에서 보면 칼루차-클라인 모델은 중력과 양자 두 개의 보손만 다루기 때문에 비교적 단순하다. 그러나 곧 다른 힘들과 더 복잡한 운동이 알려졌다. 그 두 가지 보손으로 강한 핵력과 약한 핵력까지 포괄하려면 더 많은 차원을 더 복잡한 방식으로 다루어야 하는데, 한꺼번에 받아들이기에는 너무 벅차다. 그래서 표준모델이 개발되는 동안 칼루차-클라인 모델은 호기심의 수준에만 머물러 있었다. 그러나 나중에 수학 물리학자들은 더 용이하게 다차원을 다룰 수 있게 되었고,[13] 1980년대에는 표준모델에서 만물이론으로 이행하려면 전혀 다른 방식이 필요해졌다. 이 새로운 방식은 끈 개념과 여러 차원의 개념을 결합하는 것이다.

21세기의 현대적 관점에서 보면, 앞에서 말한 작은 끈의 고리는 모두 26개의 차원을 가지는 것으로 생각된다. 우리가 입자라고 여기는 데 익숙한 다양한 물체들(전자, 글루온 등)은 끈의 다양한 진동에 해당하며, 전달하는 에너지의 양이 각기 다르다. 마치 기타 줄의 다양한 진동이 각기 다양한 음표를 표현하는 것과 같다. 페르미온은 끈의 고리를 돌아가는 10개 차원의 진동으로 비교적 쉽게 설명된다. 그 가운데 여섯 차원은 조밀화되어 있고 나머지 네 차원은 익숙한 시공간의 차원이다. 하지만 풍부한 보손 세계는 26개 차원의 진동이 끈의 고리를 다른 길로 돌아가는 구조를 취한다.

---

[13] 이런 현상은 과학에서 흔히 볼 수 있다. 과거에 일반상대성이론은 단 세 사람만 이해했으나 지금은 대학에서도 가르친다. 한 세대에 혁명적이었던 생각도 다음 세대에 가면 평범해진다.

그 가운데 열여섯 개는 보손의 풍부한 다양성을 설명하는데, 이 차원들은 하나의 조로 조밀화되어 있어 어떤 의미에서는 10차원 끈의 '내부'에 있다고 말할 수 있다. 이것이 무슨 의미인지 정확히 아는 사람은 아무도 없다. 학자들은 이 차원이 '실재'하는지를 놓고 논란이 분분하다. 그러나 우리의 관점에서 중요한 것은 보손이 마치 자체의 또 다른 차원을 가진 것처럼 행동한다는 사실이다. 다른 10개 차원은 페르미온 진동을 일으키는 차원과 똑같다. 그 가운데 여섯 개는 조밀화되어 있어 진동하는 끈들이 네 차원 시공간에서 운동하는 입자의 외양을 만들어낸다. 이 모델은 두 종류의 진동이 한 종류의 끈에서 일어난다고 보기 때문에 이종끈 이론heterotic string theory이라고도 부른다.

여기에는 '또 다른' 16개 차원에 대한 불완전한 이해를 보여주는 또 다른 문제가 있다. 모든 입자는 조밀화된 16개 차원 가운데 여덟 개로 설명되므로 나머지는 입자 복제의 여지가 있다. 이것이 무슨 의미인지는 아무도 알지 못한다. 어떤 학자들은 복제 입자로 구성된 완벽한 '그림자 우주'가 있을지 모른다고 추측한다. 그것은 우리의 네 차원 시공간을 공유하지만 우리와 상호작용하지 않는다(중력은 예외일 것이다). 그림자 인간이 우리를 향해 곧장 걸어와도 우리는 알지 못한다. 하지만 이런 식으로 추론을 계속하다 보면 공상과학으로 빠질 것이다. 근년에 들어 끈이론의 발전은 모델의 다른 부분, 10차원 요소를 재해석하는 데서 이루어졌다.

지금까지 우리는 끈이론이 잘 들어맞는 단 한 가지 모델만 있는 것처럼 이야기했다. 이것은 끈이론을 주창하는 학자들의 낙관적인 견해다. 하지만 1980년대 중반부터 1990

년대 중반까지 10년 동안 끈이론은 당혹스러운 사실을 감추고 있었다. 끈이론에는 미묘하게 차이를 가진 다섯 가지 모델의 변주곡이 있다. 진동하는 끈의 조밀화된 여섯 개 차원이 4차원 시공간에서 움직이는 것은 전부 공통적이다(여기에 또 16개의 보손 차원이 있으나 아무도 제대로 이해하지 못한다). 이것은 우리가 생각하는 만큼 물리학자들에게 곤혹스러운 게 아니다. 그것이 유일하게 가능한 모델임을 수학적으로 증명할 수 있기 때문이다. 심지어 끈모델의 수학적 버전을 꿈꿀 수도 있다. 하지만 그런 모델은 모두 재규격화가 불가능한 무한이 득시글거릴 뿐 현실적인 의미가 없다.

또한 여기에는 조커도 있었다. 초중력이라고 부르는 또 한 종류의 단일 모델이 그것이다. 이 모델은 다섯 가지 끈모델에 못지않게 사태를 잘 설명하지만 차원이 열 개가 아니라 열한 개가 필요했다. 그래도 결과적으로 초중력이 11개 차원을 필요로 한다는 사실은 중요한 단서가 되었다.

1990년대 초 많은 학자들이 큰 노력을 기울인 덕분에 1995년 미국의 물리학자 에드 위튼Ed Witten은 끈이론에 또 하나의 차원을 추가함으로써 모든 것을 끌어모았다. 그는 만물이론을 위한 여섯 개 후보가 한 가지 원본 모델의 변형이라고 말하면서 그것을 M-이론이라고 불렀다. 전자기력과 약한 핵력이 낮은 에너지에서는 서로 달라 보이지만 실은 동일한 전자기약력의 다른 표현인 것과 마찬가지로, 만물이론을 위한 여섯 개 후보도 모두 낮은 에너지에서 동일한 M-이론의 표현이다. 만약 우리가 강한 핵력의 에너지에 상당하는 에너지를 만들어낼 수 있다면 실험으로도 증명될 것이다. 이 성과를 위해 위튼은 끈모델에 초중력처럼 열한 개 차원의 시공간에서 작동하는 또 하나의 공간 차원을 도입해야 했다. 이미 여섯 개의 차원이 있으니 작고 조밀화된 차원을 하나 더 추가한다고 해서 큰 진일보로 여겨지지는 않는다. 그러나 M-이론의 이 '새' 차원은 작을 필요가 없다. 아주 클 수도 있지만 익숙한 세 공간 차원에 대해 직각 방향을 취하고 있기 때문에 검출이 불가능하다. 2차원 세계(이를테면 무한히 얇은 종이)에 사는 진짜 2차원 생물은 3차원을 인식하지 못한다.[14] 이와 마찬가지로 우리 3차원 생물도 4차원 이상의 공간은 인식하지 못한다.

이것이 만물에 대한 우리의 심상에 가져온 변화는 입자를 진동하는 끈의 검출 가능한 결과물로 보는 대신 진동하는 판 혹은 '막'의 견지에서 생각해야 한다는 것이다. 이런 이유로, 비록 에드 위튼은 M-이론에서 M이 무슨 뜻인지 명시하지 않았지만 사람들은 그것이 '막membrane'을 뜻한다고 본다. 더 전문적으로 말하면 2차원의 판은 2막이라고 부르며, 10차원까지 모든 차원마다 그에 상당하는 구조가 있다(시각화하기는 더 어렵다). 일반화하면 p막이라고 할 수 있다. 여기서 p는 10 이하의 모든 수가 될 수 있으며, 끈은 '1막'이 된다.

이 모든 논의의 한 가지 결과는 우리의 우주 전체가 더 높은 차원에 속한 3막일 수도 있다는 것이다. 그렇다면 우리의 우주와 병행하지만 우리가 전혀 접근할 수 없는 또 다른 3차원 우주가 존재할지도 모른다. 말하자면 책의 페이지

---

14 이런 상황은 조지 애벗George Abbot의 『플랫랜드Flatland』와 이 이야기를 현대에 개작한 이언 스튜어트Ian Stewart의 『플래터랜드Flatterland』에 유쾌하게 묘사되어 있다.

들을 2차원 우주의 연속으로 간주하는 것과 같다. 서로 이웃해 있지만 그 안에 거주하는 2차원 생물에게는 세계 전체로 보이는 것이다.

이런 생각은 추측의 영역으로 넘어간다. 지금으로서는 어떤 실험이나 우리가 지상에 세운 입자가속기로도 검증할 수 없지만 마냥 엉터리 추측만은 아니다. 우리는 M-이론의 작용, 끈과 막이 흔적을 남길 만큼 매우 강력한 극단적인 상황일 때 사건의 정보에 접근할 수 있다. 우리가 사는 우주에 관한 최선의 이해에 따르면 그것은 극단적인 고압과 고온의 상황인데, 약 140억 년 전에 일어난 빅뱅의 상황이 바로 그랬다. 정밀하게 발달한 천문학적 관측에 의거해 우리는 빅뱅의 상황을 다루는 입자 이론의 예측을 어느 정도 검증할 수 있다. 현재 우주론과 입자물리학은 합쳐져 입자천체물리학을 이루었다. 따라서 가장 작은 물질의 운동을 연구하는 다음 단계는 가장 큰 물질, 즉 우주를 바라보고 우주가 어떻게 생성된 것인지를 밝혀내는 것이다. 물리 법칙에 관해 우리가 아는 것, 그리고 우리가 안다고 생각하는 것을 확립했다면, 이제는 그 지식을 우주의 전기에 적용해 오늘날 우리가 어떻게 여기까지 오게 되었는지를 알아볼 차례다.

3

우주는 어떻게 시작되었을까?

How Did the Universe Begin?

우리가 사는 우주가 빅뱅이라는 뜨거운 고밀도의 불덩이에서 탄생했다는 것은 현재 널리 인정되는 사실이다. 1920년대와 1930년대에 처음으로 천문학자들은 우리 은하가 수많은 비슷한 은하들 가운데 하나에 불과하다는 것, 또 은하 집단들이 점점 서로 멀어지고 있다는 것을 알아냈다. 이 팽창하는 우주의 관념은 1916년에 완성된 아인슈타인의 일반상대성이론에 의해 예측되었으나 관측으로 증명된 이후에야 진지하게 받아들여졌다. 이후 수학자들은 우리가 보는 것과 같은 팽창을 방정식으로 정확히 설명할 수 있다는 것을 밝혀냈다. 이렇게 시간이 갈수록 은하들이 점점 멀어져간다면 과거에는 빽빽이 모여 있었을 것이며, 아주 오래전에는 우주의 모든 물질이 조밀한 불덩이로 뭉쳐 있었을 것이다. 빅뱅의 관념이 설득력을 가지는 이유는 이론과 관찰이 결합되었기 때문이다. 그 생각을 뒷받침하는 확고한 증거로, 1960년대에 우주의 모든 방향에서 약한 전파 잡음이 오는 것이 발견되었다. 우주배경복사cosmic background radiation로 알려진 이 잡음은 빅뱅에서 생겨난 잔존 복사로 생각된다. 우주의 팽창과 마찬가지로 이 우주배경복사의 존재도 먼저 이론으로 예측된 뒤 실험으로 증명되었다. 20세기 말 이론과 관찰이 결합되어 빅뱅이 약 140억 년 전에 일어났고 우리 은하와 비슷한 은하들이 팽창하는 우주 전역에 수억 개나 산재한다는 사실이 밝혀졌다. 현재 우주학자들이 당면한 문제는 이것이다. 빅뱅은 어떻게 일어났을까? 우주는 어떻게 시작되었을까?

이 문제를 다루기 위한 출발점은 우주학자들이 만든 표준모델이다. 이것은 팽창하는 우주에 관한 모든 지식과 아인슈타인의 일반상대성이론에 바탕을 둔 공간과 시간의 이론적 이해를 결합한 모델이다. 이 모델이 유용한 이유는 우주를 멀리 내다볼수록 시간적으로 과거의 모습을 볼 수 있기 때문이다. 빛의 속도는 정해져 있으므로 수백만 광년 떨어진 은하들을 보는 것은 곧 수백만 년 전 그 은하에서 출발한 빛을 우리가 망원경으로 보는 것과 같다. 천문학자들은 고성능 망원경으로 우주가 젊었을 때 어떤 모습이었는지 볼 수 있다. 또한 전파망원경으로 관측되는 우주배경복사는 빅뱅을 일으킨 불덩이의 마지막 단계를 보여준다.

시간적으로 우주의 팽창을 거슬러 가면 모든 것이 무한히 큰 밀도의 한 지점, 즉 특이점singularity에 뭉쳐 있었던 때로 돌아간다. 이 소박한 우주 탄생의 이미지는 일반상대성이론이 처음으로 만들어냈다. 그에 따르면 우주는 특이점에서 '탄생'했다. 하지만 앞에서 말했듯이 물리학자들은 특이점과 무한 같은 개념을 불편하게 여기며, 물리적 우주에서 그런 것들의 존재를 예측하면 결함이 있는 이론이라고 본다. 일반상대성이론이라 해도 마찬가지다. 그것은 우리가 아는 우주가 거의 무한 밀도의 상태에서 생겨났다고 말하지만, 실제로 빅뱅 자체의 순간에 어떤 일이 일어났는지는 말해주지 못한다.[15] 우주학의 표준모델은 이 순간이 약 140억 년 전이고 그 이후에 모든 것이 생겨났다고 말한다. 이것은 일반상대성이론이 붕괴하는 0의 시간이며, 우주의 진화를 설명하는 출발점이다.

배경복사의 기원까지 시간을 가장 멀리 거슬러 가면 빅뱅 이후 수십만 년 지난 시점에 이른다. 그 무렵 우주 전체는 플라즈마라고 부르는 뜨거운 기체로 가득했고 온도는 오늘날 태양 표면과 비슷한 섭씨 수천 도였다. 가시적인 우주 전체의 크기는 현재의 1천분의 1에 불과했으며, 별이나 은하가 뜨거운 물질의 소용돌이 속에 묻혀 구분되지 않은 상태였다. 하지만 오늘날 관측되는 우주배경복사의 온도는 하늘의 각 지점에 따라 미세한 차이를 보인다. 이 불규칙성은 불덩이 단계가 끝났을 무렵 우주에 존재했던 불규칙성의 규모와 성격을 말해준다. 시간이 지나면서 우주배경복사에서 관측된 불규칙성은 점차 일정한 규모와 패턴을 이루었다. 그 불규칙성은 은하의 기원을 설명하므로 말하자면 오늘날 우리가 보는 우주의 구조를 낳은 씨앗이 된다. 이에 관해서는 나중에 더 상세히 언급할 것이다. 시간을 거슬러가 우주배경복사에 드러난

---

15 나는 빅뱅이라는 말을 우주 탄생의 순간을 가리키는 의미로 사용하지만 엄밀히 말해 빅뱅은 우주가 탄생하고 약간 뒤에 생겨난 뜨거운 불덩이의 단계를 가리킨다.

불규칙성의 패턴은 우주가 더 젊었을 때, 나아가 일반상대성 이론이 붕괴하는 시기에도 존재했던 불규칙성을 말해준다.

　배경복사의 불규칙성에 관해 무엇보다 먼저 생각해야 할 중요한 점은 그것이 아주 작다는 사실이다. 워낙 작은 탓에 처음에는 측정할 수조차 없었다. 우주배경복사는 우주 공간의 모든 방향에서 균일하게 오는 듯 보였다. 만약 복사가 완벽하게 균일하다면 표준모델이 송두리째 붕괴하게 될 것이다. 빅뱅 불덩이에 불규칙성이 없었다면 은하가 성장할 씨앗이 생겨나지 않았을 테고 지금 우리도 존재하지 못했을 것이다. 이 문제가 큰 관심을 불러일으키자 천문학자들은 측정할 만한 검출기를 개발할 수만 있다면 우주배경복사가 불규칙하다는 사실을 증명해야 한다는 압박감을 느꼈다. 하지만 우주배경복사가 발견된 지 30년 가까이 지난 1990년대 초에 이르러서야 NASA의 COBE 위성이 측정을 통해 실제로 우주배경복사에 미세한 굴곡이 있다는 것을 보여주었다. 이 발견은 두 가지 중대한 의문을 제기했다. 왜 우주배경복사가 거의 균일할까? 굴곡은 왜 생기는 걸까?

　첫째 의문은 보기보다 깊은 의미가 있다. 빅뱅 이후 140억 년이 지난 오늘날까지도 우주는 거의 균일하기 때문이다. 이 점은 우리 은하를 비롯한 밝은 은하와 은하들 사이에 존재하는 어둠을 비교해보면 확실하지 않지만 더 큰 규모에서 보면 명확해진다. 우주는 완벽하게 균일하지는 않다. 은하의 분포를 보면 잘 구워진 건포도빵 정도로 균일하다. 빵을 자르면 어떤 조각도 건포도의 배열이 똑같지는 않지만 모든 조각들이 서로 거의 비슷하다. 그와 마찬가지로 하늘 한 구역의 은하들이 배치된 사진을 보면, 비슷한 크기의 다른 구역을 찍은 사진과 비슷하다. 우주배경복사는 은하의 배치보다 더 균일하므로 하늘의 모든 구역에서 거의 똑같고 차이는 1퍼센트 정도에 불과하다. 이 관찰이 시사하는 중요한 점은 빅뱅이 일어난 뒤 아직까지 우주의 모든 구역이 상호작용을 통해 완벽하게 균일해질 만큼 시간이 흐르지 않았다는 것이다.

극단적인 예를 들면 하늘의 한 방향에서 오는 우주배경복사는 우리에게 오기까지 140억 년이 걸렸고 다른 방향에서 오는 우주배경복사도 140억 년이 걸렸지만 두 복사 모두 온도가 거의 똑같다. 이 복사(전자기 에너지)는 광속으로 이동하며 광속보다 빠른 것은 없다. 따라서 하늘의 반대 방향이 그 균일성을 유지하려면 온도가 얼마나 되어야 할지 '알' 수는 없다. 모든 곳에서 우주적 불덩이가 똑같이 작용하도록 하려면 모종의 거대한 공모가 필요하지만, 불덩이의 여러 부분들이 상호작용할 수 없는 것은 분명하다.

이 동질성은 우주의 또 다른 특성인 평탄함과 연관된다. 일반상대성이론은 공간(정확히 말하면 시공간)이 물질의 존재에 의해 휘고 왜곡될 수 있다고 말한다. 국부적으로 보면 태양이나 지구 같은 물체의 부근에서는 시공간의 왜곡이 중력이라는 효과를 낳는다. 우주적으로 보면 별과 은하들 사이의 공간에서는 우주를 구성하는 모든 물질의 결합된 효과가 중력과는 다른 두 가지 방식으로 공간을 휘게 만든다.

우주의 밀도가 특정한 정도(임계밀도)를 넘어서면 3차원 공간이 스스로 휘게 된다. 2차원의 구 표면이 휘어져 닫힌 표면을 이루는 식이다. 임계밀도를 얼마나 넘느냐는 중요하지 않고 임계밀도를 넘는다는 것만이 중요하다. 그 공간은 지구의 표면처럼 유한하면서도 한계가 없다. 지구의 표면은 면적이

유한하지만 어느 방향으로든 가장자리에 이르는 법 없이 무한히 진행할 수 있다. 우주의 구조가 이렇다면, 부피는 유한하지만 어느 방향으로 가도 가장자리에 이르지 못할 것이며, 결국 출발했던 곳으로 되돌아올 것이다.

다른 가능성은 밀도가 임계밀도에 미치지 못하는 경우다. 어느 정도나 못 미치느냐는 중요하지 않고 못 미친다는 사실만이 중요하다. 이 경우 우주는 '열린' 구조를 취한다. 공간이 안장이나 산의 고개처럼 바깥으로 휘어져 있지만 영원히 연장된다. 이런 우주는 무한히 크며, 직선 방향으로 계속 간다 해도 같은 곳으로 돌아오는 일이 없다.

이 두 가지 가능성의 정중앙에 이른바 평탄한 우주flat Universe(천체물리학에서는 우주가 평탄하다는 표현을 쓰는데, 여기서 평탄하다는 말은 납작하다는 뜻이 아니라 물질 분포가 균일하다는 의미다: 옮긴이)라고 불리는 특수한 경우가 위치한다. 임계밀도와 정확히 일치하는 경우다. 이때 우주는 평탄하고 무한히 얇은 종이와 같은 3차원적 구조물에 해당한다.

이 세 가지 가능성은 우주의 세 가지 가능한 운명을 가리킨다. 닫힌 우주의 경우 만물의 중력으로 인해 우주는 서서히 팽창을 멈추고 빅뱅을 연상시키는 불덩이로 수축된다(그래서 빅크런치Big Crunch, 즉 '대수축'이라고 부른다). 열린 우주의 경우에는 영원히 팽창을 멈추지 않는다. 그러나 만약 임계밀도가 있다면 팽창하는 속도가 점차 늘어지다가[16] 아주 먼 미래에 팽창하지도 수축하지도 않는 중력의 균형을 이루는 정지 상태에 머물게 될 것이다.

---

[16] 여기에는 한 가지 단서가 있는데, 나중에 상술하기로 한다.

20세기 말에는, 임계밀도를 1로 본다면 실제 우주의 밀도는 0.1에서 1.5 사이, 즉 일반상대성이론이 허용하는 유일한 특수 밀도에 아주 가깝다는 사실이 팽창하는 우주의 관찰을 통해 밝혀졌다. 당혹스러운 사실이었다. 당시에는 당연히 우주가 약간이라도 밀도를 가진 빅뱅에서 생겨났다는 믿음이 지배적이었기 때문이다. 그때 우주학자들은 우주가 팽창하면서 내내 임계밀도로부터 멀어질 수밖에 없다는 사실을 깨달았다. 닫힌 우주는 팽창하면서 점점 '더 닫히게' 되고, 열린 우주는 팽창하면서 점점 '더 열리게' 된다. 현재 관찰된 밀도가 1에 아주 가깝다는 사실은 빅뱅에서 불과 1초가 지났을 때의 밀도가 10^{15}분의 1도 채 되지 못했으리라는 것을 뜻한다. 구체적으로 그 밀도는 0.99999999999999에서 1.00000000000001 사이였다. 이것을 설명하려면 우주가 정확히 임계밀도에서 시작했고 그 밀도는 지금도 정확히 1이라고 보아야만 한다. 하지만 우주가 그처럼 탄생 시기의 균일함과 평탄함을 유지하는 이유는 뭘까?

일반상대성이론의 방정식을 이용하면 우리는 시간을 거슬러가서 우주의 불덩이 단계부터 초기 우주의 온도와 밀도를 계산할 수 있다. 빅뱅이 일어나고 1만분의 1초(10^{-4}초)가 지났을 때 전체 우주의 밀도는 지금의 원자핵 밀도(1세제곱센티미터당 10^{14}그램)와 같았고 온도는 10^{12}K(1조 도)였다. 원자핵은 100년 동안 연구되었고, 제2장에서 보았듯이 이런 상태는 수십 년 동안 입자가속기에서 연구되었다. 물리학자들은 그런 극단적 상태와 나중에 우주가 팽창하고 냉각된 이후의 상태에서 일상 물질이 어떻게 될지 이해한다고 확신한다. 그러므로 우리는 빅뱅으로부터 10^{-4}초가 지난 이후 일상 물질의 진화를 안다고 자신할 수 있다. 이에 관해서는 나중에 상술할 것이다. 지금으로서 중요한 것은 우주의 극단적인 균일함과 평탄함, 그리고 오늘날 은하 덩어리를 이루게 된 그 미세한 불규칙성이 초기 우주에 이미 존재하고 있었다는 사실이다. 나중에는 우주를 그렇게 만들 만한 메커니즘이 없었기 때문이다. 따라서 우리는 시간을 더 거슬러가는 방향으로 계산을 연장해야 한다. 핵물질처럼 잘 이해되지 않는 다른 물질을 가지고 입자가속 실험으로 온도와 밀도를 계산해야 한다. 우리는 초기 우주에 관해 안다고 생각하지만 우주의 진화는 지금도 진행 중이다. 계산을 연장해 빅뱅의 순간까지 다가갈수록 추측의 정도는 더욱 심해질 것이다.

나중에는 일반상대성이론이 힘을 잃고 쓸모없게 될 것이다. 양자물리학이 지배하게 되면 일반상대성이론의 핵심을 이루는 평탄하게 지속되는 우주 공간('연장된 고무판')의 관념 자체가 붕괴할 수밖에 없다. 양자이론에 따르면 공간과 시간 자체가 양자화되어 있으므로 10^{-35}미터('플랑크 길이')보다 짧은 길이나 10^{-43}초('플랑크 시간')보다 짧은 시간에 관해 말하는 것은 무의미하다. 따라서 특이점(0의 길이와 0의 시간)이란 없으며, 관찰 가능한 우주는 10^{-35}미터의 크기, 세제곱센티미터당 10^{94}그램의 밀도, 10^{-43}초의 '나이'로 '탄생'했다고 보아야 한다. 지금의 맥락에서 그 이전의 시간, 더 작은 크기, 더 큰 밀도를 말하는 것은 의미가 없다.

그 뒤에 벌어진 상황에 대한 설명은 대통일의 개념에 크게 의존한다. 제2장에서 살펴본 이론들은 우주가 탄생할 무렵 자연의 모든 힘들이 동등한 관계에 있다가 곧 서로 갈라졌다고 본다. 그러면서 우주가 바깥쪽으로 격렬하게 밀고 나왔고, 인플레이션의 과정을 거치며 균일하고 평탄해졌다. 이때 군데군데 굴곡들이 남았는데, 이것이 우주배경복사의 불규칙성을 낳았고 현재의 은하 덩어리들을 형성하게 되었다.

 우주가 냉각되면서 자연의 힘들이 갈라진 과정은 물이 얼어 얼음이 되는 과도적 이행과 유사하다. 이런 과도기에는 변화하는 체계와 세계 전체 사이에서 에너지가 교환된다. 예를 들어 얼음은 0℃에서부터 녹기 시작하면서 온도가 높은 주변 물질로부터 에너지를 흡수하지만 녹는 시간 동안 내내 0℃를 유지한다. 얼음이 흡수한 모든 에너지는 얼음을 녹이는 데 투입될 뿐 온도를 올리는 데 투입되지는 않는다. 물이 얼 때는 반대 과정이 진행된다. 0℃의 물은 주변의 온도가 더 낮더라도 어는 동안 0℃의 상태를 그대로 유지한다. 물은 얼면서 잠재된 열을 방출한다. 얼음을 녹이고 싶다면 이 잠재된 열을 돌려주어야 한다. 수증기가 압축되어 액체 상태의 물이 될 때는 잠재된 열이 더 많이 방출된다. 빗방울이 만들어질 때 이 과정을 통해 방출된 열이 대류하면서 뇌운을 형성한다. 초기 우주에는 이런 종류의 초대류가 일어났다. 플랑크 시간인 10^{-43}초에 이르자 중력이 다른 힘들로 갈라졌고, 10^{-35}초에는 강한 핵력이 분리되었다. 이 과도기에 엄청난 양의 에너지가 방출되면서 그 힘으로 우주는 불과 몇 분의 1초 만에 폭발적으로 팽창했다. 그 몇 분의 1초는 모든 인플레이션이 일어나기에 충분한 시간이었다.

 이 과정을 설명하는 깔끔한 비유가 있다. 빙하로 덮인 산악의 고지대에 얼음 둑에 둘러싸인 호수가 있다고 가정하

자. 호수의 물은 깊고 고요하며 다른 데로 흐르지 않는 상태다. 과학적 관점에서 보면 물은 지구의 중력장과 연관된 에너지의 측면에서 국부적 최소화의 상태를 이룬다고 할 수 있다. 그러나 이 평정한 안정의 이면을 보면 호수의 물은 실상 엄청난 중력 에너지를 잠재하고 있다. 그런 의미에서 호수의 상태는 허구적 최소화다. 만약 물이 흘러넘친다면 급속히 산을 타고 흘러내려 바다로 향할 것이다. 이 경우 바다는 참된 최소화를 나타낸다(지표면만 놓고 보면 그렇다). 이제 기후 변동을 생각해보자. 계절이 겨울에서 여름으로 바뀐다. 얼음 둑이 녹자 방출된 호수의 물이 급류로 변해 바다로 흐른다. 이 과정을 거치면 다시 평형을 이루지만 이번에는 낮은 에너지의 평형이다. 물리학자들은 인플레이션 이전 우주의 상태를 진공과 관련된 에너지(빈 공간 혹은 시공간의 에너지라고 말해도 좋다)의 관점에서 허구적 평형 상태라고 말한다. 이 '진공 에너지'는 우주가 진공의 참된 최소 에너지 상태로 안정되면서 인플레이션이 일어나는 과도기에 방출된다. 인플레이션은 한 에너지 수위에서 다른 에너지 수위로 흐르는 급류처럼 두 가지 서로 다른 평형 상태 사이에 잠시 존재하는 사건에 해당한다.

 인플레이션이 일어나는 시간은 10^{-32}초에 불과할 정도로 아주 짧다. 하지만 그 시간에 가시적 우주의 크기는 10^{-34}초마다 두 배가 된다(그보다 더 빠르다고 보는 이론도 있지만 이것만 해도 우리의 목적에는 충분하다). 바꿔 말해 그 10^{-32}초 동안 적어도 100차례의 제곱이 일어난 것이다(34-32는 2이므로 10^2이다). 애초에 양성자 크기의 10^{-20}배에 불과했던 우주가 인플레이션을 거쳐 10센티미터 크기의 포도송이만한 구로 팽창한 것이다. 이것은 겨우 테니스공만 한 물체가 10^{-32}초 동안 현재 가시적 우주의 크기로 팽창한 것에 해당한다. 이 비교로 명확히 알 수 있듯이 이 인플레이션의 한 가지 특징은 어떤 의미에서 광속보다 빠르게 진행되었다는 점이다. 빛이라 해도 1센티미터 크기의 공간을 가로지르는 데 3×10^{-10}초가 걸린다. 하지만 인플레이션으로 우주가 양성자보다 작은 크기로부터 지름 10센티미터의 구까지 팽창하는 데는 10^{-32}초밖에 걸리지 않았다. 이것이 가능한 이유는 공간 자체가 팽창하기 때문이다. 이 속도에서는 아무것도 '공간을 가로질러' 이동하지 않는다. 그렇기 때문에 우주가 균일한 것이다. 우리가 보는 모든 것은 유의미한 불규칙성이 존재할 만한 내부 공간이 전혀 없는 아주 작은 에너지의 씨앗으로부터 생겨났다. 인플레이션은 이 애초의 균일성을 우주적 포도송이로 동결시켜 한층 안정된 팽창으로 바꾸었다. 이후 과도기에서 나온 에너지가 골고루 퍼지면서 인플레이션에서 남은 운동량이 완만한 팽창을 지속시켰다.

인플레이션은 또한 우주가 왜 평탄한지 설명한다. 물체를 길게 펴면 (시공간이라 해도) 주름진 부분이 없어지고 매끄러워진다. 주름진 자두가 물에 불어 부풀어 오르는 것을 생각해보면 매끄러운 구의 모습을 연상할 수 있을 것이다. 지구에 사는 우리는 지구를 거의 평탄하게 여기지만 지구가 태양계만큼 커진다고 상상해보라. 자신이 사는 행성이 아주 크다면 구의 표면 위에 있다는 것을 알기 어렵다. 우주의 씨앗이 닫혔든 열렸든 인플레이션은 우주를 거의 평탄하게 만들기 때문에 100여 배나 부푼 뒤에는 오늘날 우리가 만들 수 있는 어떤 도구로도 어느 정도나 평탄함에서 벗어났는지를 측정할 수 없다.

이것은 인플레이션 이론의 개가였으나 1980년대 초에 처음 제기되었을 때 상당히 당혹스러운 반응을 불러일으켰다. 일단 훌륭한 성과인 것은 분명한 듯했다. 이유는 나중에 설명하겠지만 당시 천문학자들은 우주의 밀도를 임계밀도의 1/10 정도로 보았다. 그러나 인플레이션이 가능하려면 우주의 밀도가 평탄함에 필요한 임계밀도와 거의 비슷해야 했다. 인플레이션 개념에 뭔가 잘못이 있거나, 1980년대 초에 천문학자들이 생각하던 것보다 우주에 물질이 더 많은 게 틀림없었다. 처음에는 이 듣도 보도 못한 인플레이션이 잘못되었다는 반응이 우세했다. 그러나 우주배경복사를 정교하게 연구한 결과, 그리고 21세기 초 NASA의 WMAP 위성과 ESA의 플랑크 탐사위성이 관측한 결과 우주는 실제로 거의 평탄하다는 사실이 밝혀졌다. 그러므로 우주의 밀도는 임계밀도에 거의 가깝다. 그렇다면 '사라진' 질량(눈에 보이지 않기 때문에 암흑물질이라고 불린다)이 어디에 있는지가 문제다. 이 문제의 해답은 제6장에서 다룰 것이다.

인플레이션 이론은 지금도 진행 중인데, 대통일이론처럼 여기에도 변주가 있다. 하지만 전반적인 성공, 특히 매우 정밀한 도구가 개발되면 우주가 완전히 평탄하다는 사실이 증명되리라는 성공적 예측을 보면, 인플레이션 이론의 어느 측면이 나중에 최종적으로 채택될지는 아직 모른다 해도 근본적으로 옳은 요소가 있다는 것을 알 수 있다. 그밖에 인플레이션 이론은 은하 덩어리를 형성하게 되는 미세한 불규칙성이 어디서 발생했는지 말해주며, 동시에 우주의 기원을 밝히는 메커니즘을 시사한다. 그것은 앞서 살펴보았던 진공의 양자 요동과 관계가 있다.

양자 불확정성에 따르면 아무리 작은 규모에서도 우주가 완전히 매끄럽고 규칙적이기란 불가능하다. 항상 미세한 불규칙성이 있을 수밖에 없다. 이 불규칙성은 대략 플랑크 길이이며, 불쑥 생겨났다가 다시 사라진다. 그와 같은 양자 요동은 우리의 일상 세계, 적어도 인간 크기의 세계에는 거의 영향을 주지 못한다(하지만 전자와 양성자 같은 대전입자들 사이에 작용하는 힘의 성격을 이해하는 데는 중요하며, 그런 의미에서 우리의 일상생활과도 분명히 관련된다고 볼 수 있다). 그러나 우주학자들은 인플레이션이 일어날 때 그 요동이 이미 일어나고 있었음을 알아냈다. 이 요동은 현재와 같은 가시적 우주가 플랑크 길이보다 100만 배가량 컸을 때 생겨나 인플레이션 때문에 연장되다가 점점 사라져갔을 것이다. 여기서 불규칙성의 네트워크가 생겨나 인플레이션이 끝났을 때 포도송이만큼 커진 우주를 가득 채웠을 것이다. 이 불규칙성이 우주에 각인되어 불덩이 단계 내내 남아 있다가 우주의 팽창과 더불어 연장되었다. 빅뱅 이후 수십만 년 뒤에는 우주가 오늘날 태양 표면의 온도만큼 냉각되었고 우주배경복사가 우주 전체에 널리 퍼졌다. 양자이론은 이 과정에서 어떤 종류의 불규칙성이 생겨나는지 정확히 예측한다. 엄밀히 말해 이것은 우주배경복사 자체에서 보는 불규칙성만이 아니라 은하들의 최대규모 분포에서 보는 불규칙성과도 정확히 일치한다. 인플레이션 이론의 또 다른 주목할 만한 성과다. 이 이론은 우주가 거의 완벽하게 매끄럽다고 보면서도 우주의 팽창에 따라 은하가 형성되는 데 필요한 불규칙성을 예측한다. 우주에서 가장 큰 불규칙성(초은하단)도 결국은 존재할 수 있는 가장 작은 불규칙성, 즉 진공의 양자 요동에서 비롯된 것이다. 실제로 우주 전체는 인플레이션과 중력의 묘한 속성이 함께 어울려 낳은 진공의 양자 요동으로부터 생겨났을 것으로 추측된다.

중력의 묘한 속성은 음에너지를 가진다는 사실이다. 중력장에서 물체가 떨어질 때는 (앞에서 본 산꼭대기의 호수에서 물이 아래로 흐르듯이) 에너지가 방출된다. 이 에너지는 중력장에서 나온다. 물체의 위치가 더 높으면 잠재된 에너지도 더 크다. 높은 곳과 낮은 곳의 두 에너지 수준의 차이를 보면 물이 어디서 운동에너지를 얻는지 알 수 있다. 하지만 그 에너지 수준을 어떻게 측정할까? 두 물체 사이에 작용하는 중력은 거리의 제곱에 비례한다. 두 물체가 무한히 떨어져 있다면 그 힘은 0이 된다. 어떤 수든 무한(무한의 제곱)으로 나누면 0이 된다. 아인슈타인의 구도에서 그 말은 곧 무한의 경우 물체의 중력이 사라진다는 말과 같다. 무한의 시공간은 물체의 질량에 의해 전혀 왜곡되지 않기 때문이다. 어쨌든 중력장에서 물체와 연관된 에너지는 장의 원천에서 무한히 멀리 떨어지면 0이 된다. 하지만 앞서 우리는 중력장에서 물체가 아래로 운동할 때(즉 장의 원천에 접근할 때) 장에서 에너지를 취해 운동에너지로 바꾼다는 것을 보았다(산 아래로 흘러내리는 물이나 선반에서 떨어지는 컵처럼 중력의 영향을 받는 모든 물체가 그렇듯). 이 에너지는 중력장 자체에서 나온다. 중력장은 0에너지에서 출발해 떨어지는 물체에 에너지를 부여하므로 애초에 장 자체에 음에너지가 존재해야만 한다. 이것은 방정식의 장난이 아니라 말 그대로 진실이다. 달리 중력장의 0에너지를 측정할 방법이 없기 때문이다. 그런데 이것은 양자 요동과 어떤 관계가 있을까?

원리적으로 보면 양자 요동이 가질 수 있는 질량에는 한계가 없다($E=mc^2$를 염두에 두면 질량은 곧 에너지라는 것을 알 수 있다). 하지만 질량(에너지)이 큰 요동일수록 일어나기는 더 어렵다. 1970년대 초 미국의 우주학자인 에드 트라이언Ed Tryon[17]은 가시적 우주 전체의 질량-에너지를 포함하는 양자 요동이 무에서 생겨날 수 있다고 주장했다. 양자 요동의 질량-에너지는 막대한 규모이지만 그 질량과 연관된 중력장의 음에너지가 그것을 정확히 상쇄하므로 요동의 전체 에너지는 0이 된다.

당시에는 이것이 무의미한 수학적 장난인 것처럼 보였다. 강력한 중력장을 가진 작은 양자적 물질이라면 팽창하는 게 아니라 나타나자마자 곧바로 사라져버릴 것이라는 '확고한' 믿음이 있었기 때문이다. 하지만 10년 뒤 여러 가지 면에서 일종의 반중력 효과인 인플레이션의 개념이 등장하자 사정이 달라졌다. 우주의 모든 물질을 만들 수 있는 에너지를 가진 양자 요동이 포도송이 크기만큼 팽창하는 것이 가능해졌다. 그 여파로 외부 팽창이 한동안 지속된 뒤 중력이 소멸했다. 선구적 인플레이션 이론가인 앨런 거스Alan Guth는 무에서 생겨난 우주가 '궁극적인 공짜 서비스'였다고 말해 화제를 모았다. 중력이 에너지의 측면에서 물질을 상쇄하는 상황이 되려면 우주는 닫혀 있으면서도 거의 평탄해야 한다. 이 모든 것이 우리가 사는 우주의 관찰 결과와 일치한다.

---

17 그는 내가 제시한 논거에서 비약을 감행했으나 거기에 내포된 의미를 보지 못했다고 인정한다.

지금까지의 논의는 추측이지만 과학적으로 신빙성 있는 추측이다. 추측이라고 해도 여기서 멈출 수는 없다. 아직 근본적인 문제가 남았다. 우주가 이렇게 시작되었다면 태초의 양자 요동은 대체 어디서 온 걸까? 현재 이 문제에 관해서는 거의 우주학자의 수만큼 많은 답이 나와 있으나 어느 것도 정확하지는 않다. 하지만 우리가 아직 모르는 것에 관한 통찰력을 얻기 위해 전문가들이 주목하는 추측을 소개한다.

그것은 우주를 탄생시킨 양자 요동이 오늘날 우리 우주의 어느 곳에서도 일어날 수 있다는 생각이다(형태는 여러 가지다). 그렇다고 해서 우리의 시공간 어딘가에서 지금 포도송이만 한 크기의 불덩이가 격렬하게 팽창하고 있다는 말은 아니다. 그 과정은 우리 우주에서 시작될 수는 있으나(아마 거대한 별이 블랙홀로 붕괴한 게 방아쇠가 되었을 것이다) 생겨난 뒤에는 우리 우주의 모든 차원에 대해 직각을 이루는 그 자체의 차원으로 팽창해버리기 때문이다. 물론 그것은 우리 우주도 다른 우주의 시공간에서 바로 그런 식으로 탄생했다는 의미다. 시작도 없고 끝도 없다. 단지 상호연관된 거품 우주의 무한한 바다만이 존재할 따름이다. 오래지 않아—아마 100년쯤 뒤면—우리는 그런 식으로 우주를 창조하는 기술적 능력을 가질 수 있을 것이다. 우리 우주 역시 다른 우주의 지적 존재가 모종의 실험을 통해 의도적으로 창조한 것인지도 모른다. 하지만 그런 추측은 여기서 멈추기로 하자.[18]

---

18 이 생각에 관한 상세한 설명은 나의 책 『태초에*In the Beginning*』(1993)이나 리 스몰린Lee Smolin의 『우주의 생애*The Life of the Cosmos*』(1997)를 보라.

21세기 초인 현재 가장 뜨거운 쟁점은 제2장에서 논의한 끈과 막의 관념을 토대로 우주의 탄생을 설명하는 것이다. 이 주제에서 우리 우주를 10차원의 세계로 간주하는 독특한 변주가 나온다. 여기에는 공간의 세 차원과 더불어 너무 작아 직접 검출하지 못하는 조밀화된 시간의 차원이 포함된다. 전체 우주는 11차원을 떠다니는 막에 해당한다. 2차원의 종이가 3차원의 공간을 떠다니는 것과 같다. 11차원에는 이런 막의 우주가 여러 개 존재할 수 있다. 3차원의 두툼한 책 한 권 속에 2차원의 많은 페이지들이 있는 것과 마찬가지다.[19] 책 속의 페이지들처럼 이 우주들은 서로 매우 닮았다. 종이 두 장을 포개면 종이의 각 지점들이 서로 거의 겹쳐지듯이, 우리 3차원 우주의 공간상에 있는 모든 지점들도 우리로부터 아주 약간 떨어진 11차원에 있는 또 다른 3차원 우주의 각 지점들과 거의 겹친다. 이 이웃 우주는 우리로부터 불과 몇 분의 1밀리미터밖에 떨어져 있지 않을 것이다. 속옷과 피부처럼 서로 가깝지만 어느 방향으로도 그것을 보거나 그것과 소통할 수 없다. 사실 어떤 의미에서 이웃 우주는 상상하는 것보다 더 가까울지도 모른다. 단지 제2의 피부처럼 우리를 감싸고 있는 정도가 아니라 3차원 공간의 모든 지점—우리 신체 내부의 모든 지점을 포함한다—이 다른 우주의 각 지점과 이웃해 있기 때문이다.

이 문제를 다루기 위해서는 평탄한 2차원 종이 같은 우주의 관념으로 돌아가는 것도 한 가지 방법이다. 이곳에 지

---

19 더 정확히 비유하자면, 무한히 얇은 페이지가 무한히 많이 들어 있는 책이라고 해야 할 것이다.

금 사각형, 삼각형 등 기하학적 도형의 형상을 취하는 2차원적 생물들이 거주한다고 가정하자. 이 존재들은 말 그대로 2차원적이므로 '종이에서 벗어난' 3차원을 전혀 인식하지 못한다. 사각형 생물의 내부는 3차원에 존재하는 우리 신체의 내부에 해당한다. 만약 3차원 생물이 잔인한 성품이라서 사각형 생물의 내부를 막대기로 쿡 찌른다면 그 생물은 이유도 모르는 채 내장의 통증을 느낄 것이다. 만약 3차원의 구가 이 2차원 세계에 다가가 천천히 통과한다면, 그 평탄한 지역의 주민들은 먼저 구의 극이 그들이 사는 평면에 닿는 것을 보게 될 것이다. 구가 앞으로 진행하면 닿은 점은 원이 되어 구의 적도가 평면에 닿을 때까지 점점 커진다. 그런 다음 오그라들다가 구의 다른 극이 평면을 다 통과할 때 사라진다.

그런데 또 다른 평탄한 우주가 그 평면에 다가가 닿는다면 어떻게 될까? 방정식을 어떻게 세우느냐에 따라 두 우주는 서로 통과하면서 아무런 영향을 미치지 않을 수도 있고 격렬한 상호작용을 일으킬 수도 있다. 이 이미지를 연장해 11번째 차원을 떠다니는 3차원 우주에(나아가 시간 차원과 몇 가지 조밀화된 차원들까지) 적용하고, 만물이론을 찾는 과정에서 얻은 방정식에 여러 가지 제약을 가해보자. 그러면 황량하고 텅 빈 두 우주가 충돌해 일종의 양자적 폭발이 일어나게 되고 인플레이션에 힘입어 우리 우주와 비슷해지게 된다. 두 우주는 애초에 반드시 평탄하지 않아도 되기 때문에 상황은 더욱 복잡해지고 아울러 더욱 흥미로워진다. 쭈글쭈글했다가 대체로 매끄러워진 종이 두 장이 서로 접근한다고 상상해보자. 두 평면의 다른 지점이 서로 닿고 두 세계의 대부분이 접촉한다. 물론 두 우주의 시공간은 우리가 말한 것처럼 평탄할 필요는 없다. 구의 표면이나 도넛 모양 또는 다른 형태로 굽어 있다 해도 상관없다. 이 모든 것은 M-이론가들에게 우리가 사는 우주가 어떻게 시작되었는지에 관한 풍부한 추측의 여지를 준다. 하나의 결정판이 등장할 때까지는 학술권 바깥에서도 얼마든지 여러 가지 추측을 해볼 수 있다. 그러나 가장 단순한 관념이 생각의 연쇄를 낳고, '빅뱅 이전'은 어땠는지에 관한 논의에 시사점을 준다.

M-이론에서 중력은 자연의 네 가지 힘 가운데 유일하게 우리 우주를 벗어나 11번째 차원으로 들어간다. 물리학적 견지에서 보면 이 생각의 매력은 중력이 왜 다른 힘들보다 약한지를 설명해준다는 데 있다. 어떤 면에서 중력의 효과는 우리 3차원 세계로부터 밖으로 빠져나간다. 정확하지는 않지만 유용한 비유가 있다. 수조 안에 2차원 금속판이 매달려 있다고 하자. 망치로 금속판을 치면 음파가 판을 통해 공명한다. 하지만 그 에너지의 일부는 음파의 형태로 빠져나가 다른 차원을 통해 물로 이동한다. 그래서 금속판 자체에 에너지가 100퍼센트 전달되지는 않는다.

M-이론에서 말하는 우주 탄생의 시나리오를 보자. 두 개의 빈 3차원 우주가 11번째 차원을 떠다니다가 서로 접근하면 중력에 이끌려 충돌하게 된다. 이로 인해 두 우주에서는 우리의 빅뱅 같은 사건이 일어난다. 하지만 방출된 에너지 때문에 두 우주는 서로 튕겨나가 11번째 차원을 맴돈다. 11번째 차원에서 떠다니는 동안 각 우주는 자체의 3차원으로 팽창하고, 물질이 흩어지면서 희박해져 충돌 이전의 상태와 비슷해진다. 이윽고 중력이 떠다니는 상태를 극복하고 다시

우주들을 끌어당겨 또 한 차례 빅뱅과 튕김이 일어난다. 이 과정이 무한히 반복된다. 이 관념은 에크파이로틱ekpyrotic 모델이라고 부르는데, 제10장에서 상세히 다룰 것이다.

빅뱅이 어떻게 일어났는지 이해하고자 하는 우주학자들이 논의한 많은 관념들처럼 이 관념도 우리 우주가 고유하지 않으며 우리의 빅뱅도 특유한 게 아니라고 본다. 그러나 어떻게 보면 특별한 것은 사실이다. 어떤 의미에서 우리 우주와 '병행'하는 다른 우주들이 무한히 존재하며, 무한히 많은 빅뱅이 시간의 앞과 뒤를 확장한다. 하지만 그것들이 전부 똑같지는 않다. 어떤 우주는 빅뱅 이후 약간만 팽창하다가 다시 붕괴해버리는가 하면, 어떤 우주는 너무 급속히 팽창한 탓에 물질이 퍼지면서 희박해져 은하, 별, 생명체를 형성하지 못한다. 또한 자연의 힘들의 세기가 우리 우주와 다른 탓에 핵반응이 더 느리거나 더 빠르게 진행되어 우리와 같은 생명체를 형성하는 이러저러한 종류의 복합 분자들이 만들어지지 못하는 경우도 있다.

오래전부터 사람들은 우리 우주가 여러 면에서 생명의 탄생과 진화에 '꼭 알맞다'는 사실에 당혹감을 품었다. 어떤 이들은 우주가 애초부터 생명에 적합하게 만들어졌다고 말했는데, 심지어 우리 우주가 다른 우주의 실험실에서 탄생했다는 주장도 등장했다(그렇다면 우주가 지적 생명체의 탄생에 꼭 알맞은 이유는 뭘까?). 또한 물리학의 법칙과 자연의 힘의 모든 조합에 따라 무한히 많은 우주들이 존재할 수 있다는 견해도 제기되었다. 무한히 많은 우주라는 관념은 주로 상상에 불과하다. 그 우주들에는 생명체에 필요한 알맞은 환경이 존재하지 않기 때문이다. 하지만 우연히 생명체에 적합한 환경이 있을 수도 있다. 말하자면 아기곰의 죽이 원래 골디락스의 것이 아니었는데도 마침 소녀가 먹기에 꼭 알맞았을 수도 있다(골디락스는 곰의 집에 몰래 들어가 죽을 빼앗아 먹는 동화 속 금발 소녀의 이름이다. 아빠 죽은 너무 뜨겁고 엄마 죽은 너무 차가워 뜨겁지도 차갑지도 않은 아기곰의 죽을 먹은 데서 유래했다: 옮긴이). 우리 같은 생명체는 생명에 꼭 알맞은 환경이 있는 우주에서만 존재하므로 우리는 당연히 우리 우주가 아주 적합하다고 생각한다. 또한 무한히 많은 세계가 존재한다면, 설령 우리 세계 같은 곳이 아주 드물다 해도 무한의 본성상 무한의 작은 부분도 그 자체로 무한이다. 그러므로 우리는 특별하지만 그렇게까지 특별한 것은 아니다. 이 생각이 옳다면 우리 같은 생명체가 존재하는 골디락스 우주가 무한히 많아야 한다. 자신에게 꼭 맞는 맞춤옷과 기성복의 차이와 같다. 온갖 모양과 크기의 기성복이 무한히 많다면 그 가운데 자신에게 가장 완벽한 옷을 찾아 입을 수 있는데 굳이 옷을 맞출 이유는 없다.

어쨌든 우리가 사는 우주는 물리학 법칙이 명확히 밝혀졌고 네 가지 자연의 힘이 충실히 연구되었다. 빅뱅 이전에 관한 논의는 논외지만 우리는 우리 우주가 탄생한 지 몇 분의 1초 뒤, 인플레이션으로 포도송이 크기만큼 커졌을 때 어떤 상태였는지 알고 있다. 갓 태어난 우주는 양자적 불규칙성으로 대단히 뜨겁고 급속히 팽창하는 중이지만 중력의 작용으로 팽창이 느려지기 시작한다. 그렇다면 다음 질문은 이것이다. 초기 우주는 어떻게 그 불덩이에서 진화했을까?

4

초기 우주는
어떻게 진화했을까?

How Did the Early Universe Develop?

인플레이션을 추동한 과정은 오늘날 우주의 별, 행성, 우리 신체를 만드는 물질도 생산했다. 이 일상 물질의 질량은 대부분 양성자와 중성자의 형태를 취하며(집합적으로 중입자baryon라고 부른다), 이것들은 쿼크로 구성된다. 다른 중요한 일상 물질은 경입자로, 현재는 전자와 중성미자가 대부분이다. 가시적 우주의 질량은 거의 중입자가 담당하기 때문에 일상 물질은 흔히 중입자 물질로 간주된다. 우리 우주를 진화시킨 씨앗은 순수 에너지로 이루어진 엄청나게 뜨거운 초고밀도의 불덩이였다. 문제는 이것이다. 우주가 팽창하고 냉각되면서 어떻게 그 불덩이가 우리 주변에서 흔히 보는 중입자 물질을 이루었는가? 또 쿼크와 경입자는 어떻게 만들어졌는가? 우리는 그 답을 안다고 생각하지만, 모든 역사가 으레 그렇듯이 시간을 멀리 거슬러갈수록 추측의 의존도가 더 커진다. 우주의 경우 시간을 거슬러가는 것은 곧 더 큰 에너지를 고려해야 한다는 것을 뜻한다.

여러 가지 추측을 평가하려면 초기 우주에서 다양한 시간대의 에너지 밀도(일반상대성이론의 방정식에 따라 관측된 우주의 팽창을 거슬러감으로써 계산된다)와 수년간에 걸쳐 여러 입자가속기로 얻은 에너지 밀도(즉 입자 평균 에너지)를 비교보아야 한다. 이 에너지는 보통 전자볼트(eV)로 측정되는데, 이때 유용한 기준은 양성자의 질량이 1GeV(10억eV), 즉 1.7×10^{-27}킬로그램이라는 점이다. 또한 여러 시간대 우주의 밀도와 물의 밀도(1세제곱센티미터당 1그램)를 비교할 수도 있다.

이 장에서 말하는 이야기를 끝내기에 적절한 곳은 빅뱅 이후 수십만 년이 지났을 무렵이다. 그때 우주는 오늘날 태양 표면의 온도(약 6천K, 혹은 0.5전자볼트) 이하로 냉각되었으며, 오늘날 우주마이크로파배경복사로 알려진 복사가 공간을 가로지르기 시작했다.[20] 이때 우주의 밀도는 물의 밀도의 10^{-19}에 불과했다. 이런 상황에서 물질의 운동은 우리가 확실하게 알고 있다. '날', '주일', '해' 같은 시간 단위는 없었고 지구를 비롯한 행성들이 생겨나기도 훨씬 전이었지만, 그것들도 결국은 초가 모여 이루어진 단위이므로 시간의 척도로 사용할 수 있을 것이다. 그렇게 따져보면 빅뱅 이후 1년이 지났을 때 우주의 온도는 200만K였다. 하지만 우주의 밀도는 물의 10억분의 1도 못 되었다. 빅뱅의 일주일 뒤 전체 우주는 1700만K로, 오늘날 태양 중심부보다 10퍼센트가량

---

20 켈빈 온도는 섭씨 온도와 온도의 간격은 같지만 절대온도 0(-273℃)에서 시작하는 점이 다르다. 약자는 °K가 아니라 ℃다. 예컨대 273K는 0℃에 해당한다.

더 높았다. 밀도는 물의 100만분의 1에 불과했으나 불덩이의 압력은 현재 지구 대기압의 10억 배 이상이었다.

그 다음의 획기적인 사건은 1930년대에 설치된 최초의 사이클로트론cyclotron(미국에서 개발된 입자가속기: 옮긴이)으로 조사한 것과 비슷한 환경이 조성된 것이다. 빅뱅 이후 3분이 조금 넘는 200초 만에 우주의 입자 평균 에너지는 8만eV에 달했고 온도는 10억K에 가까웠다. 우리는 70여 년 동안 이렇게 큰 입자 에너지를 가지고 실험을 진행했기 때문에 빅뱅 초기에 일어난 입자 상호작용을 잘 안다고 확신한다. 빅뱅의 1초 뒤에 우주의 온도는 약 100억K(100만eV)였고, 모든 면에서 폭발하는 별의 중심부와 비슷한 상황이었다. 물질의 밀도는 물의 50만 배였고, 압력은 현재 지구 대기압의 10^{21}배에 달했다. 현재 형태의 일상 물질과 관련되는 마지막 획기적인 사건은 빅뱅이 시작된 지(0의 시간) 10^{-4}초에 일어났다. 그때 우주의 밀도는 지금 원자핵의 밀도와 비슷했고, 온도는 1조K(10^{12}K, 약 90MeV)였다. 이런 상황은 이미 오래전에 충분히 알려졌으며, 이 시간 이후 우주의 이야기, 즉 표준 빅뱅 모델은 1960년대 말에 확립되었다.

그 이전인 1950~60년대에 가동된 입자가속기들도 GeV급의 에너지에 도달했다. 이런 고에너지에서는 온도의 개념이 별로 의미가 없지만, 30×10^{12}K에 해당하는 온도다.[21] 0의 시간에서 3×10^{-8}초가량 지났을 때의 상황이었다. 1980년대에 페르미가속기연구소Fermilab의 테바트론은 1천GeV의 에너지에 도달해 우주가 탄생한 지 불과 2×10^{-13}초가 지났을 무렵

---

21 비교하자면, 별의 중심 온도는 1/10GeV를 넘지 않는다.

의 상황을 재현했다. 그 입자가속기들은 제1장에서 설명한 입자물리학 이론의 발전에 사용되는 실험 정보를 제공했다. 학자들은 대통일, 초대칭, 막 등의 개념까지 추론할 수 있었는데, 이는 10^{-13}초 이전 우주의 모습을 추론하는 데 도움을 주었다. 그 이론을 입증하기 위한 다음 단계의 실험은 현재 제네바 부근에서 가동하기 시작한 CERN의 대형강입자가속기(LHC)를 통해 진행되고 있다. 일이 잘 풀린다면 7천GeV의 에너지에 도달해 10^{-15}초가 지난 우주의 상태를 조사할 수 있게 될 것이다. 10^{-39}초의 상황까지 가려면 아직 커다란 도약이 필요하다. 그러나 우리는 그 무렵의 상황에 관해 적어도 개략적으로는 안다고 생각한다. 중입자 물질이 탄생하는 시점을 이해하려면 그 지식을 토대로 더 앞으로 나아가야 한다.

이야기는 대통일이론으로 시작한다. 또한 그 모델이 옳다면 양성자 붕괴와 관련된 X-보손도 출발점이다. 0의 시간에서 10^{-39}초가 지났을 때 입자 평균 에너지는 약 10^{16}GeV였고 온도는 10^{29}K였다. 밀도는 물의 10^{84}배로, 태양 같은 별 10^{12}개를 양성자 하나의 부피 안에 몰아넣은 것과 같았다. 바로 이런 상황에서 X-보손이 생겨났다.

앞서 우리는 에너지에서 가상입자가 탄생한다고 말했을 때 이 과정의 한 가지 중요한 특징을 생략한 바 있다. 입자의 어떤 속성, 예컨대 전하 같은 것은 처음부터 우주에 내재해 있었던 듯하다. 일반적으로 전하는 어떤 실험에서도 창조되거나 파괴되지 않으므로 우리가 아는 한 세계의 전하량은 불변이다(마침 전하량은 0이다). 그러므로 전자와 같은 음전하 입자를 만들고 싶다면 양전하 입자도 만들어 전하량을 상쇄해야 한다. 이 경우 전자에 대응하는 양전하 입자를 양전자라고 부른다. 이것은 전자와 질량이 같지만 양전기를 가진다. 그러므로 전하를 둘러싼 가상입자의 구름을 정확하게 말하려면 정확하게는 전자만이 아니라 전자-양전자의 쌍이 전하를 에워싸고 있다고 말해야 한다.

하지만 다른 것은 전하만이 아니다. 다른 양자적 속성도 같은 방식으로 보존된다. 제1장에서 암시했듯이 오늘날 세계의 모든 입자는 반대 속성을 지닌 '반입자'를 가지고 있다. 이 말은 모든 개별 입자들이 반입자의 짝을 가지고 있다는 뜻이 아니라 원리적으로 그런 반입자가 존재할 가능성이 있다는 뜻이다. 에너지가 충만한 광자(전자 두 개의 정지질량보다 큰 에너지를 함유한 광자)는 전자와 양전자 한 쌍의 입자로 바뀔 수 있다. 그러나 양전자와 전자가 만나면 대립되는 속성이 서로 상쇄되면서 두 입자는 즉각 사라지고 고에너지의 광자(감마선)가 방출된다.

그와 비슷한 과정이 모든 입자에게 영향을 미친다. 입자는 순수한 에너지로부터 물질-반물질의 쌍으로 만들어지지만, 입자와 반입자가 만나면 서로 소멸되어 그 에너지를 다시 방출한다. 심지어 입자들은 전하를 띨 필요도 없다(예컨대 중성자의 짝을 이루는 반물질도 있다[22]). 그러나 전하를 띠고 있다면 전하는 반물질적 실체와 물질적 짝을 구분하는 명백하고 편리한 기준이 된다.

우주는 태어날 때 순수한 에너지의 형태를 취했다. 하지만 그 에너지는 금세 입자-반입자의 쌍을 만들기 시작했고,

---

22 물론 중성자는 쿼크로 만들어지고 반중성자는 반쿼크로 만들어지지만, 진짜 중성의 양자적 입자도 반물질의 짝을 가진다.

그 쌍은 금세 서로 소멸해 다시 에너지를 만들기 시작했다. 우주가 팽창하고 냉각되면서 우주의 작은 단위당 부피에 내재한 에너지의 양이 적어졌고, 에너지 밀도가 떨어지자 더 이상 무거운 입자를 만들기가 불가능해졌다. 시간이 지나자 에너지 밀도(온도에 상당한다)는 전자를 만들기도 불가능한 수준까지 하락했다. 만약 지금까지 설명한 과정이 지구상에서 진행된 거의 모든 실험에서 보는 것처럼 완전히 되돌릴 수 있는 것이라면, 그 결과는 똑같은 수의 물질 입자와 반물질 입자가 있고 밀도가 높아 입자들 간의 충돌이 잦은 젊은 우주가 나올 것이다. 모든 전자에 대해 양전자가 있고, 모든 쿼크에 대해 반쿼크가 있는 식이다. 모든 입자들은 각자의 반입자와 만나 소멸한다. 우주의 나이가 수십만 살에 이르렀을 때 모든 물질은 복사로 변하겠지만 그때가 되면 온도가 너무 낮아져 더 이상의 입자 쌍이 만들어지지 못할 것이다. 우주에는 아무런 물질도 없을 것이다. 그렇다면 우리를 구성하는 물질, 가시적 우주의 별과 은하를 이루는 물질은 어디서 온 걸까?

유일하게 가능한 답은 초기 우주의 상황에서 우리가 방금 말한 과정이 완전히 대칭적이지 않았다는 것이다. 처음으로 이 점을 정확히 간파하고 간단한 용어로 그 의미를 설명한 사람은 1960년대 러시아의 물리학자 안드레이 사하로프Andrei Sakharov였다.

1960년대 초에 사하로프가 실험을 통해 발견한 성과는 입자물리학계를 발칵 뒤집어놓았다. 그것은 'CP 대칭성'이라고 불리는 양자적 입자의 속성과 관계가 있는데, 명칭의 역사적 이유는 생략하기로 하자. CP 대칭성을 이해하는 가장 간단한 방법이 있다. 우선 양자적 입자들이 포함된 상호작용을 상상한 다음 각 입자를 반입자 짝으로 대체하고 전체 상호작용을 거울에 비춰보라. CP 대칭성에 따르면 거울 영상 세계는 실제 세계와 완전히 똑같이 행동한다. 그러나 1963년에 시작된 여러 연구와 K-중간자(K-meson 혹은 kaon)라고 알려진 입자 붕괴에 관한 연구에서 프린스턴 대학의 제임스 크로닌James Cronin과 밸 피치Val Fitch는 1천 회에 두 차례씩 CP 대칭성에 어긋나는 입자 붕괴가 일어난다는 사실을 발견했다. 이 붕괴는 약한 핵력만 포함하지만, 입자-반입자 상호작용이 늘 대칭을 이룬다는 오랜 믿음은 우주의 절대 법칙이 아니라는 것을 보여준다. 여기에 힘을 얻은 사하로프는 1967년에 강한 핵력과 중입자가 포함된 과정에도 입자-반입자 상호작용의 대칭성에 어긋나는 경우가 틀림없이 있으리라고 주장했다. 만약 그렇다면 초기 우주에서 중입자 물질이 생산될 수 있는 길이 열리게 된다.

   이런 생각들은 전부 2004년에 크게 힘을 얻었다. 그해에 미국의 스탠퍼드 선형가속기센터에서 진행된 BABAR라는 실험에서는 B-메손 입자와 그 반입자가 붕괴하는 과정을 측정되었다. 근본적 힘들이 물질과 반물질에 영향을 미치는 방식에 아무런 차이도 없다면, 그 두 종류의 입자는 통계적으로 볼 때 똑같은 양상으로 붕괴하게 된다. 그러나 B-메손과 반B-메손 2억 쌍의 붕괴 기록을 조사한 결과 B-메손이 붕괴해 중간자와 파이중간자pion가 된 910가지 사례 가운데 똑같은 양상으로 반B 붕괴가 일어난 사례는 696가지뿐이었다. 처음 중간자 실험에서 CP 대칭성에 어긋난 경우는 1천 회에 두 차례만 일어났으므로 0.2퍼센트였다. 이후 실험에서는 그 비율이 13퍼센트로 상승했다(전부 1606차례의 붕괴 가운데 214차례에서 두 가지 붕괴 양태가 차이를 보였으므로 정확히는 13.3퍼센트다).[23] 이것은 물질이 빅뱅에서 어떻게 생겨났는지에 관한 사하로프의 견해를 입증하는 지금까지 가장 강력한 증거다.

알고 보면 그의 주장은 동어반복에 가까울 만큼 간단하지만, 1960년대 후반까지 아무도 상상하지 못했던 우주에 관한 완전히 새로운 사고방식을 요구한다.

첫째, 사하로프에 따르면 우리가 입자가속 실험에서 달성한 것보다 훨씬 더 큰 에너지(순수한 에너지로부터 중입자를 만들어낼 수 있는 에너지이기 때문에 지금까지 달성하지 못했다) 수준에서 작용하는 과정들이 있다. 둘째, 그 과정들 중 일부는 CP 대칭성에 어긋난다. 그렇지 않다면 첫째 과정에서 만들어진 중입자를 소멸시킬 똑같은 수의 반중입자를 만드는 반과정이 있을 것이다. 셋째, 우주는 평형 상태(늘 똑같은 온도의 상태)를 유지할 수 없다. 평형 상태라면 역과정이 일어나 복사가 물질로 바뀌는 것과 동시에 물질이 복사로 바뀔 것이다. 따라서 우주는 냉각되어야 하며, 이는 곧 우주가 팽창해야 한다는 의미다. 우주가 팽창하기 때문에 물질이 에너지로부터 독립할 수 있다. 단, 이 경우 중입자가 반중입자보다 더 많이 만들어지는 불균형이 필요하다.

사하로프의 견해는 이론과 실험의 구체적인 틀이 없었기

---

[23] BABAR 실험은 스탠퍼드에서 진행된 연구의 일부분이라는 점에 주목할 필요가 있다. 전체 연구는 캐나다, 중국, 프랑스, 독일, 이탈리아, 네덜란드, 노르웨이, 러시아, 영국, 미국의 과학자와 기술자 600명의 참여로 진행되었다. 오늘날의 과학이 개인적 노력보다 연구팀으로 진행된다는 것을 말해준다.

때문에 당시에는 전혀 관심을 끌지 못했다. 하지만 1970년대에 제1장과 제2장에서 설명한 모델들이 발전함에 따라 그의 견해는 대통일이론의 맥락, 특히 양성자 붕괴의 가능성을 시사하는 X-보손과 연관된 과정의 맥락에서 새로 주목을 받았다. 양성자 붕괴가 일어나면 중입자가 우주에서 사라지며, 물질 입자가 에너지로 전환된다. 이 시나리오를 초기 우주에 적용하면 에너지로부터 중입자가 생성되는 과정을 예상할 수 있다.

우주의 원초적 에너지 가운데 얼마만큼 되는 양이 중입자 물질로 바뀌었는지는 다음의 두 가지 증거를 통해 알아낼 수 있다.

첫째는 별과 은하에서 볼 수 있는 물질의 양을 우주배경복사의 농도와 비교하는 것이다. 우주배경복사는 공간을 균일하게 채우는데, 이는 세제곱센티미터당 광자의 수 혹은 다른 요소의 수를 기준으로 한 복사 밀도로 나타낼 수 있다. 중입자 물질은 우주를 균일하게 채우지 않지만 이 문제는 해결이 가능하다. 별의 평균 질량, 평균적 은하에 존재하는 별의 수, 선택된 우주 공간에 존재하는 은하의 수를 곱한 다음 이 수치를 모든 물질이 균일하게 퍼져 있다고 가정할 때의 중입자 밀도로 바꾸면 된다. 다음 장에서 더 자세히 살펴보겠지만 실은 그렇게 간단치 않다. 은하와 연관된 측정 가능한 양의 암흑 중입자 물질도 있기 때문이다. 그래도 원리는 간단하다.

둘째 방법은 양성자와 중성자가 빅뱅의 후기 단계에서 '조리'되는 것과 관련되는데, 이 장의 뒷부분에서 더 상세히 다룰 것이다. 다행히도 두 가지 방법은 중입자 대 광자 비율에 관해 같은 답을 준다. 현재 우주에는 광자 10억(10^9) 개당 중입자 하나의 비율이다.[24] 이 수치는 X-보손을 포함하는 붕괴 과정이 완벽한 균형으로부터 일탈하는 정도를 말해준다. 그것은 곧 10억분의 1이다. 대통일이론은 대칭에서 어긋나는 비율이 그 정도라고 예측하지만 이론에 따라서 오차의 여지는 있다. 우주학과 입자물리학의 결합이 이뤄낸 최초의 성과 가운데 하나는 개략적으로라도 중입자 대 광자의 비율을 예측하지 못하는 대통일이론을 배제한 것이다. 특히 이 비율의 정확한 수치를 알아내는 데는 초대칭을 포함하는 모델이 크게 유리하다.

이것은 현재 우리가 보는 물질이 빅뱅의 에너지에서 나왔다는 것을 설명하는 데 필요한 결정적 증거다. 그 출발점은 우리가 안다고 생각하는 것—X-보손의 붕괴—이며, 종착점은 우리가 안다고 확신하는 것—빅뱅 불덩이의 마지막 단계, 즉 2~3분이 지난 뒤 수소 핵이 융합해 헬륨 핵을 이룬 현상—이다.

빅뱅의 초기 단계에는 X와 반X 입자들이 순수한 에너지로부터 끊임없이 만들어졌다가 탄생과 거의 동시에 상호작용으로 소멸하고 에너지로 돌아갔다. 그러나 X-입자의 질량은 10^{15} GeV이며, 우주가 탄생하고 10^{-35}초가 지나자 우주의 온도는 X와 반X 입자 쌍이 생성될 수 있는 임계점 이하로 떨어졌다. 그 무렵에는 아직 입자 쌍이 풍부했으나 모든 X의 근처에는 반X가 있었다. 살아남은 X와 반X 입자들이 서로의 짝을 만나 소멸했다면 이후 별, 행성, 인간을 만들게

---

[24] 이런 수치들은 전부 근사치다. 더 정확한 연구가 이루어지면 그 비율이 조금씩 달라질 수도 있다.

될 중입자는 전혀 남지 않았을 것이다. 그러나 대통일이론에 따르면 X-보손도 CP 침해와 우주 팽창 덕분에 바로 그런 방식으로 붕괴해 쿼크와 경입자를 남길 수 있다. X-입자의 질량은 워낙 크므로 단 하나만 붕괴해도 무수한 쿼크와 경입자가 생겨나게 된다. 하지만 여기서는 조금 단순화시켜 기본 과정만 다루기로 하자.

X-입자가 붕괴하는 경로는 두 가지다. 하나는 쿼크-반쿼크 쌍이 생산되어 서로 소멸되는 것인데, 여기에는 흥미로운 점이 없다. 또 하나는 생산된 쌍이 반쿼크와 경입자를 이루어 각자 별개의 길로 가는 경우다. 이야기는 그것으로 끝이 아니다. 반X도 역시 붕괴해 두 경로를 걷는다. 하나는 쿼크-반쿼크 쌍을 만들어내는 것인데, 여기에 관해서는 더 이상 말할 게 없다. 다른 하나는 쿼크와 반경입자를 하나씩 이루는 것인데, 이는 X 붕괴의 생산물과 반대. 여기서도 우주의 팽창과 냉각이 큰 역할을 한다. 우주가 새로 X-입자를 만들 수 없을 만큼 냉각되면 그 붕괴의 최종 생산물들이 살아남게 된다. 이것이 바로 비평형 상태 우주의 중요성을 포착한 사하로프의 결정적 통찰력이다.

만약 이런 식으로 사태가 진행되었다면, X-입자가 전부 소진된 뒤 X 붕괴로 생산된 입자들이 반X 붕괴로 생산된 반입자를 만나(반대 과정도 마찬가지다) 또다시 모든 물질이 에너지로 전환될 것이다. 그러나 CP 침해를 고려하면 물질과 반물질이 항상 똑같이 행동하는 것은 아니다. 특히 CP 침해의 관찰에 근거한 모델에 따르면, X-입자와 반X-입자가 붕괴할 때 반물질보다 물질이 약간이라도(10억분의 1가량) 더 많다. 그러므로 모든 물질-반물질 쌍이 소멸한다 해도 복사로 채워진 우주에는 여전히 물질의 흔적이 남게 된다. 적절한 모델을 선택하면 그것만으로도 중입자와 광자의 비율을 설명하기에 충분하다. 입자물리학의 커다란 희망은 LHC를 이용한 반물질 실험으로 그 견해를 더 상세히 다듬는 데 있다. 하지만 이미 주어진 정보로도 우리는 우주 진화 과정의 다음 단계, 즉 쿼크가 수소와 헬륨으로 전환되는 과정으로 넘어갈 수 있다.

X-입자가 붕괴할 무렵, 우주가 탄생한 뒤 10^{-35}초 지났을 때 중력과 같은 강한 힘이 모습을 드러냈다. 그러나 아직 우주는 고에너지 상태였으므로 전자기력과 약한 핵력의 구분은 없었다. 입자의 운동을 지배하는 힘은 세 가지(강한 핵력, 전자기약력, 중력)였고, 우리가 약한 핵력의 운반체로 알고 있는 입자인 W와 Z 입자는 우주를 자유로이 떠다녔다. 쿼크(실제로는 경입자)도 여전히 에너지로부터 입자-반입자 쌍으로 생산되었으나 이때부터는 X-입자의 붕괴에서 살아남은 물질이 반물질에 비해 조금 더 많아졌다. 개별 쿼크들은 그 시기 이후 오늘날까지 살아남지 못했지만, 만약 이 '초기' 쿼크가 '새로운' 반쿼크와 만나 소멸했다면 그 반쿼크의 짝이 남았을 것이다. 이 과정은 우주가 팽창하면서 계속 진행되었을 것이다.

쿼크는 우주가 탄생하고 약 10^{-10}초경에 생겨났다. 그 무렵 우주의 온도는 W와 Z 입자 쌍이 만들어지는 임계점인 100GeV 이하로 떨어졌다. 그때부터 W와 Z 입자는 입자들 간의 약한 핵력을 운반하는 역할을 맡았으며, 고에너지 사건—자연적으로나 입자가속기를 통해 의도적으로 입자가 충돌하는 사건—에서 생산되는 것을 제외하고는 독자적으로 존재하지 못했다. 그때 전자기력이 약한 핵력으로부터 분리됨으로써 자연의 힘들은 우리에게 익숙한 네 가지 뚜렷한 실체의 형태를 띠었다. 우주 진화의 다음 단계는 뜨거운 쿼크들이 상호작용하는 쿼크 플라즈마의 상태였다. 최근의 입자가속 실험은 10^{-10}초에서 10^{-4}초까지 우주의 상태를 조사하기 위해 개별 입자의 충돌만이 아니라 금이나 납 같은 무거운 원소의 핵을 함유한 광선을 정면충돌시키고 있다. 아직까지 쿼크 플라즈마에 관해서는 알려진 사실이 거의 없지만, $10^{-6} \sim 10^{-3}$초 사이에 우주는 온도가 떨어져 쿼크가 더 이상 자유로이 떠다닐 만한 에너지를 가지지 못하고 지금처럼 쌍이나 3쌍으로 묶이게 되는 상태에 접어들었다. 우주 탄생 후 10^{-6}초가 지나 가용 에너지가 수백MeV 이하로 떨어졌을 때부터 쿼크와 반쿼크는 합쳐져 중입자와 반중입자를 이루었다. 이 쿼크 플라즈마 단계는 10^{-4}초경에 끝났다. 우주의 나이가 10^{-3}초일 때 자유로운 쿼크가 전부 사라진 것은 확실하다. 그래도 X-입자의 붕괴에서 살아남은 물질은 반물질보다 조금 더 많았기 때문에 양성자가 반양성자보다, 중성자가 반중성자보다 조금 많았다. 이런 상태에 힘입어 이윽고 우주는 중입자가 물질의 중요한 요소가 되는 시대에 접어들었다. 중입자와 반중입자와 만나 서로 소멸하면서 광자의 바다가 생겨나 우주를 메우게 되었다. 이로써 우리의 존재까지 이어지는 과정이 시작되었다. 이것을 우주 생성의 중입자 단계라고 부른다.

여기서 잠시 숨을 고르고 시간 척도를 정리해보자. 10^{-10}이나 10^{-35} 같은 수치들을 이야기하면 너무 미세하다는 반응이 자연스럽게 나온다. 그러나 10^{-10}이라는 수는 10^{-35}보다 10^{25}배나 크다. 이렇게 보면 인플레이션의 시기와 쿼크 플라즈마의 시기는 지금 우리와 쿼크 플라즈마의 시기만큼이나 간격이 멀다. 그렇기 때문에 우리는 당시의 사태를 안다고 생각할 수만 있는 것이다. 하지만 마침내 우리는 우주의 밀도가 지금의 핵물질을 만들어낼 만큼 낮아진 이후 우주의 진화 과정을 정확히 알 수 있게 되었다.

그 시간 이전, 즉 우주 탄생부터 10^{-3}초까지 우주의 불덩이에서는 양성자와 중성자만이 유일한 중입자가 아니었다. 그보다 더 무겁고 불안정한 중입자도 에너지로부터 (입자-반입자 쌍으로) 제조되었다가 서로 소멸되었다. 그러나 온도가 떨어지자 더 무거운 중입자는 만들어지지 못했고 소멸이나 붕괴를 면한 중입자가 양성자와 중성자로 바뀌었다. 양성자와 중성자 쌍을 생산하기 위한 임계 온도는 약 10^{13}K인데, 우주의 온도는 핵 밀도에 도달한 10^{-4}초경에 10^{12}K로 떨어졌다. 하지만 가벼운 전자와 양전자를 만들 수 있는 에너지는 충분했다. 그러므로 이 시기 불덩이의 핵 밀도를 보면 주로 광자와 전자-양전자 쌍으로 구성되고, 광자 10억 개당 양성자나 중성자 하나가 배치된 모습이었다(전자도 양전자보다 그만큼 많았다). 이 단계에서 중성자의 수는 중성미자를 포함하는 반응 때문에 양성자의 수와 얼추 같았다. 온도가 10^{10}K(100억 도)에 이르면 중성미자가 중성자와 부딪혀 양성자와 전자로 바뀌고 전자가 양성자와 부딪혀 중성자와 중성미자로 바뀌는 반응이 안정적으로 진행된다. 그러나 우주의 나이가 1초를 막 넘어섰을 때 온도가 100억 도 이하로 떨어지면서 중성자가 양성자보다 약간(1/10가량) 무겁다는 사실이 중요해졌다. 가용 에너지가 갈수록 적어지자 전자가 양성자와 부딪힐 때 질량의 차이가 점점 줄어들었고, 그에 따라 양성자에서 중성자를 만드는 반응은 추가 에너지 투입을 필요로 하지 않는 중성자에서 양성자를 만드는 반응보다 둔해졌다. 우주 탄생 후 1/10초가 지났을 때 중성미자와 양성자의 비율은 2:3으로 감소했다. 1초가 지났을 때 중성미자의 수는 더 감소해 중입자 질량에서 중성미자가 점하는 비율은 1/4에 불과해졌다. 바꿔 말해 중성자 하나당 양성자 세 개가 존재하게 된 것이다. 그런 추세라면 중성자가 전부 없어졌을지도 모른다. 하지만 그 순간 온도가 1MeV에 이르자 약한 핵력을 통해서만 작용하는 중성미자의 영향력이 줄어들었다.

탄생 이후 1초가 지났을 때 온도가 10억 도에 달했던 전체 우주의 상태는 오늘날 폭발하는 초신성supernova의 내부와 비슷했다. 극단적인 압력, 밀도, 온도의 상태에서도 중성미자는 여전히 중입자 물질과 강력하게 상호작용했다. 그러나 태양과 같은 평범한 별의 내부에서 일어나는 입자 상호작용으로 생산된 중성미자는 빛이 맑은 유리창을 통과하는 것보다도 더 쉽게 별의 전체를 통해 빠져나간다. 우주의 나이가 1초쯤 되었을 때 중성미자는 양성자나 중성자와 이따금씩 충돌하는 것을 제외하고는 기본적으로 상호작용을 멈춘다. 우주는 밀도가 물보다 40만 배가량 희박해지자 중성미자에 대해 투명해졌는데, 이때 중성미자가 일상 물질과 '분리'되었다고 추측된다. 그러나 중성미자는 지금도 1세제곱미터의 공간에 약 10억 개, 혹은 1세제곱센티미터에 수백 개가량 남아 있다. 나중에 보겠지만 중성미자는 다른 측면에서 중요하다.

우주가 탄생한 지 1초가 지난 뒤에도 이따금 평균보다 높은 에너지를 가진 전자들이 연관된 상호작용이 일어나 양성자로부터 중성미자를 만들었다. 그러나 그런 상호작용은 점점 줄었다. 13.8초가 지나 온도가 30억 도로 떨어졌을 때도 중입자의 17퍼센트가 중성미자의 형태로 남아 있었다. 우주 진화 과정에서 중요한 순간이었다. 30억K에서는 더 이상 전자-양전자 쌍조차 만들 만한 에너지도 없었고, 남은 쌍들도 이후 점차 소멸했다. 나중에는 CP 대칭성이 어긋난 덕분에 생겨난 전자가 남아 양성자 하나당 전자 하나로 정확히 양성자의 수를 상쇄하게 되었다. 이제 더 이상 활발한 전자와 양전자의 바다는 없었고, 남은 양성자와 중성자는 기본적으로 자유로워졌다.

자유로워진 양성자는 앞에서 본 것처럼 매우 안정적이고 수명도 길다. 그러나 홀로 있는 중성자는 불안정하고, 10.3분의 반감기로 양성자, 전자, 반중성미자로 붕괴한다. 이는 처음에 중성자가 아무리 많았다 하더라도 10.3분이 지나면 그중 절반이 붕괴한다는 의미다. 100초가 지날 때마다 자유로운 중성자의 10퍼센트가량이 붕괴한다. 하지만 우주의 나이가 10.3분에 이르기 훨씬 전에 남은 중성자는 원자핵 속에 안전하게 갇힌 덕분에 안정을 취하고 붕괴를 면했다.

수소 원자핵으로 간주되는 양성자 자체를 제외하면 가장 간단한 원자핵은 중수소 원자핵이다. 이것은 양성자 하나와 중성자 하나가 강한 힘으로 묶여 있는 구조다. 이런 핵은 우주의 나이가 30초쯤 되었을 무렵 생성되었다가 곧 충돌로 부서져버린다. 중양성자(중수소의 핵)의 결합 에너지는 2.2MeV에 불과하므로 큰 에너지를 가진 다른 입자(양성자,

중성자, 에너지가 높은 광자)와 충돌하면 부서진다. 우주의 나이가 100초에 이르렀을 때 중성자의 비율은 14퍼센트 정도로 줄어 양성자 일곱 개당 한 개꼴이었다. 그러나 이때 우주의 온도는 10억도(현재 태양 내부 온도의 100배) 이하로 떨어졌고 입자 에너지는 0.1MeV밖에 안 되었다. 이제 더 이상 입자가 충돌해도 중수소를 부술 만한 에너지가 되지 못했다. 이리하여 양성자와 묶인 중성자는 붕괴를 면했다.

핵합성nucleosynthesis이라고 불리는 이 과정은 여기서 멈추지 않았다. 충격 에너지가 줄어들자 중수소 자체가 중성자, 양성자, 다른 중수소와 상호작용해 약간 더 무거운 핵을 이루었다. 중수소에 중성자를 하나 추가하면 삼중수소(중성자 두 개와 양성자 한 개)가 되지만, 더 안정된 핵은 양성자 두 개와 중성자 하나(헬륨-3) 혹은 양성자 두 개와 중성자 두 개(헬륨-4)로 구성된다. 가장 안정적인 핵인 헬륨-4는 28MeV의 결합 에너지를 가지는데, 핵 안의 중입자 하나당 7MeV에 해당한다. 뛰어난 안정성 덕분에 헬륨-4는 이용 가능한 중성자 대부분을 신속하게 핵 안에 가둘 수 있었다. 하지만 중수소, 삼중수소, 헬륨-3의 미세한 흔적은 남았다. 또한 그것들보다 약간 더 무거운 핵인 리튬-7도 남았는데, 이것은 양성자 세 개와 중성자 네 개로 구성되며, 기본적으로 헬륨-4 핵 하나와 삼중수소 핵 하나가 결합되어 만들어진다. 하지만 빅뱅에서는 무거운 원소들이 만들어지지 않았다. 우주의 온도가 핵들의 복잡한 결합을 이룰 수 있는 수준 아래로 떨어졌기 때문이다. 핵과 양성자는 양전하를 가지므로 그 전기적 반발력을 이겨내고 작은 덩어리로 강력하게 뭉치려면 상당한 에너지가 필요하다. 우주가 생겨나고 200초쯤 지났을 때는 이미 그 전기적 반발력을 이겨낼 만큼 에너지가 충분하지 못한 상태였다.

이 시기에 중성자 하나당 양성자 수는 일곱 개였다. 중입자 여덟 개 중 하나가 중성자인 셈이다. 헬륨-4 핵은 양성자 수와 중성자 수가 같으므로 양성자 하나마다 중성자 하나씩을 가두고 있다. 중입자 여덟 개 중 두 개, 즉 전체의 1/4은 헬륨-4 안에 갇혔고, 나머지 3/4은 자유로운 양성자로 남아 수소 핵을 형성했다. 그밖에 앞에서 말한 원소들의 미세한 흔적은 전부 합쳐 1퍼센트에 불과했다. 양성자와 중성자는 질량이 거의 같다. 따라서 빅뱅에서 생겨난 중입자 질량의 1/4은 헬륨이었고 3/4은 수소였다. 이 변화는 주로 우주의 나이가 4분일 무렵에 끝났다. 우주가 탄생하고 13분이 지났을 때는 핵합성이 완전히 멈추었다. 하지만 이때는 아직 원자가 없었고, 자유로운 핵과 자유로운 전자가 현재의 기준으로 보면 엄청난 에너지로 가득한 복사의 바다를 누비고 다녔다. 이후 수십만 년 동안에는 별다른 변화가 없었고 복사가 지배하는 가운데 우주가 끊임없이 팽창하면서 냉각되었다.

실제로 이 시기에는 여전히 복사가 우주를 지배했다. 우주 탄생 후 0.1초가 지나 핵합성이 시작될 무렵, 우주의 밀도는 물의 500~1000만 배 정도였다. 하지만 그 가운데 중입자의 밀도는 물의 1.5배에 불과했다. 나머지는 거의 다 복사 에너지(광자라고 해도 좋다)가 $m=E/c^2$의 공식에 따라 높여 준 밀도였다. 오늘날에는 물질의 농도가 매우 희박하지만, 그 대신 물질의 인플레이션이 우주의 동력을 이룬다.[25] 복

---

[25] 이 책의 뒷부분에서 한 가지 조건을 살펴보겠지만 지금의 논의와는 무관하다.

사는 약한 우주마이크로파배경복사로 줄어들었고 온도는 2.73K에 불과하다. 핵합성 이후 우주 진화에서 중요한 시점은 밀도의 측면에서 물질이 복사보다 중요해지는 때다. 우주 탄생 이후 수십만 년이 지났을 때 일어난 변화인데, 그 이유는 물질과 복사가 압축되거나 팽창될 때 행동 방식에서 중요한 차이가 있기 때문이다.

밀도는 일정한 부피 내에 있는 물질의 양을 가리킨다. (평탄한) 3차원 우주에서 한 공간의 부피는 선형 크기의 입방체에 비례한다. 예컨대 다른 구보다 반지름이 두 배가 큰 구는 부피가 $8(2^3)$배 더 크다. 그러므로 만약 관측 가능한 우주가 선형 크기로 현재의 절반이고 각 은하들의 간격도 현재의 절반이라면, 우주의 부피는 현재의 1/8에 불과하고 물질의 밀도는 8배일 것이다. 그러나 복사 밀도는 약간 다르다. 복사가 들어 있는 상자가 있다고 가정하자. 상자의 각 변을 두 배로 늘린다면, 부피는 8배로 커지고 복사 밀도도 1/8로 줄어든다. 둘 다 8의 배수를 취한다. 하지만 복사 파장은 2의 배수로 변화한다. 이것이 잘 알려진 적색이동red shift이다. 그에 따라 복사 에너지가 약화되는데, 이는 에너지의 질량 부분이 감소한다는 것을 의미한다. 따라서 전반적인 에너지 밀도의 변화는 선형 차원의 변화가 부피에 미치는 영향에 따르지 않고 넷째 힘에 의거한다. 만약 우주가 선형 크기로 현재의 절반이라면, 복사 밀도는 지금의 8배가 아니라 $16(2^4)$배가 되는 것이다. 또 선형 차원에서 우주가 현재 크기의 1/10이라면, 중입자 밀도는 지금의 1천분의 1이 된다. 시간을 거슬러가면 이 과정이 복사에 얼마나 중요한지 쉽게 알 수 있다. 우주 탄생 직후에는 복사가 물질에 크게 뒤졌으나 수십만 년이 지났을 때는 복사와 물질이 우주의 밀도에 똑같이 기여했다.

우주의 나이가 수십만 년이 되어 복사 밀도가 중입자 밀도보다 아래로 떨어지자 물질과 복사는 분리되어 독자적으로 행동하기 시작했다. 그전까지는 온도가 너무 높아 전기적 중성의 원자가 생성될 수 없었다. 하지만 전자기력의 운반체인 광자는 대전입자와 강력하게 상호작용한다. 양전기를 가진 핵과 음전기를 가진 전자는 뜨거운 광자의 바다 속에서 움직이며 플라즈마를 이루었고, 광자는 대전입자와 수시로 상호작용(결과적으로는 반응)하면서 미친 우주적 핀볼 머신 속에서 고속으로 운동하는 공처럼 공간 속을 지그재그로 누비고 다녔다. 만약 우주의 온도가 수천 도 정도였다면, 전자는 핵에게 붙잡혀도 곧바로 강력한 에너지를 가진 광자의 충격을 받아 자유로워졌을 것이다. 하지만 온도가 그 임계점 이하로 떨어진 뒤에는 광자의 충격이 약해져 원자를 묶는 전자기력의 힘을 끊지 못했으며, 그 덕분에 모든 전자와 핵이 점차 중성 원자 안에 갇히게 되었다. 자유로운 대전입자가 사라지자 이제 광자는 아무런 방해도 받지 않고 공간 속을 날아다닐 수 있었다.

이 모든 일이 오늘날 태양 표면의 온도에서 일어난 것은 우연이 아니다. 바로 지금도 그와 똑같은 과정이 일어나고 있다. 태양 표면 아래에, 온도가 6천K 이상인 영역에서는 전자가 에너지 충격으로 중성 원자로부터 벗어나고 물질이 우주 탄생기 불덩이의 마지막 단계처럼 플라즈마의 형태를 취한다. 그런 플라즈마 상태에 갇힌 광자가 얼마나 생존하기 어려운지는 알기 쉽다. 태양 내부에서 출발한 광자는 평균 1

센티미터의 공간을 이동할 때마다 대전입자와 충돌해 사방으로 튕겨나간다. 이렇게 전자는 1센티미터를 가면서도 지그재그 스텝을 밟아야 하므로 광속의 속도를 가지고 있음에도 불구하고 태양 표면까지 나오는 데 보통 1천만 년이나 걸린다. 태양의 중심에서 표면까지 곧장 갈 수 있다면 불과 2.5초면 가능한 거리다. 1천만 년이나 이리저리 충돌하면서 가야 하기 때문에 태양 표면까지 나오는 데만도 우리 은하에 이웃한 대형 은하인 안드로메다은하까지 가는 것보다 다섯 배나 더 오랜 시간이 걸리는 것이다. 양성자가 자유로이 태양 바깥의 공간으로 흘러나오려면 전자가 핵과 결합해 중성 원자를 이루어야 하는데, 이는 태양 표면에서만 가능하다.

우리가 사는 행성에서는 전기적으로 중성인 원자가 일반적이다. 그런데 이런 상태가 깨져야만 플라즈마가 만들어지고 그래야만 원자로 다시 결합될 수 있다. 그래서 물리학자들은 핵과 전자가 플라즈마 속에서 뭉쳐 중성 원자를 이루는 과정을 가리켜 '재결합recombination'이라고 부른다. 나아가 학자들은 우주의 나이가 수십만 년이 되었을 때 일어난 사태에도 이런 관점을 적용한다. 하지만 엄밀히 말해서 그것은 '재'결합이 아니라 그냥 '결합'이었다. 우주 역사상 처음으로 전자와 핵이 결합을 이룬 것이기 때문이다. 어쨌든 그 결합이 일어날 당시 전체 우주는 오늘날 태양 표면과 비슷했다. 지금 우리가 우주마이크로파배경복사라고 간주하는 광자는 그때 이후 물질과의 상호작용이 없이 우주 공간을 흘러 우리 전파망원경의 접시 안테나에까지 닿고 있다.

우리가 전파망원경으로 관측하는 것이 빅뱅을 향해 시간을 얼마나 거슬러 가는지 느끼게 해주는 좋은 비유가 있다.

미국의 물리학자 존 휠러John Wheeler가 처음 제안했는데, 나중에 앨런 거스가 『우주의 인플레이션The Inflationary Universe』이라는 책에서 더욱 쇄신했다. 시간을 거스르고 우주를 가로지르는 우리의 견해는 뉴욕 엠파이어스테이트 빌딩 꼭대기에서 아래 거리를 내려다보는 것에 비유할 수 있다. 거리의 높이는 140억 년 전 태초의 시간을 가리킨다. 그 경우 가장 먼 은하는 10층 높이에 해당하며, 지금까지 관측된 가장 먼 퀘이사quasar(지구에서 아주 멀리 떨어져 있으나 강한 빛과 전파를 발산하는 천체로 준항성체라고도 부른다: 옮긴이)는 7층 높이에 해당한다. 그러나 우주배경복사의 형태로 검출되는 재결합이 일어난 시기는 거리에서 불과 1센티미터 높이다. 그렇기 때문에 우주배경복사의 관측은 우주의 초기 진화를 이해하는 데 필수적이다.

불덩이 단계에서 이따금씩 일어난 미세한 온도 변화까지는 고려하지 않고 오늘날 우주배경복사의 전반적인 온도만을 측정해 광자의 '밀도'를 파악해도 우주의 본질에 관한 핵심적 통찰력을 얻을 수 있다. 이 장에서 우리는 빅뱅이 전개되는 동안 여러 시간의 온도(에너지)를 언급했다. 하지만 그 온도들을 어떻게 정확히 알 수 있을까? 현재 우주배경복사의 온도를 측정하고, 복사가 어떻게 일어났는지 설명하는 방정식과 아울러 우주 팽창을 설명하는 일반상대성이론의 방정식을 적용하면 우리는 원하는 어느 시기든 시간을 거슬러 갈 수 있다. 예를 들어 우리는 그런 방식으로 처음 핵합성이 일어난 시기의 온도(달리 말하면 초기 우주의 어느 시기에 핵합성이 일어나기에 적합한 온도가 되었는지)를 알 수 있다.

하지만 초기 핵합성이 진행된 속도는 온도에 의해서만 좌우되지 않았다. 중입자(구체적으로 말하면 핵자라고 총칭되는 양성자와 중성자)의 밀도도 중요했다. 핵자가 많을수록 핵의 상호작용이 활발하고 핵자가 적을수록 중수소, 헬륨, 리튬을 생성하는 반응이 적게 일어나는 것은 당연하다. 우리는 우주의 광자 밀도를 어느 정도 알고 있으므로 그에 비추어 핵자의 밀도를 추정할 수 있다. 핵반응의 종류는 감응성의 정도에 따라 결정된다. 가장 감응성이 큰 것은 중수소를 생성하는 반응이다. 만약 초기 핵합성이 일어났을 때 광자 1억 개당 핵자가 하나 있었다면, 오늘날 중입자 물질 100만 개당 중수소는 0.00008개에 불과할 것이다. 즉 1천억 개의 핵 가운데 겨우 여덟 개만 중수소가 되는 셈이다. 광자 대 핵자의 비율이 10억 대 1이라면, 핵자 100만 개당 중수소 핵은 열여섯 개가 되며, 그 비율이 100억 대 1이라면, 핵자 100만 개당 중수소 핵은 600개가 된다. 실제로 오래된 별을 분광학으로 관측해보면 중수소가 핵자 100만 개당 16~20개가량 검출된다. 광자 대 중입자의 비율이 10억 대 1 정도였다는 이야기다.

분광학은 천문학의 중요한 도구이므로 따로 간략히 설명할 필요가 있겠다. 모든 종류의 원자(원소)는 빛의 스펙트럼에서 고유한 파장의 선 무늬를 남긴다. 말하자면 지문이나 슈퍼마켓의 바코드와 같다. 천문학자는 아무리 먼 우주에서 온 빛이라 해도 그 무늬를 보고 성분 요소가 무엇인지 식별할 수 있다. 차가운 원자는 특수한 파장의 빛을 흡수해 뜨거웠을 때와 똑같은 무늬를 복사한다. 그러므로 멀리 있는 별에서 온 빛이 우주의 차가운 가스 구름과 먼지를 통과해 지구에 전달되면 그 빛을 분석해 가스 구름과 먼지를 구성하는 성분이 무엇인지 알아낼 수 있다. 물체가 우주 공간을 통해 우리에게로 오면, 전체 스펙트럼 무늬는 스펙트럼의 파란색 끝을 향해 짧게 몰린다. 반대로 우리에게서 멀어져 가는 물체는 스펙트럼의 붉은색 끝을 향해 길게 늘어난다. 이 도플러 이동Doppler shift을 통해 별과 은하가 얼마나 빠른 속도로 우주 공간을 이동하는지 알 수 있다. 유명한 우주학의 적색이동은 다른 과정에 의해 발생한다. 즉 은하들 사이의 공간 자체가 늘어나는 것이다. 이것은 우주가 얼마나 빠른 속도로 팽창하는지 말해주므로 우주가 언제 태어났는지를 알려주는 단서가 된다. 분광학이 없으면 우리가 사는 우주에 관해 거의 알 수 없으며, 지금 이 책도 나올 수 없었을 것이다.

분광학을 이용해 우리는 오래된 별에서 헬륨과 리튬, 중수소의 비율을 측정할 수 있고, 초기 핵합성이 일어났을 때 핵자의 밀도를 정밀하게 계산할 수 있다. 또한 그 비율—예컨대 중입자 질량의 25퍼센트가량이 헬륨의 형태다—을 알기 때문에 우리는 초기 핵합성의 시기에 우주가 어떤 환경이었는지 알 수 있다. 초기 우주에서 핵자의 밀도가 비교적 작은 값이었다면 모든 수치들이 일치한다. 세제곱센티미터당 그램 수로 보면 수치가 너무 작아 쉽게 이해할 수 없다. 오늘날 우주에서 중입자 물질의 밀도는 세제곱센티미터당 10^{-31}그램에 불과하다. 그러므로 임계 밀도의 견지에서 볼 때 우주를 거의 평탄하게 생각하는 것도 당연하다. 앞에서 보았듯이 모든 면에서 우주는 평탄하다고 볼 수 있으며, 인플레이션 이론도 거의 평탄하다고 예측한다. 천문학자들은 이 평탄함의 임계 밀도를 1로 규정한다. 내가 천문학에 입문했던 1960년대와 1970년대에는 우주배경복사와 오래된 별에서 풍부하게 관측되는 밝은 원소를 근거로 우주의 중입자 밀도를 0.01~0.1로 보았다. 다시 말해 중입자—우리 몸과 우주의 모든 밝은 별과 은하를 구성하는 재료—는 우주를 평탄하게 만드는 데 필요한 질량의 1~10퍼센트를 차지한다는 이야기다. 당시 이 발견은 과학과 인간 정신의 엄청난 성과로 여겨졌다. 그러나 2005년에 더 정확한 관측이 이루어진 결과 중입자 형태는 임계 밀도의 4~5퍼센트(4퍼센트에 더 가깝다)임이 밝혀졌다. 30년 전에 비해 10배 이상 수치가 늘어난 것이다.[26] 이 결론은 확실하므로 만약 우주가 실제로 평탄하다면 중입자로 되어 있지 않은 물질의 형태가 있어야 한다. 하지만 그것은 빛을 발하지 않으므로 관측되지 않는다(바꿔 말해 암흑물질이거나 암흑에너지다). 우주를 이루는 질량의 95퍼센트는 중입자가 아니다.

결과적으로 그것은 훌륭한 발견이다. 암흑물질의 정체는 밝혀지지 않았지만(제6장에서 살펴볼 것이다), 그것이 없이는 은하도, 별도 존재할 수 없다. 암흑물질의 중력 효과는 오늘날 우리가 보는 구조의 우주(우리 자신을 포함한다)가 발전하는 데 지대한 영향을 미쳤다. 그 시작은 우주배경복사에서 굴곡으로 나타나는 우주 불덩이의 작은 요동이었으며, 이것은 또한 인플레이션 시기에 일어난 양자 요동에 기원을 두고 있다.

---

[26] 이 중입자 물질의 1/5, 즉 우주를 평탄하게 만드는 데 필요한 질량의 1퍼센트가 밝은 별과 은하의 형태를 취한다.

5

우주의 구조는
어떻게 진화했을까?

How Did the Observed Structure in the Universe Develop?

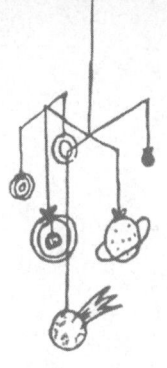

우주의 나이가 수십만 년에 이르러 재결합이 일어나던 시기에 중입자 물질의 불균등한 분포(우주마이크로파배경복사의 굴곡으로 나타난다)는 빙산의 일각이었다. 말하자면 1킬로미터 깊이의 호수 표면에 일어나는 1센티미터 높이의 잔물결에 불과하다. 우주에 중입자 이외에 아무것도 존재하지 않았다면, 평탄함에 필요한 밀도의 5퍼센트만 있었다고 해도 중력이 중입자를 끌어당겨 별과 은하 같은 흥미로운 것들을 만들어내기 전에 먼저 우주의 팽창이 그 굴곡을 이리저리 잡아늘려 그것들을 만들어냈을 것이다. 굴곡이 워낙 작은 탓에 중력의 당김은 우주의 팽창에 미치지 못했을 것이다. 그러나 우주배경복사의 분석에서 나온 다른 증거도 있다. 우주배경복사가 방출된 지 10억 년 이내에—아마 5억 년쯤 지났을 때—별과 같은 뜨거운 물체가 생겨나 주변에 영향력을 행사하기 시작했다.

최초로 생겨난 별들은 주변의 가스를 뜨겁게 달구었다. 이 열이 수소와 헬륨 원자에게서 전자를 빼앗고 물질을 재이온화시켜 중성 원자의 형태로 결합(재결합)시켰다. 이 재이온화 시기에 우주는 대략 수명의 1천분의 1을 산 상태였다. 이로써 또다시 우주에 자유로운 전자가 등장해 빅뱅 불덩이에서 남은 전자기 복사로 상호작용을 재개할 수 있게 되었다. 그러나 이 무렵에는 우주의 밀도가 크게 떨어진 탓에 우주배경복사가 거의 미미해지고, 그 대신 이온화된 물질이 복사에 흔적을 남겼다. 실제로 지금 우리가 보는 흔적(편광선글라스가 안경을 통과하는 빛에 영향을 주는 것처럼 이 흔적은 복사를 편광시킨다)은 재이온화 시기부터 현재까지 약 130억 년 동안 복사와 자유로운 전자가 상호작용하면서 형성한 물질의 저밀도 '열烈'이다.

관측을 통해 우리는 하늘의 모든 방향에서 얼마나 많은 전자들이 그런 열을 이루는지 개략적으로 알 수 있다. 이 관측 결과와 우주가 팽창함에 따른 중입자 밀도의 변화를 연결시켜 고찰하면, 재이온화 시기에 그 열의 길이가 얼마나 되었는지, 따라서 그 끝이 어디(혹은 언제)인지 확인할 수 있다. 물론 추산치이므로 확실하지는 않다. 그 이유는 재이온화가 우주의 모든 곳에서 동시다발적으로 시작된 게 아니라 수십만 년에 걸쳐 일어났기 때문이기도 하고, 우주마이크로파배경복사의 연구에 입각한 관측과 멀리 있는 밝은 물체, 즉 퀘이사의 연구에 입각한 관측이 작은 오차를 보이기 때문이기도 하다. 하지만 이런 미세한 차이는 차세대 검출기가 해소해줄 것이다. 명백한 사실은 재이온화가 빅뱅의 10억 년 뒤에 일어났고 우리로부터의 거리가 적색이동 7 이상

에 해당한다는 점이다.[27]

이 시기에 물질이 이미 뭉쳐져 별과 작은 은하(왜소은하)를 만들었다는 것은 허블우주망원경으로 확인된다. 이 망원경으로 하늘 한 구석을 오랜 시간 노출시켜 얻은 사진에는 아주 희미하고 먼 물체의 상이 보인다. 이것을 허블울트라딥필드Hubble Ultra Deep Field(HUDF)라고 부른다. 2004년 HUDF를 분석한 결과 약 100개의 희미한 적색 얼룩이 보였는데, 그것들이 바로 왜소은하dwarf galaxy다. 우주가 탄생하고 10억 년쯤 지났을 때의 빛이 지금 우리에게까지 전달된 것이다. 하지만 그것들도 최초는 아니다. 최초의 뜨거운 물체는 적색이동 15~20, 즉 빅뱅 이후 2~3억 년밖에 지나지 않은 130~135억 년의 과거 시간에 생겨났다. 비유하면 일흔 살 노인이 태어난 지 11개월 된 아기 시절의 자기 모습을 바라보는 것과 같다.[28]

아직까지는 추측의 단계다. 컴퓨터 시뮬레이션을 통해 최초의 뜨거운 물체가 어떻게 형성되었는지 추측하는 게 고작이다. 하지만 우리는 어떤 일이 일어났는지 안다고 생각한다. 다음에 소개하는 시나리오는 아마 개략적으로는 옳을 것이며, 차세대 우주망원경이 나오면 사실로 검증될 것이다.

---

[27] 빛이 공간을 이동하는 데는 일정한 시간이 걸리고 우주적 물체의 적색이동은 팽창하는 우주 속에서의 거리를 말해준다. 따라서 적색이동은 '과거 시간look-back time'으로 번역될 수 있다. 예를 들어 적색이동 6에 해당하는 과거 시간은 125억 년이다. 재결합 시기는 1천의 적색이동에 일어났다.

[28] 2005년 스피처적외선우주망원경으로 연구하던 한 관측팀은 놀랍고도 반가운 소식을 전했다. 그들은 130억 광년 떨어진 원시적 '항성단 III'에서 (우주마이크로파배경복사와는 뚜렷이 구분되는) 얼룩이 있고 적색이동이 큰 희미한 적외선 파장의 우주배경복사를 찾아냈다. 이것은 재이온화 시기의 추정치를 뒷받침하는 별개의 증거다. 하지만 그 먼 거리에서 개별적 별들을 확인할 수는 없다.

맨 먼저 우리는 어떤 암흑물질이 은하의 탄생을 가능케 했는지를 알아야 한다. 우주를 묶어주는 암흑물질에 관해서는 다음 장에서 더 상세히 다루겠지만, 여기서 한 가지 분명해 해둘 게 있다. 천문학자들이 우주의 역학을 설명하기 위해 암흑물질이 필요하다는 점에 처음 주목했을 때 암흑물질의 후보는 두 가지가 있었다. 하나는 이미 알려진 후보로 중성미자다. 중성미자는 항상 질량이 0으로 가정되고 광자처럼 광속으로 이동한다. 하지만 물리학자들은 중성미자의 존재를 알고 있었다. 우주에는 중성미자가 다량으로 존재하므로(빅뱅으로 우주배경복사에서 보는 광자의 수와 거의 같은 양의 중성미자가 탄생했다) 비록 각각의 질량은 아주 작다 해도 전부 합치면 우주의 평탄함에 필요한 밀도의 상당 부분을 차지한다. 1990년대 초에 이르면 지상의 실험을 통해 중성미자가 작은 질량을 가지는지 여부를 확인할 수 있었을 뿐 아니라 천문학과 우주학 연구에서 중성미자에 관한 방대한 정보가 쏟아져나왔다.

질량의 문제는 잠시 접어두기로 하자. 우주학에서 처음으로 중성미자에 전자 중성미자, 타우 중성미자, 뮤온의 세 가지 종류(세 가지 '맛')가 있다는 사실을 확인했다. 중성미자는 검출하기가 대단히 어렵기 때문에 또 다른 종류가 없다는 것을 증명하기란 어려운 일이었다. 따라서 간접적 논거와 많은 추론에 의지할 수밖에 없었다. 1980년대 초 지상 실험만으로 물리학자들은 중성미자의 맛이 737가지나 된다고 말했다. 그러다 몇 년 뒤에는 44가지 맛으로 줄었고, 다시 30가지로 줄었다. 1980년대 후반에는 CERN의 노력 덕분에 여섯 가지로 줄었다. 그러나 물리학자들은 우주학자들이 이미 알고 있는 사실을 확증한 데 불과했다.

중성미자가 가진 맛의 가짓수는 초기 핵합성 시기에 빅뱅에서 만들어진 헬륨의 양에 영향을 준다. 생산된 헬륨의 정확한 양은 핵합성 시기에 우주가 얼마나 빨리 팽창했느냐에 의해 좌우된다. 팽창 속도가 빠를수록 헬륨의 양이 많다(자유 전자가 붕괴해 헬륨 핵에 갇힐 확률이 줄어들기 때문이다). 팽창 속도에 영향을 주는 또 다른 요소는 가벼운 입자(와 반입자)의 가짓수다. 이것은 우주의 팽창을 촉진하는 일종의 압력으로 볼 수 있다. 즉 가벼운 입자의 가짓수가 많을수록 압력이 커져 팽창 속도가 빨라진다. 우주학의 계산에 따르면, 오래된 별의 경우 헬륨이 25퍼센트를 밑도는 것으로 미루어 초기 핵합성 시기 우주의 가벼운 입자는 다섯 가지였을 것으로 추측된다. 이 가운데 두 가지는 광자와 전자이므로 나머지는 세 가지 중성미자가 된다. 중성미자의 맛이 하나씩 늘어날 때마다 헬륨의 양은 1퍼센트만큼 증가한다. 네 가지 맛으로 헬륨의 양이 25퍼센트를 넘는 것은 천문학적 관측에 위배된다. 1980년대 이후 정밀한 입자가속 실험을 통해 중성미자의 맛이 몇 가지인지가 확정되었다. 그렇게 볼 때 지상에서 중성미자의 맛이 몇 가지인지 알면 빅뱅에서 헬륨이 얼마나 만들어졌느냐를 알 수 있다. 이것은 입자물리학과 우주학이 우주의 본성에 관한 근원적 진리를 다루고 있음을 뚜렷이 보여주는 증거다.

천문학적 관측은 또한 처음으로 물리학자들에게 중성미자도 질량을 가진다는 것을 말해주었다. 이것은 빅뱅보다 우리에게 훨씬 가까운 물체인 태양의 연구를 통해 밝혀졌다. 이로써 실험에 기반을 둔 물리학, 천체물리학, 우주학의 또 다른 연계가 이루어졌으며, 아울러 우리가 세계의 운동 방식에 관해 올바로 알고 있다는 것이 입증되었다.

제2장에서 다룬 대통일이론의 맥락에 비추어보면, 이야기는 40여 년 전 1960년대로 거슬러간다. 당시 레이 데이비스가 이끄는 브룩헤이번 국립연구소 연구팀은 사우스다코타의 리드에 있는 한 광산의 지하 1.5킬로미터 깊이에서 태양의 중성미자를 검출하기 위한 실험을 실시했다. 그렇게 깊은 곳에서 실험해야 했던 이유는 우주선cosmic ray라고 알려진 우주 입자의 간섭을 피하기 위해서였다. 그래도 실험은 매우 까다로웠다. 중성미자는 일상 밀도의 물질과는 좀처럼 상호작용하려 하지 않기 때문이다. 중성미자는 태양의 중심부로부터 도중에 빗겨가지 않고 곧장 밖으로 흘러나오며(지그재그로 어렵사리 태양 표면까지 기어나오는 전자와는 다르다), 지하 검출기까지 1.5킬로미터 두께의 암반 따위는 가볍게 통과해버린다. 검출기는 올림픽 수영장의 1/5쯤 되는 수조에 드라이클리닝에 흔히 사용되는 용액인 과염화에틸렌 40만 리터를 채운 시설이었다. 태양으로부터 날아오는 중성미자와 과염화에틸렌에 함유된 염소 원자의 드문 상호작용에서 방사성 동위원소 아르곤 원자가 만들어지면 그 수를 적절한 도구로 세는 실험이었다.

태양 내부에서 중성미자가 만들어질 때 수소가 헬륨으로 전환되는데, 빅뱅 시기의 초기 핵합성과 비슷한 과정이다. 이 융합 과정에서 나오는 에너지 덕분에 태양은 빛과 중성미자를 방출한다. 우리는 태양에서 에너지가 얼마나 나오는지 측정할 수 있고, 실험 연구를 통해 헬륨 핵 하나가 만들어질 때 에너지가 얼마나 생산되는지 알고 있다. 따라서 매

초마다 핵반응이 얼마나 많이 일어나는지, 그 결과로 중성미자가 얼마나 생산되는지 계산이 가능하다. 계산 결과 염소 원자와 상호작용할 수 있는 종류의 중성미자가 1초에 70억 개나 지표면(검출기 포함)의 1제곱센티미터를 곧장 통과한다는 것이 밝혀졌다. 하지만 중성미자가 일상 밀도의 물질과 상호작용하는 정도가 워낙 미약한 탓에 홈스테이크 광산에서 검출될 것으로 예측되는 중성미자의 수는 한 달에 겨우 25개였다. 실제는 예측보다 더 낮았다. 수십 년에 걸쳐 진행된 실험에서 검출된 중성미자의 수는 예측치의 1/3에 불과한 매달 8~9개가 고작이었다.

1960년대 이후 다른 여러 종류의 검출기들도 비슷한 결과를 기록했다. 하지만 원자로나 대기 중에서 원자들과 상호작용하는 우주선에 의해 만들어진 중성미자(여기에는 전자 중성미자만이 아니라 다른 종류도 있다)의 흐름을 실험한 결과 원자로나 우주선에서 만들어진 중성미자 수와 검출기에 기록된 중성미자 수의 편차가 드러났다. 이유는 한 가지뿐이다. 중성미자가 만들어지는 양은 예상된 바와 같지만 검출기까지 오는 동안 무슨 일이 일어났다고 볼 수밖에 없다.

태양 중심부의 상호작용으로 생겨난 중성미자는 전부 전자 중성미자이므로 일반적인 태양 중성미자 연구에서 사용되는 검출기는 전자 중성미자만 검출할 수 있다. 하지만 이제는 전자 중성미자가 공간을 이동하면서 다른 종류(타우와 뮤온)로 바뀌었다가 원래대로 돌아온다는 것이 명백해졌다. 이 과정은 중성미자 진동neutrino oscillation이라고 부른다. 이 때문에 처음에는 순수한 전자 중성미자(혹은 다른 종류의 중성미자라도 마찬가지다)로 출발했다 해도 나중에는 1/3

은 전자 중성미자, 1/3은 타우 중성미자, 1/3은 뮤온 중성 미자로 바뀌게 된다. 이 과정은 파동-입자 이중성의 양자 현상과 관련이 있다. 마술사처럼 모자를 벗어 간단히 태양의 중성미자를 설명할 수는 없었다. 중성미자 진동은 원래 카온kaon이라는 입자를 연구하는 데서 잘 알려졌다가 나중에는 중성미자를 설명하는 데 이용되었다. 그러나 중성미자 진동에는 매우 중요한 한 가지 특징이 있다. 그것은 바로 질량을 가진 입자에게서만 일어날 수 있다는 점이다. 달리 말하면 사우스다코타의 광산에 설치한 클리닝 용액의 수조에서 조사한 결과, 우주에 가장 보편적으로 존재하는 중성미자라는 입자는 질량을 가져야 한다는 사실이 드러났다. 개별 중성미자의 중량은 아주 작지만 그렇다고 0은 될 수 없다.

여러분은 드디어 우주의 '잃어버린' 질량을 찾았다고 생각할지 모른다. 천문학자들도 한동안 그렇게 믿었다. 하지만 잃어버린 질량을 모조리 중성미자에 때려넣기란 무리임이 곧 밝혀졌다. 중성미자는 어둡지만 우주의 밝은 물질에서 관측된 구조의 원천을 설명하기 위한 암흑물질의 한 종류는 아니다. 앞서 언급한 두 가지 암흑물질로 '뜨거운' 것과 '차가운' 것이 있었다. 중성미자는 광속에 가까운 속도로 이동한다는 점에서 뜨겁다. 그러나 은하의 구조를 설명하는 데 필요한 것은 느리게 이동하는 차가운 암흑물질cold dark matter, 즉 CDM의 풍부한 입자다.

우리가 해명해야 하는 문제에 주목하라. 초기 우주의 중입자 분포에서 과밀도라고 할 수 있는 부분은 겨우 10만분의 1에 불과했다. 그런데 아무리 우주가 팽창하면서 밀도가 점점 희박해졌다 해도 어떻게 그 작은 굴곡이 나중에 은하와 은하단을 이루었을까? 은하 같은 밝은 물체가 만들어내는 형태는 크게 보면 스펀지의 구조와 비슷하다. 즉 구멍(밝은 은하가 없는 지역)의 주변을 밝은 물체의 거품(은하단과 초은하단이 얇은 판과 섬유의 형태로 모여 있는 덩어리)이 둘러싸고 있다. 뜨거운 암흑물질의 중력이 지배하는 우주에서 그런 구조를 형성하는 것도 가능하지만, 문제는 아주 오래 걸린다는 데 있다. 빅뱅에서 생겨나는 충분한 질량을 가진 고속 입자는 마치 볼링공이 스트라이크로 핀들을 쓰러뜨리는 것처럼 효과적으로 중입자 물질의 덩어리를 분산시킨다. 흩어진 중입자는 빈 우주 공간의 가장자리로 몰려 판과 섬유의 형태를 이룬다. 그 과정은 중성미자의 속도가 광속의 1/10 정도로 느려졌을 때('냉각'되었을 때)까지 지속된다. 그 뒤에야 비로소 수소와 헬륨 기체의 큰 판들이 중력의 영향으로 붕괴되어 나중에 '위-아래로부터의' 과정을 거쳐 별과 은하를 형성한다. 하지만 여기서 중요한 말은 '나중에'다. 그 전체 과정에 걸리는 시간은 40억 년이나 된다. 그러나 우리도 알듯이 우주의 나이는 140억 년 정도에 불과한데, 우리 은하 내에는 나이가 100억 년이 넘는 별들도 있다. 또한 허블 울트라딥필드 같은 심층 조사에 따르면, 작은 은하들의 경우 이미 빅뱅의 10억 년 뒤에 만들어졌다. 천문학자들은 중성미자가 극미의 질량을 가지고 있다는 사실에 당혹감을 감추지 못했다. 하지만 다행히도 실험 결과 중성미자는 질량이 너무 작은 탓에 은하 형성 모델에 문제가 되지 않는다는 게 밝혀졌다.

중성미자가 진동하려면 질량을 가져야 하는 이유는 진동 속도가 중성미자 여러 종류의 질량 차이에 의존하기 때문이다. 질량이 0이라면 차이도 없다! 진동 속도는 질량 차이에 의존하기 때문에 중성미자가 먼 거리를 이동하면서 세 가지 종류의 양이 같아질 때까지 완전히 섞이는 것도 질량 차이에 따른다. 태양 중성미자 연구만으로는 이 점에 관해 많은 것을 알 수 없다. 지구로부터 태양까지의 거리는 워낙 멀어 빛으로 8.3분이나 걸릴 정도이고 중성미자는 조금 더 걸린다. 이것은 입자 상호작용의 측면에서 매우 긴 시간이므로 중성미자가 충분히 섞일 수 있다. 그러나 우주선이 대기 중에 만들어낸 중성미자는 아주 짧은 시간이면 검출기에 닿으므로 훨씬 더 엄격한 한계가 필요하다. 이 중성미자의 연구는 각 종류의 중성미자 질량이 얼마인지를 직접 말해주지는 못하지만, 세 가지 중성미자가 카온처럼 쉽게 관측할 수 있는 입자와 비슷하게 행동한다고 가정할 때 그 총 질량을 알려준다. 이를 바탕으로 중성미자가 우주의 밀도에 기여하는 정도를 따져볼 수 있는데, 그 결과 중성미자는 우주를 평탄하게 만드는 데 필요한 질량의 최소한 0.1퍼센트를 차지한다는 게 밝혀졌다.

다른 한편 지금 우리가 보는 우주의 구조, 그리고 이 구조가 생겨나는 데 걸린 시간을 고려하면, 모든 종류의 뜨거운 암흑물질이 우주의 밀도에 기여하는 정도는 중입자 질량의 고작 13퍼센트에 불과하다는 것을 알 수 있다. 바꿔 말해 우주를 평탄하게 만드는 데 필요한 총 밀도의 0.5퍼센트 정도다. 이것은 우주에서 가장 작고 가벼운 물체와 가장 큰 물체의 관측에도 잘 들어맞는다. 만약 입자물리학은 중성미자가 평탄 밀도에 기여하는 정도를 0.5퍼센트로 보고 은하 연구는 0.1퍼센트밖에 안 된다고 보았다면, 당혹스러운 결과였겠지만 실은 그 반대다. 설령 수치가 정확하지 않다 해도 그것은 현재의 물리학을 지탱하는 강력하고 중요한 증거가 된다.

이것을 에너지와 질량의 단위로 응용해보자. 세 종류의 중성미자를 각각 하나씩 가지고 있다면 세 개의 총 질량은 2전자볼트, 즉 전자 하나의 0.0004퍼센트가 된다. 그러므로 중성미자 세 종류의 질량을 전부 더한 것이 평탄한 우주에 필요한 중력 물질의 0.1~0.5퍼센트를 차지한다고 생각하면, 95퍼센트를 담당할 중력 물질이 더 필요하다. 첫 단계는 차가운 암흑물질(CDM)이 지금 우리가 보는 우주 구조의 발전에 어떤 역할을 했는지 살펴보는 것이다. 일단 CDM 입자가 정확히 무엇인지에 관해서는 생략하기로 하자. 그것을 먼저 다루면 우주학이 전면에 나서 입자물리학에게 무엇을 찾을지 지시하게 되기 때문이다.

천문학자들은 우주 구조의 발전에 관한 견해를 검증하기 위해 은하와 은하단의 유형을 관측한 결과와, 팽창하는 우주에서 중력의 영향으로 불규칙성이 증대하는 현상에 대한 시뮬레이션 예측을 비교한다. 언뜻 보면 간단한 듯하다. 그러나 은하를 제대로 관측하려면 무수한 은하의 적색이동을 측정해야 하는데, 하늘 여러 곳의 적색이동은 너무 희미해 육안으로 관측하기가 불가능하다. 그런 상세한 연구는 20세기 말과 21세기 초의 디지털 기술―CCD를 이용한 은하의 '촬영', 컴퓨터를 이용한 자료 분석―덕분에 가능해졌다. 적색이동을 측정하면 그것을 거리로 환산해 우리의 관점에서 바깥쪽으로 뻗어나가는 쐐기나 원뿔 모양의 3차원 우주지도를 작성할 수 있다. 아직까지 하늘 전체를 대상으로 한

지도가 완성되지는 못했다. 그러나 하늘의 여러 구역을 관측한 결과 전반적인 거품 구조는 확인되었으므로 그 조각들이 우주의 일반적인 상을 나타낸다고 확신할 수 있다.

컴퓨터 시뮬레이션은 더 어렵다. 엄청난 고성능에 용량이 큰 컴퓨터가 있다면 가능할지도 모른다. 초기 우주의 모든 은하를 입자처럼 취급해 고유 번호를 부여하고, 우주 팽창과 중력 법칙에 관한 아인슈타인의 방정식을 적용한 뒤 그 모델에 초기 환경을 달리하고 차가운 암흑물질의 양을 달리 정해 어느 것이 우리 우주와 같은 양태로 진화하는지 살펴보는 것이다. 하지만 알려진 은하만도 수천억 개에 달하기 때문에 그 작업은 불가능하다. 그 대신 그 시뮬레이션에서 각 '은하 입자'를 태양 질량의 약 10억 배로 상정하는 방법이 있다. 시뮬레이션을 최대로 하면 100억 개의 가상입자가 팽창하는 전체 우주의 운동을 나타내게 된다.[29] 처음에 그 입자들이 통계적으로 재결합 시기 물질 분포와 똑같이 분포되어 있었다면, 컴퓨터 모델은 가상 시기에서 한 걸음 더 나아가 입자들이 어떻게 뭉치는지 보여준다. 사태가 흥미로워지기 시작하면 형성되고 있는 덩어리들 중 하나에만 초점을 맞춘다. 그런 다음에 수치를 재조정해 가급적 많은 가상입자들을 가지고 작은 규모의 덩어리 내에서 구조가 진화하는 과정을 조사한다. 원칙적으로 이 과정은 개별 은하들이 형성될 때까지 지속할 수 있으나 현재의 컴퓨터 기술로는 쉽지 않다.

현대의 연구가 으레 그렇듯이 이 연구도 한 개인의 역량

---

[29] 간단히 계산해보면, 100억 개의 입자를 전부 합쳐도 가시적 우주 질량의 0.003퍼센트에 불과하다. 이것은 중요하지 않다. 큰 규모로 볼 때 우주는 거의 평탄하고 동질적이기 때문이다. 규칙적으로 옥수수가 심어진 밭의 '지도'가 있다면 옥수수의 1/100만 봐도 밭의 모양이 어떨지 잘 알 수 있는 것과 마찬가지다.

을 넘어선다. 가장 큰 규모의 시뮬레이션은 버고 컨소시엄 Virgo Consortium이라는 국제 과학자 연구팀의 작업이다. 처녀자리Virgo 방향에 위치한(실은 훨씬 더 멀리 있지만) 우리에게 가장 가까운 대규모 은하단에서 따온 명칭이다. 가상 질량점을 하나 선택하고, 그밖에 다른 99억 9999만 9999개 점이 그 질량점에 미치는 중력을 계산한 뒤, 다른 점으로 똑같은 작업을 반복해 모든 점들을 계산한다. 그 '우주'를 약간 팽창시키고 각 점들의 위치를 중력에 따라 시뮬레이션으로 조금씩 이동시킨 다음 전체 과정을 다시 반복한다. 하지만 합리적인 시간에(즉 연구자들이 늙어 죽기 전까지) 연구 성과를 내려면 지름길이 필요하다. 예를 들어 아주 멀리 떨어진 점들의 경우 모든 개별 점들의 영향을 계산하는 대신 시뮬레이션으로 수천 개의 입자들을 모아 전체 중력을 바탕으로 한 입자가 우주의 다른 편에 미치는 힘을 계산하는 것이다. 이 시뮬레이션에 투입된 유닉스 컴퓨터들은 812개의 처리기와 2테라바이트의 메모리를 이용해 초당 4.2조 회의 계산 작업을 수행한다. 그 엄청난 처리 속도로도 한 차례 결과를 산출하는 데 몇 주일이나 걸린다. 2004년 중반 시뮬레이션은 20테라바이트 용량의 자료를 산출해 가상 우주가 진화하는 여러 단계의 64개 장면을 보여주었다. 시간을 거슬러가면 적색이동이 달라진다. 이 장면들과 실제 우주의 적색이동 지도에 나타난 밝은 은하들의 형태를 비교해보면, 암흑물질이 상당량 존재해야만 우리가 보는 실제 우주의 구조가 가능하다는 것이 명백해진다.

　물론 육안으로 비교한 것은 아니지만 얼핏 봐도 두 지도는 상당히 닮았다. 컴퓨터 시뮬레이션과 실제 우주에서 보는 판, 섬유, 공간의 종류를 통계적으로 비교하면 시뮬레이션이 실제와 얼마나 일치하는지 말해주는 객관적 척도를 얻을 수 있다. 그 결과 실제로 우주에는 차가운 암흑물질이 많고 평탄하다는 점이 밝혀졌다.

지금까지 암흑물질의 양, 우주의 밀도, 평탄함에서 이탈한 정도 등을 다르게 하면서 여러 차례 시뮬레이션이 진행되었다. 그러나 실은 그렇게까지 할 필요도 없다. 우리가 사는 우주와 부합하는 시뮬레이션은 단 하나이기 때문이다. 마냥 행운이 따르지는 않았다. 천문학자들이 손바닥 뒤집듯이 쉽게 결론에 이르렀다고 생각하면 곤란하다. 결론까지 가는 데는 잘못된 출발도 많았고 막다른 골목에서 헤매기도 일쑤였다. 지금 우리의 모델은 우주에 대한 최선의 이해를 반영하지만 수십 년에 걸친 노력의 소산이다. 말하자면 라이트 형제의 첫 비행으로부터 현대의 제트기가 발달한 과정과 마찬가지다.

이 모델의 토대는 중입자가 차가운 암흑물질의 바다에 묻혀 있다는 견해다. CDM의 본질에 관해서는 다음 장에서 더 상세히 다룰 것이다. 여기서 중요한 것은 CDM이 우주학에서 반드시 필요하며, 오로지 중력을 통해서만 중입자 물질과 상호작용한다는 점이다. 이 입자의 양이 얼마나 되는지, 개별 질량이 얼마인지, 종류가 몇 가지인지 등에 관해서는 확실히 알 수 없다. 하지만 양성자나 중성자처럼 나름의 질량을 가진다고 보는 게 합리적 추측이다. 컴퓨터 시뮬레이션은 그 입자가 전체 우주에 널리 퍼져 있으며, 밝은 은하단의 거품들 사이 공간에도 존재한다는 것을 보여준다. 그 공간에는 또한 어두운 중입자도 있어야 한다. 시뮬레이션이 실제 우주에 부합하려면 중입자와 CDM 입자가 우주 전역에

혼재해야 하기 때문이다. 밝은 은하들이 거품 형태를 취하는 데는 이유가 있다. 은하는 암흑물질의 밀도가 약간 높은 구역에서만 만들어진다. 암흑물질이 인근의 중입자 가스를 중력 구멍으로 끌어당겨 가스 구름의 덩어리가 커지면 붕괴해 별과 은하를 형성하는 것이다. 그러므로 밝은 물질이 분포해 있다는 것은 우주가 약간 불균등하다는 것을 말해준다. 우주의 물질은 실제로 밝은 은하보다 더 불균등하게 분포되어 있다. 하지만 불균등의 정도는 아주 작다. 만약 우주 물질의 평균 밀도가 붕괴를 앞둔 가스 구름에 가깝다면, 비교적 작은 밀도의 굴곡으로도 충분히 그 과정을 촉발할 수 있다.

중입자 물질과 CDM의 밀접한 관계는 우리 은하를 비롯한 은하의 연구를 통해서도 입증된다. 실제로 은하 연구는 우주에 육안으로 보이는 이상의 것이 있다는 암시를 처음으로 주었으나 오랫동안 천문학자들은 그것을 인정하지 않으려 했다.

1930년대로 돌아가보자. 망원경으로 관측된 희미한 빛의 덩이들이 우리 은하 바깥의 다른 은하라는 사실이 밝혀진 지 불과 10년쯤 지났을 때 스위스의 천문학자 프리츠 츠비키Fritz Zwicky는 은하단의 특별한 점에 주목했다. 대개의 경우 이 은하들은 너무 빠른 속도로 이동하기 때문에 은하에 속한 별들의 중력에 의해 뭉치지 못했다. 관측이 옳다면 은하단은 안정적이기는커녕 천문학적 기준으로 볼 때 빠른 시간 내에 사라져버려야 했다. 그 무렵에는 외부 은하의 관념도 없었고 도플러 이동(우주적 적색이동과는 다르다)으로 은하들이 이동하는 속도를 측정하지도 못했으므로 츠비키의 결론을 곧이곧대로 믿는 사람은 거의 없었다. 그의 결론에 따르면, 은하단이 안정을 유지하기 위해서는(혹은 '중력의 한계'에 있기 위해서는) 은하에 속한 별들보다 수백 배나 더 큰 중력 효과를 가진 물질이 존재해야 했다. 츠비키는 이 보이지 않는 물질을 '암흑의 (차가운) 물질'이라고 불렀다.[30] 그 결론을 진지하게 받아들였다 해도 크게 달라질 것은 없었다. 당시에는 많은 암흑 중입자 물질이 차가운 가스 구름이나 아주 희미한 별의 형태로 존재한다는 생각을 포기할 이유가 없었던 것이다. 암흑물질의 가능성이 인정된 지 70년 가까이 지났어도 그 문제는 여전히 논란의 불씨였다. 1960년대에 빅뱅의 핵합성이 알려진 뒤 중입자 물질의 양에 제한이 설정되었기 때문이다. 결국 츠비키의 선구적 연구 이후 40년 가까이 지난 1970년대에서야 비로소 암흑물질을 새로이 바라보는 견해가 생겨났다.

그 무렵 일부 학자들은 우리 은하 같은 원반은하disc galaxy가 회전하는 방식을 연구하고 있었다. 원반은하는 그 명칭에서 알 수 있듯이 별무리가 납작한 원반 모양을 이루어 회전한다. 가운데가 부풀어 있어 마치 달걀 프라이의 흰자와 노른자 같은 모습인데, 지름은 보통 10만 광년쯤 되고 한 은하에 포함된 별의 수는 수천억 개에 달한다. 이 원반이 거대한 바퀴처럼 느릿하게 회전한다. 태양과 같은 별(태양은 우리 은하의 중심으로부터 2/3가량 벗어나 있다)이 은하의 중심을 한 바퀴 도는 데는 2억 년이 걸린다. 그런 은하의 운동에 도플러 효과를 적용하면 회전 속도가 얼마나 되는지 측정할

---

30 츠비키의 원어는 'dunkle (kalte) Materie'이다.

수 있다. 원반의 한쪽은 우리를 향해 다가오므로 그 빛은 청색이동을 보이고, 반대쪽은 우리에게서 멀어져가므로 빛이 적색이동을 보인다. 그 두 가지 이동의 규모를 통해 원반이 회전하는 속도를 알 수 있다. 1970년대의 기술로도 충분히 가능했다. 대개의 경우 은하 각 부분이 회전하는 속도는 중심으로부터의 거리를 기준으로 측정할 수 있었다. 그 결과는 대단히 놀라웠다.

만약 원반은하의 전체 질량이 밝은 별들과 똑같이 분포되어 있다면, 중심에서 먼 별들은 중앙의 부푼 부분에 집중된 질량으로부터 거리가 멀기 때문에 이동 속도가 느릴 것이다. 마찬가지로, 우리 태양계에서도 목성이나 토성 같은 바깥쪽 행성들은 질량이 집중된 태양으로부터 거리가 멀기 때문에 금성이나 지구 같은 안쪽 행성들보다 느리게 공전한다. 그런데 원반은하를 관측하면 거의 모든 경우 은하의 가장 안쪽 구역을 제외하면 어디서나 궤도를 공전하는 속도가 똑같다. 즉 원반의 가장자리에 위치한 별들, 중앙의 부푼 부분에 위치한 별들, 그 사이에 있는 별들이 모두 똑같은 속도로 이동하는 것이다. 이에 대한 유일하게 가능한 설명은 원반은하가 암흑물질의 거대한 후광 속에 갇혀 있다는 것이다. 이것은 원반 자체보다 최소한 10배나 많은 물질을 함유하고 있으며, 원반을 자체의 중력 영향권 안에 가두고 있다. 이 사실은 개별 은하와 연관된 암흑물질의 존재를 직접적으로 보여준다. 하지만 츠비키가 선도한 은하단 연구는 은하들 사이의 공간에도 암흑물질이 있어야 한다는 것을 보여준다.

21세기 초에 천문학자들은 은하들 사이에 암흑물질이 존재한다는 직접적 증거를 찾아냈다. 오늘날 별과 은하의 형태로 우리 눈에 보이는 것은 빅뱅에서 만들어진 중입자의 1/5에 불과하다는 점에 주목하라. 나머지는 별과 은하들 사이에 가스 구름이나 희미한 별의 형태로 존재해야만 한다. 오랫동안 아무도 그곳이 어디인지 알지 못했다. 다만 이 중입자 급의 암흑물질은 너무 차갑기 때문에 보이지 않는다고 생각했는데, 언뜻 자연스러운 추측이었다. 그러나 이 추측은 잘못임이 드러났다. 암흑물질이 보이지 않는 이유는 오히려 뜨겁기 때문이다!

'암흑' 중입자 물질은 우리 눈에 보이지 않는 스펙트럼의 자외선 부분에 대한 위성 관측으로 발견되었다. 관측 결과 우리 은하와 이웃 은하들(국부은하군이라고 불리는 미니 은하단을 이룬다)의 주변에는 낯익은 수소와 헬륨의 뜨거운 가스가 거대한 안개처럼 깔려 있다. 지구의 기준으로 보면 농도가 매우 희박하지만, 그 안의 입자들이 고속으로 운동하고 가시적 스펙트럼의 청색 끝을 넘어서는 자외선의 짧은 파장으로 복사한다는 의미에서 매우 뜨거운 가스다. 만약 우리가 자외선을 볼 수 있다면 전체 하늘을 온도가 약 1~2천만 K(1~2keV)에 달하는 뜨겁고 밝은 물질의 빛무리가 뒤덮은 모습을 보게 될 것이다. 국부은하군을 둘러싼 이 뜨거운 물질에는 태양 질량의 1조 배나 되는 질량이 있다. 은하의 밝은 물질이 지닌 질량의 네 배에 해당하는 이 물질은 우리가 이해하는 빅뱅의 핵합성에도 깔끔하게 들어맞는다. 하지만 그래도 차가운 암흑물질이 대량으로 존재할 여지가 아직 충분히 남아 있다. 은하들이 이동하는 속도가 은하단이 암흑물질에 의해 뭉쳐져 있다는 증거가 되듯이, 뜨거운 가스 구름은 차가운 암흑물질이 있어야만 뭉쳐질 수 있다는 것을 보여준다. 차가운 암흑물질 속에 갇혀 있는 뜨거운 가스는 마치 요정의 빛이 크리스마스트리의 윤곽을 보여주는 것처럼 암흑물질을 추적할 수 있게 해주는 단서가 된다.

다른 은하단에 속한 은하의 주변에도 비슷한 뜨거운 가스 구름이 둘러싸고 있는 것이 확인되었다. 그 열기는 활동적인 은하 중심에서 나오는 에너지가 가득한 물질의 폭발을 통해 유지된다. 그 부근에서는 에너지로 가득한 전파원이 탐지되었는데, 아마 초강력 블랙홀과 관련이 있을 것이다. 가스는 또한 초기 우주의 재결합 시기로부터 얼마 지난 뒤 가스 구름들의 충돌이 낳은 충격파에서도 만들어졌다.

어쨌든 가시적 우주 구조의 성장 과정에 관한 컴퓨터 시뮬레이션을 통해 차가운 암흑물질의 필요성이 확실히 입증되자 더 이상 그것은 놀라운 일이 아니었다. 그러나 풀어야 할 중대한 문제가 한 가지 남아 있다.

초기 핵합성에 관한 연구는 우주를 만드는 데 필요한 질량의 약 4퍼센트가 중입자의 형태로 존재한다는 것을 말해준다(중성미자의 형태는 0.5퍼센트 이하다). 또한 관측 결과 그 가운데 약 1/5(평탄하기 위한 조건의 1퍼센트)은 밝은 물질의 형태를 취한다. 현재 우주의 밝은 물질 분포가 만들어내는 유형과 컴퓨터 시뮬레이션이 만들어내는 유형을 비교해보면, 우주 물질의 총량은 평탄함을 유지하는 데 필요한 질량의 약 30퍼센트라는 것을 알 수 있다. 바꿔 말하면 평탄함에 필요한 질량의 약 26퍼센트, 즉 중입자 형태를 취하는 질량의 6~7배는 차가운 암흑물질의 형태라는 이야기다. 그보다 더 많으면 밝은 물질이 만들어내는 덩어리가 더 커지고, 더 적으면 덩어리가 더 작다. 하지만 컴퓨터 시뮬레이션과 우주마이크로파배경복사 연구의 결과는 우주가 평탄하다는 것을 말해준다.

이 점을 이해하는 한 가지 방법은 우주의 팽창 속도도 현재의 덩어리 크기에 영향을 준다고 보는 것이다. 만약 우주가 열려 있다면, 우주는 더 빠른 속도로 팽창할 테고 물질도 더 빨리 희박해질 것이므로 우리가 보는 것과 같은 큰 천체들이 빅뱅 이후 생겨날 시간이 없다. 그 반면에 만약 우주가 닫혀 있다면, 팽창 속도가 느릴 테고 물질은 더 쉽게 뭉칠 것이므로 우주는 지금 우리가 보는 것보다 더 덩어리가 크고 많을 것이다.[31] 문제는 바로 이것이다. 평탄함을 위한 질량의 30퍼센트만 물질의 형태를 취한다면 어떻게 우주의 평탄함이 가능한가? 이 답은 다음 장에서 설명할 것이다. 그 대신 여기서는 우주가 재결합 시기 이후 내내 팽창해오면서 진화해온 과정을 간략히 추적해보자.

우리는 중입자 물질의 집중이 재결합 이후가 아니면 시작될 수 없었다는 것을 안다. 대전입자와 우주배경복사를 구성하는 여전히 뜨거운 광자의 상호작용으로 인해 그 이전에는 충돌이 불가능했기 때문이다. 하지만 우리는 그 무렵 암흑물질이 이미 덩어리를 이루고 있었다는 것도 안다. 중입자 물질이 중력 구멍으로 떨어졌다가 전기적으로 중성인 원자 안에 갇혔기 때문이다. 실제로 21세기 초에 기술의 향상으로 관측자들이 적색이동이 매우 큰 더 먼 과거를 볼 수 있게 되자 놀라운 발견이 이루어졌다. 시간의 매 단계마다 원시

---

[31] 첨언하자면, 팽창 속도와 암흑물질의 양을 변화시켜 이 문제의 다른 '해결책'을 얻으려 하면 안 된다. 관련된 모든 변수들의 섬세한 균형을 맞추는 일은 여기서 보여준 단순한 예보다 더 까다롭다. 그러므로 그냥 30:70 비율 정도로 알고 넘어가면 된다.

은하와 뜨거운 수소 가스 구름이 발견된 것이다. 나중에 보 겠지만 이에 대한 최선의 설명은 블랙홀이 우주의 생애 아주 초기에 형성되어 은하들을 낳은 씨앗의 역할을 했다는 것이다. 계산에 따르면 원시 블랙홀 씨앗은 원시 핵합성이 일어난 시기에 우주의 밀도 요동으로 생겨났다. 이것은 아직 가설—우리가 안다고 생각하는 것의 예—에 머물고 있지만 지금까지 누구도 생각하지 못했던 최선의 설명이다.

2004년 허블울트라딥필드의 분석에 의하면 빅뱅 이후 약 9억 년이 지난 적색이동 6일 때 우주에는 왜소은하라는 작고 희미한 물체들이 많았다. 재이온화 과정을 종식시킨 것은 그 은하들에서 나오는 자외선이었다. 하지만 적색이동이 약간 더 높았던 빅뱅 이후 7억 년이 되었을 무렵에는 왜소은하가 현저히 적었다. 다시 말해 그때가 바로 그 작은 은하들이 가장 많이 형성되던 시대였다.

왜소은하들이 서로 뭉쳐 더 큰 은하를 형성하는 데는 오랜 시간이 걸리지 않았다. 2004년의 또 다른 보고가 있다. 천문학자들은 우주의 나이가 30~60억 년일 무렵(지금으로부터 110~80억 년 전)의 은하들에서 나온 빛을 지상 망원경으로 관측해 분석했다. 이 은하들의 뚜렷한 특징은 오늘날 우리가 가까운 우주에서 보는 은하들과 상당히 비슷한 '성숙한' 천체라는 점이다. 그것들은 이미 서로 합쳐지고 별을 형성하는 주요한 초기 단계를 거쳐 비교적 평온한 상태로 안정되었다. 이런 의미에서 충분히 성숙한 은하단은 빅뱅의 50억 년 뒤인 90억 광년의 거리에서도 발견되었다.

현대 기술력의 놀라운 성과는 유럽의 인공위성 XMM-뉴턴에 의해 처음으로 은하단을 X-선 이미지로 찾아낸 것에서 확인할 수 있다. 이 은하단은 위성에 부착된 망원경으로 하늘의 작은 구역을 12.5시간 노출해 얻은 겨우 280개의 광자로 정체가 밝혀졌다. 지상의 광학망원경으로 그 지점을 관측한 결과 열두 개의 대형 은하와 그 주위에 수백 개의 작은 은하들로 추정되는 물체들(지구에서는 너무 희미해 보이지 않는다)이 중력으로 뭉쳐 있는 것이 보였다. 이 발견은 2005년 봄에 발표되었는데, 여러분이 지금 이 책을 읽을 무렵에는 이런 먼 은하단이 더 많이 발견되어 있을 것이다.

현재 우주에는 우리 은하와 같은 원반은하[32]만이 아니라 타원은하elliptical galaxy(거의 구에 가까운 것에서부터 미식축구공 같은 완전한 타원도 있고 크기도 제각각이다)도 있으며, 불규칙한 모양의 왜소은하도 많다. 관측 결과 우주의 나이가 지금의 1/3이 되었을 무렵 이미 모든 종류의 은하들이 형성되었으며, 수많은 은하단을 이루고 있었다. 이로 미루어 암흑물질의 커다란 덩어리들은 재결합 시기가 끝난 직후부터 은하를 낳는 씨앗의 역할을 한 것으로 보인다. 하지만 7 이상의 적색이동에서는 관측을 통한 직접적 증거를 거의 얻을 수 없다.

허블우주망원경(HST)을 계승하기로 예정된 제임스웹우주망원경(JWST)[33]은 적색이동 20의 더 먼 곳까지 볼 수 있을 것이다. 그러나 JWST가 가동되는 2011년까지는 은하의 배열을 통해 되는대로 높은 적색이동의 물체들을 추적하면

---

[32] 나선은하spiral galaxy라는 말도 쓰지만 원반은하가 모두 나선형인 것은 아니기 때문에 좋은 명칭이 아니다.

[33] HST는 선구적 천문학자인 허블의 이름에서 나왔으나 JWST는 NASA 관리자의 이름에서 나온 명칭이다!

서 빅뱅에 가까운 시기의 사태를 추측할 수밖에 없다.[34]

이 경우 간섭하는 은하나 은하단의 중력은 거대한 돋보기처럼 먼 물체에서 오는 빛을 휘고 집중시킨다. 그런 중력 렌즈는 인공으로 만든 망원경보다 훨씬 성능이 좋은 자연의 망원경과 같은 역할을 한다. 물론 조준하는 것은 불가능하다. 대개 먼 물체의 왜곡된 상을 만드는 게 고작이지만 왜곡된 상이라 해도 아예 없는 것보다는 낫다.

알려진 가장 먼 은하(이 책을 쓴 2005년까지)는 이런 식으로 발견되었다. 아벨 2218이라는 가까운 은하단을 HST로 오랜 시간 노출시켜 촬영한 상을 보면 은하단의 상 위에 더 먼 은하의 왜곡된 상이 겹쳐진 것을 볼 수 있었다. 그 물체로부터 나온 빛을 분석한 결과 적색이동이 7에 가까웠다. 그렇다면 130억 년 전에 해당하므로 우주가 현재 나이의 5~6퍼센트밖에 안 되었을 무렵의 빛이라는 이야기다. 상이 왜곡되어 있기 때문에 원시 은하의 크기를 추정하기는 어렵지만, 너비는 2천 광년 정도로 작아 보인다. 그래도 스펙트럼의 자외선 부분에서는 비교적 밝게 빛난다. 이것은 젊은 은하에서 별들이 활발하게 형성되고 있다(실은 형성되었다!)는 것을 보여주는 증거다. 젊은 별들은 보통 뜨겁고 청색과 보라색 빛을 다량으로 발산하기 때문이다. 이것은 재이온화 시기의 추정치와 잘 들어맞는다. 재이온화는 젊은 은하에서 나오는 자외선 복사가 유발한다고 생각되기 때문이다. 이는

---

34 방정식의 계산법으로 인해 가까운 물체(적색이동 1 이하)는 적색이동이 두 배가 되면 거리도 두 배가 되지만 빅뱅에 가까워질수록 적색이동의 편차는 커진다. 빅뱅 자체는 적색이동이 무한대다. 그러므로 예를 들어 적색이동 7이라면 130억 광년의 거리에 해당하지만 적색이동 20은 390억 광년이 아니라 135억 광년에 '불과'하다. 우주배경복사는 약 1000의 적색이동에서 시작된다.

또한 이 평범해 보이는 물체가 실은 아주 초기에 형성된 은하 가운데 하나라는 점을 시사한다. 자연 중력 렌즈를 이용한 또 다른 연구에서 천문학자들은 역시 130억 광년쯤 떨어진 더 작은 물체, 즉 은하단보다 작은 항성단을 발견했다. 약 100만 개의 별들이 중력으로 둥글게 뭉친 덩어리로서 우리 은하와 같은 은하의 흔한 구성요소다. 이 모든 것은 현재 우주에서 보는 대형 은하들이 원래 더 작은 단위들이 집적되고 합체되어 이루어진 것임을 말해준다. 이렇게 '아래로부터' 구성되는 방식은 지금도 진행 중이다.

여기에 더해질 성분이 한 가지 더 있다. 퀘이사라는 에너지가 큰 물체인데, 초강력 블랙홀에서 동력을 공급받는다고 생각된다. 퀘이사는 태양과 같은 별 수백만 개에 해당하는 질량을 가지고 있으며, 이 질량의 대부분이 원래는 암흑물질이었다. '퀘이사'라는 이름은 '준항성quasistellar'이라는 말의 줄임말이다. 짧은 시간 노출 이미지에서는 별처럼 보이지만 실은 별이 아니라는 점에서 적절한 명칭이다. 긴 시간 노출 이미지를 보면 퀘이사가 은하의 중심부에 자리 잡은 대단히 밝은 물체라는 것을 알 수 있다. 너무 밝은 탓에 은하의 별들이 보이지 않을 정도다. 마치 강렬한 탐조등이 비치는 곳에 촛불 몇 개를 켜놓으면 보이지 않는 것과 같다. 퀘이사가 밝게 빛나는 이유는 주변 은하의 내부 구역으로부터 물질을 집어삼킨 에너지를 방출하기 때문이다. 우리 은하를 포함해 모든 대형 은하의 중심에는 블랙홀이 있을 것으로 추측된다. 하지만 대부분은 주변의 물질을 전부 집어삼켰기 때문에 더 이상 활동하지는 않는다.

이것은 블랙홀의 일반적 이미지와는 크게 다르다. 그전

까지 블랙홀은 붕괴된 별로서 태양 질량의 몇 배에 불과하며 그 정체에 관해 상세히 알 필요가 없는 것으로 간주되었다. 블랙홀을 이루는 물질의 덩어리는 중력이 너무 강한 탓에 거기서 아무것도, 빛조차도 탈출할 수 없다. 말하자면 블랙홀은 태양의 몇 배 질량(재료는 무엇이라도 상관없다)을 불과 몇 킬로미터의 공간 안에 구겨 넣은 것과 같다. 별이 수명을 다할 때 이런 일이 일어난다. 그런 블랙홀—이름도 걸맞게 '항성블랙홀stellar mass black hole'이라고 불린다—은 우리 은하에서도 발견되었다. 그러나 규모는 아주 크지만 전체 밀도가 낮은 물체로도 블랙홀을 만들 수 있다. 예를 들어 태양 같은 별 수백만 개를 태양계에서 해왕성 궤도까지의 공간 속에 몰아넣는다면(돌멩이들을 잔뜩 넣은 가방과 같다), 그 밀도는 지구의 바다와 비슷한 정도에 불과하지만 그래도 블랙홀이 된다. 아무것도 거기서 벗어날 수 없다. 이 초강력 블랙홀은 태양계만한 크기지만 은하의 중심에 위치하면서 퀘이사에 에너지를 공급한다.

그런 초강력 블랙홀은 중력이 힘이 강해 물질을 끌어당긴다. 그러나 블랙홀은 표면 면적이 작으므로 중력에 의해 끌려온 많은 양의 물질이 들어가기는 어렵다. 그래서 끌려들어가는 물질은 블랙홀 주변에 소용돌이치는 원반 모양을 이루면서 깔때기 안으로 빨려들어간다. 원반 속의 물질은 강한 중력을 받아 고속으로 회전한다. 원자들이 서로 부딪히면서 온도가 상승한다. 그 결과 중력 에너지가 열, 빛, 복사, X-선으로 바뀐다. 이것이 퀘이사를 밝게 만드는 에너지원이 된다. 이 과정은 대단히 효율적이다. 아인슈타인의 유명한 방정식에 따라 끌려들어가는 물질이 가진 질량 에너지의 절반까지 복사 에너지로 바뀌는데, 이 빛을 유지하려면 블랙홀이 매년 태양 질량 하나씩을 삼켜야 한다. 그러나 결국에는 연료 공급이 바닥나게 마련이다. 현재 우리 주변의 우주에는 활동 중인 퀘이사가 드물다.

블랙홀은 초기 우주의 구조가 성장하는 데 중요한 씨앗이었다. 우주가 그처럼 빠르게 성장했다는 사실은 블랙홀이 재결합 직후에 이미 존재했음을 시사한다. 아마 중입자 물질이 냉각되어 별과 은하로 붕괴되기 전까지 암흑물질을 포함하는 블랙홀이 계속 만들어졌을 텐데, 이 과정은 아직 완전히 밝혀지지 않았다. 적색이동 6.5에 해당하는 퀘이사들을 관찰해보면, 지금의 우주에 있는 것만큼 커다란 블랙홀(태양 질량의 수십억 배)들이 빅뱅 이후 10억 년 이내, 즉 우주가 지금 나이의 1/10쯤 되었을 때 이미 존재했음을 알 수 있다. 그것이 우리가 관측할 수 있는 가장 먼 은하와 퀘이사다. 더 이상 거슬러가기는 어렵고, 지금으로서는 빅뱅 이후 우주의 구조가 어떻게 진화했는지에 관한 (추측이 섞였지만) 최선의 설명에 의지할 수밖에 없다.

적색이동 100 무렵, 즉 빅뱅 이후 2천만 년이 지났을 때 우주는 여전히 거의 평탄했으나 급속히 구조가 성장하기 시작했다. 차가운 암흑물질(다음 장에서 더 상세히 다룰 것이다)의 강력한 후보는 양성자의 1/100쯤 되는 질량을 가진 입자다.[35] 이 입자는 중력을 통해 중입자와 상호작용하며, 중입자와 충돌하는 경우에는 중입자를 부숴버린다. 적색이동

---

[35] 우주의 관측된 구조를 보면 개별 CDM 입자의 질량은 양성자의 500배 이하 (500GeV 이하)여야만 하지만, 입자가속 실험에 따르면 40GeV 이하의 질량이 불가능하다.

100에서는 중입자가 아직 뜨거우므로 붕괴해 조밀한 물체를 형성하지 못한다. 그러나 컴퓨터 시뮬레이션은 CDM 입자가 중력을 받아 순식간에 붕괴하는 것을 보여준다. 우주배경복사에서 보는 굴곡에서 시작해 적색이동 25~50까지 중입자는 암흑물질의 구형 구름을 형성한다. 그 무게는 지구 정도밖에 안 되지만 규모는 태양계만큼 크며, 구름의 질량은 주로 중심부에 밀집해 있다. 이 구름들은 상호 중력에 끌려 뭉치면서 우주의 팽창에 저항한다. 구름이 덩어리를 이루고 또 그것이 더 큰 덩어리로 발달하지만 대부분의 질량은 여전히 중심부에 몰려 있다.

중입자가 충분히 냉각되어 붕괴할 무렵 암흑물질 구멍이 발달했다(블랙홀은 커다란 구름 덩어리의 중심에 있다). 그러자 중입자 물질은 암흑물질이 밀집한 곳을 향해 흐르면서 별과 은하를 형성했다. 이 시나리오는 태양 질량의 수백만 배에 달하는 천체(별들이 구형으로 뭉친 덩어리)부터 수천억 배의 천체(우리 은하 같은 은하), 또 그보다 수십만 배나 더 큰 천체(초은하단)에 이르기까지 다양한 질량을 가진 밝은 물체의 존재를 깔끔하게 설명해준다. 또한 계산에 따르면 지구 질량 정도에서부터 그보다 10^{15}배나 되는 암흑물질의 수많은 구름들이 지금까지도 우리 은하를 빙 둘러싸고 있어야 한다는 것을 암시한다. 이 암흑물질 입자들 간의 상호작용은 감마선을 만들어내는데, 너무 약해 지구에서는 검출되지 않는다. 하지만 차세대 위성 실험이 진행될 2012년경에는 아마 검출될 것이다.

계산에 따르면 빅뱅 이후 10억 년가량이 지난 적색이동 6.5에서도 재결합과 비슷한 아래로부터의 성장 과정이 일어날 시간이 있었으리라고 추측된다. 태양 질량의 1조 배가량의 물질을 함유한 암흑물질의 원반 속에 태양 질량의 10억 배 이상 되는 블랙홀이 생겨났을 것이다. 중입자가 그 블랙홀로 떨어져 퀘이사에 에너지를 공급하고, 중심으로부터 멀찍이 위치한 중입자 구름에서 별이 형성되었을 것이다. 그러나 우리 은하 같은 큰 구조의 형성은 중심의 블랙홀이 최소한 태양 질량의 100만 배 정도 되는 시기에만 가능하다. 학자들에게는 다행히도 우리 은하 중심에 있는 블랙홀의 질량은 태양 질량의 300만 배 정도 된다.

오늘날 우주에서 보는 다양한 은하들은 주로 융합의 소산이다. 은하들 간의 충돌과 상호작용은 흔히 일어나는 일이다. 상세히 파고들지 않더라도 전반적인 견지에서 볼 때 대규모 물질 구름이 충돌하면 자연히 회전하면서 우리 은하와 같은 원반 형태를 이루게 마련이다. 더 큰 은하는 작은 은하가 가까이 올 때 삼켜버리지만, 비슷한 크기의 원반 은하들이 충돌하면 가운데 두 블랙홀이 합쳐지면서 별들이 폭발적으로 생겨나고 원반의 물질이 뜯겨져나가 타원형을 이루게 된다. 이후 타원은하가 점차 안정되면서 다량의 중입자 물질이 가운데로 부풀어 올라 새롭고 더 커진 원반은하를 형성한다. 초기 우주에는 합쳐지지 못한 찌꺼기들이 작은 불규칙 은하들을 이루었다. 관측 결과 우주가 젊었던 시절에는 작은 은하들이 지금보다 더 많았다. 이 은하들이 합쳐져 우리가 지금 보는 대형 은하들을 형성한 것이다.

우주에서 큰 은하들은 전부 타원형이며, 그중에는 초대형 은하도 있다. 모든 은하의 60퍼센트가 타원형인데, 가장 큰 것은 태양 질량의 1조 배나 된다. 그러므로 타원은하는 대체로 중입자 질량의 비율이 더 높다. 실제로 전체 우주의 모든 별이 가진 질량의 3/4은 적색이동 1.5에 속하는 거대 타원은하들에 있다. 하지만 그 별들의 색으로 볼 때 당시에도 이미 적색이동 4~5에 속하는 늙은 별들로 추정된다(그 성분이 적색이동 4~5에 합쳐져 별을 형성했다는 의미다).

우리 은하의 나이는 100억 년 정도로 짐작된다. 하지만 태양과 태양계의 나이는 그 절반이 채 못 되는 45억 년가량이다. 초기 은하들이 탄생하고 한참 뒤에도 별의 형성이 지속된 것은 분명하다. 지금 우리 은하에서도 별이 속속 생겨나고 있다. 그것은 별이 어디서 탄생하는지 우리가 이해하는 데 도움이 된다. 특히 그것을 바탕으로 우리가 사는 태양계가 어떻게 형성되었는지 알 수 있다. 하지만 우주를 떠나 인간존재에게 특별한 관심거리인 태양계로 초점을 옮길 경우 한 가지 해결해야 할 문제가 있다. 앞에서 말했듯이 관측, 컴퓨터 시뮬레이션, 이론을 조합하면, 우주 물질의 총량은 우주를 평탄하게 만드는 데 필요한 양의 30퍼센트라는 결론을 내릴 수 있다. 하지만 우리는 우주가 평탄하다는 사실을 알고 있다! 만약 우주가 열려 있다면 너무 빨리 날아가버려 은하들이 형성될 시간이 없을 것이다. 물론 우주의 탄생과 진화를 연구하는 우리도 존재할 수 없다. 그렇다면 나머지 70퍼센트는 어떻게 되었을까? 우주를 한데 묶어주는 것은 무엇일까?

6

우주를 뭉치게 해주는 것은 무엇일까?

What is it That Holds the Universe Together?

우주에 눈으로 보는 것보다 더 많은 것이 있다는 사실, 암흑 중입자 물질을 채택하면 더 많은 것을 설명할 수 있다는 사실을 깨달았을 때, 우주학자들은 당연히 비중입자 물질이 있으리라고 가정했다. 별과 은하들 사이의 공간에 색다른(지상의 물질과 다른) 입자들이 떠다녀야 한다. 이 가정은 이후의 관측으로 입증되었고 그 색다른 암흑물질이 존재한다는 견해가 굳어졌다. 그러나 관측은 또한 그 색다른 입자의 가능한 최대량을 우주의 모든 중입자에 더한다 해도 우주를 평탄하게 만들 만한 총량이 되지는 못한다는 것을 말해준다. 그렇다면 제3의 구성요소, 즉 암흑에너지가 있어야 한다. 앞에서 말했듯이 중입자와 색다른 입자를 포함해 우주의 모든 물질을 더한다 해도 평탄함에 필요한 밀도의 30퍼센트밖에 되지 않는다. 그럼에도 불구하고 색다른 암흑물질은 우주를 뭉치게 하는 데 중대한 역할을 한다(중입자 물질보다 예닐곱 배는 더 중요하다). 그러므로 우선 그것을 살펴본 뒤 암흑에너지로 넘어가자.

총 질량 가운데 중성미자가 차지하는 작은 몫을 제외해도 되겠다. 색다른 암흑물질은 전부 광속보다 느리게 운동한다는 의미에서 차갑다. 일반적으로는 차가운 암흑물질(CDM)이라고 불리는데, 일부 천문학자들은 웜프 WIMP(Weakly Interacting Massive Particle)라는 명칭을 더 즐겨 사용한다.[36] 그런데 모든 CDM이 한 가지 종류라면 간편하겠지만 관측 결과는 그렇지 않다. 웜프의 종류는 몇 가지가 있을 수 있으며, 그 총 질량은 평탄함에 필요한 양의 약 26퍼센트를 차지한다. 그러나 입자물리학자들이 찾아낸 CDM 입자의 적절한 후보는 둘뿐이다. 상상력이 제약된 탓이지만 그것으로도 지나치게 복잡한 구도를 피하는 데는 도움이 된다. 전반적으로 CDM은 몇 가지 종류이며 두 가지 종류의 혼합도 있다. 총량이 26퍼센트라는 것은 불변이다. 짐작할 수 있듯이 우리는 이미 안다고 생각하는 것이 아니라 안다고 생각하는 것의 영역으로 한참 들어와 있다. 암흑에너지로 가면 사정은 더욱 나빠진다.

CDM의 첫째 후보는 액시온axion이라고 부른다. 적절한 명칭이다. 그것의 존재는 (만약 존재한다면) 축을 중심으로 회전하는 작은 구와 같은 입자의 속성, 스핀spin과 관련이 있기 때문이다(액시스axis는 축이라는 뜻이다: 옮긴이). 하지만 양자 세계의 모든 비유가 그렇듯이 이 구도도 진실의 일부만을 드러낼 뿐이다. 또한 액시온은 미국에서 판매되는 세제

---

[36] 여기서 'massive'란 무겁다는 뜻이 아니라 단지 어느 정도 질량을 가졌다는 의미다.

의 명칭이기도 하다. 물리학자들은 그 점도 참작했다. 새로 발견된 실체에 명칭을 붙일 때 유아적인 즐거움을 보이는 것은 천문학자들만이 아니다.

액시온의 필요성은 1970년대에 처음 제기되었다. 당시 입자를 연구하는 학자들은 양자색역학(QCD)의 묘한 의미를 파악하기 위해 애쓰고 있었다. 그에 따르면 어떤 입자 붕괴 과정은 시간 대칭성의 원리에 어긋날 수도 있다. 바꿔 말하면 관련된 상호작용이 단지 한 방향으로만 '작동'한다는 의미다. 이것은 놀라운 결과다. 이론 물리학에서 가장 소중하게 여기는 원칙에 따르면 모든 상호작용은 시간상으로 '전진'과 '후퇴'가 동등하게 통해야 하기 때문이다. 예를 들어 두 당구공이 충돌하는 비디오에서는 어느 방향으로 테이프를 돌려도 의미가 완벽하게 통한다. 상호작용의 시간 대칭성을 회복시키기 위해[37] 학자들은 새로운 장을 만들어내야 했다. 양자 세계의 모든 장처럼 이 새로운 장도 그 안에 관련된 입자—이 경우에는 액시온—를 가져야 한다.

이 모델의 초기 버전들은 액시온이 제법 큰 질량을 가져야 하며, 몇 년 이내에 입자가속 실험에서 검출될 것이라고 보았다. 그러나 액시온을 찾지 못해 당혹감을 느끼기 시작할 무렵, 1980년대에 QCD가 대통일이론(GUT)에 통합되었다. 이 모델에서는 액시온의 질량이 작아야 했으므로 너무 가벼워 직접 검출이 어렵다고 간주되었다. 그래서 '보이지 않는' 액시온이라는 말이 생겨났다. 이제 액시온은 많은 물리

---

[37] 개인적으로 말하면, 시간 대칭성이 이렇게 미묘하게 깨진다 해도 지나치게 낙담할 필요는 없다고 본다.

학자들에게 조롱의 대상이 되어버렸다. 약간의 대칭성 붕괴를 설명하기 위해 너무 가벼워 보이지도 않는 입자를 발명하고 그것이 실재한다고 강변할 필요가 있을까? 하지만 우주학자들이 암흑물질의 필요성을 인정하기 시작했을 때 액시온은 이미 후보가 되어 제 역할을 기다리고 있었다. 또한 액시온은 자연히 끈이론과 관련된다는 점이 드러났다.

액시온의 다른 중요한 성질도 다방면으로 예측되었다. 액시온은 입자 상호작용에서 저절로 만들어지기 때문에 질량이 아주 작은데도 운동 속도가 광속에 비해 느리다. 그렇다면 빅뱅에서 쿼크가 압축되어 양성자와 중성자를 만들 무렵 대량으로 생산되었어야 하지만, 액시온은 차가운 암흑물질 입자다. 그래서 액시온은 무거운 중성미자처럼 공간을 가로지르며 초기 우주를 평탄하게 만들지 못하고 자체 중력의 영향으로 뭉쳐 중입자 물질이 떨어지는 구멍을 이룬다. 그것들이 모여 차가운 암흑물질을 형성한다.

개별 액시온의 질량을 파악하는 최선의 방법은 입자물리학이 아니라 천체물리학에서 나왔다. 액시온은 중입자 물질과 상호작용하는 정도가 약하기 때문에 중성미자처럼 거의 아무런 장애도 없이 별의 중심부에서 우주 공간으로 흘러나올 수 있다. 그 결과 별은 에너지를 잃고 중심부가 냉각된다. 액시온이 무거울수록 냉각의 정도가 크다(중성미자의 영향은 거의 무시해도 된다). 액시온의 질량이 0.01eV보다 클 경우 별의 외양에 영향을 미치므로 일부 늙은 별들이 초신성으로 폭발하는 과정이 관측되어야 한다. 그런데 이 효과는 실제의 별에서 관측되지 않으므로 액시온의 질량은 0.01eV, 혹은 전자 질량의 10억분의 2보다 작아야 한다(아마 그 1/10도 되지 않을 것이다). 이론적 모델에 따르면 그 질량은 0.0001eV 이하로 아주 작다. 그러니 지구상에서 진행된 입자가속 실험에서 액시온이 발견되지 않은 것은 놀랄 일이 아니다!

나의 어조에서도 알 수 있듯이 나는 액시온의 존재 가능성은 인정하지만 액시온에 별로 매력을 느끼지 않는다. 그 한 가지 이유는 설령 보이지 않는 액시온이 존재한다 하더라도 검출하기란 거의 불가능하기 때문이다. 사실 내가 아는 한 액시온을 찾기 위한 진지한 시도는 단 한 번뿐이며, 그조차도 예측보다는 희망의 여지가 커 보인다.

확률은 희박하지만 혹시 전자기장과의 상호작용으로 액시온이 검출될지도 모른다는 희망이 있다. 하지만 가까운 미래에 실제로 액시온을 검출할 전망은 거의 없다. 예를 들어 중성미자도 다른 물질과 상호작용할 가능성이 매우 적은 입자이지만 액시온보다는 그 가능성이 100억 배는 더 높다. 그럼에도 불구하고 이론에 따르면 아주 가끔 액시온이 전자기장과 상호작용해 액시온의 질량에 맞는 파장의 광자를 만들어낼 수 있다. (액시온의 개념이 옳다면) 액시온은 주변에 풍부하게 존재하므로 언젠가 기술이 발달하면 그 광자를 검출할 수 있을지도 모른다. 그러나 100억 개의 액시온이 주변에 있다 해도 그중 단 한 차례의 상호작용을 검출할 가능성은 중성미자 하나를 검출할 가능성과 마찬가지로 매우 낮다.

한 가지 실낱같은 희망은 있다. 모든 광자는 파장이 거의 같기 때문에 비록 개별 액시온은 우주 공간으로 확산되더라도 레이저 광선의 광자처럼(하지만 그보다 훨씬 더 미약하다) 그 영향력이 더해져서 검출 가능한 파동의 전파 잡음을 만들어낸다. 마치 하나의 파장을 지닌 전자기 스펙트럼 속에서 뾰족하게 튀어나온 못과 같다. 검출기는 이렇게 작동한다. 먼저 광자를 잡아내기에 알맞은 크기의 금속 상자(물리학자들은 '빈 구멍cavity'이라고 부른다)가 필요하다. 그 안에 일정한 파장이 지속적인 파동을 형성하도록 만든다. 오르간 파이프를 조율해 일정한 높이를 가진 지속적인 음파를 내는 원리를 전자기 파동에 적용한 것과 같다. 빈 구멍은 외부의 간섭으로부터 차단하고, 헬륨 용액의 수조에서 절대온도 0(-273℃)에 가깝게 냉각시켜야 한다. 또 일상 물질을 완전히 제거해야만 필요한 중성미자(요행히 액시온과 같은 종류의 신호를 내지 않는 중성미자)와 차가운 암흑물질 입자(액시온이 존재한다면 이것도 포함된다)를 가둘 수 있다. 그런 다음 상자를 최대의 강력한 자기장으로 채워놓고 민감한 전파 검출기로 주파수를 맞춰 액시온의 신호를 찾는 것이다.

빈 구멍은 각 변이 1미터인 상자 안에 매우 강력한 자기장을 채운 장치다. 이 장치로 검출할 수 있는 액시온 신호의 출력은 10^{-24}와트다. 물리학자 로렌스 크라우스Lawrence Krauss가 계산한 바에 따르면 액시온 검출기의 규모가 태양만한 크기가 되어야 60와트 전구와 같은 출력을 낼 수 있을 것이다. 그러므로 합리적인 사람이라면 당연히 액시온이 존재한다는 증거를 발견하려는 시도를 포기하고, 검출 가능한 암흑물질 후보를 찾으려 할 것이다.

그렇게 생각하는 사람에게는 다행히도 더 강력한 CDM의 후보가 있다. 초대칭의 관념에서 자연히(필연적으로) 생겨나는 것인데, 만약 존재한다면 머지않아 검출될 게 확실하다. 제2장에서 보았듯이 초대칭(SUSY)은 다양한 초대칭 짝의 존재를 나타낸다. 알려진 모든 종류의 입자가 제각기 짝을 가지지만 가장 가벼운 초대칭 짝lightest supersymmetric partner(LSP)만이 안정적이다. 따라서 LSP는 우주학자들에게 필요한 차가운 암흑물질의 좋은 후보가 된다.

한 가지 아쉬운 점은 현재 우리가 이해하는 초대칭으로는 LSP가 무엇인지 정확히 알 수 없다는 것이다. 그것은 포티노photino(광자photon의 초대칭 짝)일 수도 있고, 중력미자gravitino(중력자graviton의 초대칭 짝)일 수도 있으며, 다른 초대칭 입자일 수도 있다. 또한 이 이론[38]의 다른 버전에 따르면 LSP는 몇 가지 입자의 혼합물일 수도 있다. 마치 중성미자가 우주 공간을 이동할 때 실험에서 검출된 세 가지 중성미자의 혼합 형태를 취하는 것과 같다. 하지만 LSP가 전하를 가지지 않는다는 것은 확실하다. 전하를 가진다면 검출하기가 쉽기 때문이다. 그랬다면 이미 오래전에 천문학자들이 CDM의 필요성을 인정했을 때 곧바로 검출할 수 있었을 것이다. 그러므로 모든 가능성을 열어두기 위해 흔히 LSP를 초중성소자neutralino('작은 중성의 초대칭 짝')라고 부른다. 초중성소자란 특정한 입자를 가리키는 게 아니라 LSP의 후보들을 총칭하는 명칭이다.

원래의 SUSY 이론에 따르면 초중성소자의 질량은 몇 GeV(1GeV는 양성자 혹은 수소 원자 하나의 질량과 비슷하다는 점

---

[38] 나는 여기서나 이 책의 다른 부분에서 '이론'이라는 말을 사용하는 데 약간 불편함을 느낀다. 전문 학자들을 위한 책이라면 실험과 관찰에 굳건히 뿌리를 둔 이론이라는 용어와 그보다 더 추측의 여지가 큰 모델이나 가설이라는 용어를 세심하게 구분해야 할 것이다. 하지만 '이론'은 과학자가 아닌 사람들에게도 폭넓게 쓰이므로 여기서도 그대로 사용하기로 하자.

을 상기하라)에 불과하다. 하지만 그런 입자가 지금까지 입자가속 실험에서 만들어지지 않았다는 사실은 그 질량이 실제로는 50GeV 이상이어야 한다는 것을 말해준다. 또한 우주학을 바탕으로 우리는 초중성소자의 질량에 상위 한계를 설정할 수도 있다. 제5장에서 보았듯이 빅뱅에서 생산된 추가 입자(예컨대 중성미자의 더 많은 변종)는 우주를 바깥으로 더 힘차게 밀어냄으로써 우주의 팽창 속도를 더 빠르게 만든다. 초중성소자도 같은 효과를 가질 것이다. 초중성소자의 질량이 3천 GeV보다 크다면 우주는 팽창 속도가 너무 빨라 우주를 연구하는 것 자체가 불가능할 것이다. 이것은 그리 엄격한 제한이 아니다. 하지만 SUSY의 어떤 버전(학자들이 개선되었다고 생각하는 버전)은 그 1/10인 300GeV, 즉 수소 원자 질량의 300배가 상위 한계라고 규정한다. 현재로서 최선의 결론은 초중성소자의 질량을 100~300GeV(대략 지구에서 자연적으로 생겨나는 가장 무거운 원소의 원자량에 해당한다. 예컨대 우라늄 핵의 질량은 235GeV다)로 보는 것이다. 다행히도 그 정도라면 차세대 입자가속 실험으로 입증될 수 있다. 암흑물질 입자가 직접 검출된다면 추측의 영역에서 엄정한 과학의 영역으로 넘어갈 수 있게 된다.

CDM 형태의 물질이 중입자 물질보다 일곱 배나 많고 CDM 입자 하나가 140GeV의 질량을 가진다고 해보자. 그렇다면 중입자의 평균 질량은 약 1GeV이므로 우주에는 중입자 스무 개당 초중성소자 하나가 존재하게 된다. 만약 초중성소자가 우주 내에 고르게 퍼져 있다면, 4세제곱센티미터의 공간마다 초중성소자가 하나꼴로 존재한다. 하지만 앞에서 보았듯이 그것들은 우주의 밝은 물질처럼 응집되어 있어야 하므로 지구와 우리 실험실(아울러 우리의 몸)을 관통하는 것보다 많은 수가 존재할 테고 검출이 가능할 것이다.

초중성소자가 예측된 범위의 최저 질량을 가지고 있다면 LHC에서 입자를 충돌시켜 에너지로부터 초중성소자를 만드는 것도 충분히 가능하다. 그것을 제외하면 실험실에서 초중성소자를 검출하는 방법은 두 가지가 있다. 둘 다 충돌에 의거한다. 중입자 물질이 초중성소자의 존재를 '알리는' 유일한 경우(중력에 의한 경우는 제외)는 초중성소자가 물리적으로 원자핵과 충돌해 튕겨나갈 때뿐이다. 초중성소자와 거의 같은 질량을 가진 원자(핵)에게 이 부딪힘은 당구공 두 개가 충돌하는 것과 비슷하다. 충격을 받은 핵은 뒤로 물러나는 반면 그것에 부딪힌 초중성소자는 다른 방향으로 튕겨나간다. 그런 현상이 뚜렷하게 나타나려면 충격을 받는 핵의 원자들이 전부 같은 종류이고 규칙적인 형태를 지닌 질서정연한 격자식 배열을 이루어야 한다. 또한 원자 주변의 자연스러운 흔들림을 최소화하기 위해 절대온도 0, 즉 -273℃에 가깝게 냉각시켜야 하며, 다른 상호작용(예컨대 우주선)의 간섭을 최소화하기 위해 외부 세계와 차단시켜야 한다. 이런 까다로운 조건들이 잘 맞으면 초중성소자의 검출을 기대해 볼 수 있다.

만약 그런 충돌—기본적으로 당구공의 충돌과 같다—이 과냉각(액체를 응고시키지 않으면서 응고점 이하로 냉각시키는 것: 옮긴이)되고 규소나 게르마늄 같은 물질로 차폐된 격자 구조물 안에서 초중성소자와 핵 사이에 일어난다면, 원칙적으로 두 가지 결과가 검출될 수 있다. 하나는 튕겨난 원자가 주변을 뒤흔들어 미세한 굴곡이 구조물 안에 퍼지면서 매우 약한 음파가 발생하는 것이다. 구조물을 초전도체의 막으로 감싸면 음파가 초전도체에 미치는 영향을 측정할 수 있다. 원자의 격자 구조는 전자기력에 의해 뭉쳐 있는데, 이는 마치 각 원자가 작은 용수철로 주변과 연결된 것과 같다. 말하자면 음파가 격자 구조를 통과할 때 그 용수철들이 규칙적으로 출렁이는 것이다. 이 기술은 실제로 '평범한' 복사가 규소 표본에 충격을 주는 것으로 효과가 있다는 게 검증되었다. 그러나 지금까지 초중성소자가 검출되지는 못했다.

과냉각된 구조물 안에서 초중성소자와 평범한 핵의 충돌을 검출하는 다른 방법은 그냥 표본에서 도달한 온도를 올리는 것이다. 초중성소자의 운동에너지는 먼저 '과녁'이 되는 핵을 튕겨낸 뒤 주변의 원자들을 불규칙하고 무질서하게 밀어낸다. 그 결과 에너지가 진동하는 '용수철'을 통해 주변에 전달되며 온도가 상승한다. 이런 방식으로 저장된 에너지는 겨우 수 keV에 불과하므로 초중성소자가 작은 규소 구조물에 미치는 충돌 효과는 온도를 수천분의 1도밖에 상승시키지 못한다. 하지만 만약 과녁 표본이 처음부터 절대온도 0보다 수천분의 1이라도 높은 상태라면, 온도는 두 배로 상승한 셈이다! 또다시 그 온도 변화를 측정하는 데 필요한 기술이 시험되어 성공했다. 그러나 이번에는 이미 암흑물질 '신호'가 검출되었다는 주장이 제기되었다(안타깝게도 확증되지는 못했다).

한동안 암흑물질을 검출했다고 여겨졌던 DAMA(암흑물질DArk MAtter에서 나온 명칭) 실험은 이탈리아 아펜니노 산맥의 그란사소에 있는 광산에서 외부와 완전히 차단된 상태로 진행되었다. 요오드화나트륨 결정체로 에워싼 검출기는 몇 년 동안 가동되었는데, 21세기 벽두에 발표된 자료에 의하면 주기적으로 변동을 보였다. 그 이유는 추측이 가능하다. 지구가 공전하면서 태양의 한쪽 측면에 있을 때는 우리 은하와 함께 회전하는 초중성소자의 무리를 향해 정면충돌하고, 다른 측면에 있을 때는 초중성소자와 같은 방향으로 운동한다. 자동차 충돌에서와 같이 정면충돌은 더 많은 에너지를 결정체 안에 저장시키므로 초중성소자의 존재로 인해 주기적 영향을 받게 된다. DAMA 팀은 심지어 초중성소자의 질량이 45~75GeV 사이의 어디쯤이라고 주장했다. 불행히도(추측된 질량이 다소 낮다는 점에서는 다행히도) DAMA에 못지않게 섬세한 다른 실험들은 그런 결과를 찾아내지 못했다. 미국 미네소타의 광산에서 게르마늄과 규소 검출기를 이용한 차가운 암흑물질 연구(CDMS)가 그런 예다.

  내가 보기에 이런 검출기는 차가운 암흑물질 입자를 찾는 데 매우 적합하며, 곧 성과를 볼 수 있을 것이다. 내가 특히 관심을 가진 실험은 요크셔의 바울비에 있는 광산에서 진행되고 있다. 머잖아 초중성소자를 찾아낼 가능성이 크기 때문에 좀 더 상세히 설명할 필요가 있겠다.

  암흑물질 후보(초중성소자)는 상호작용이 워낙 약하므로 10킬로그램 무게의 물질 덩어리에 있는 원자핵 하나와 충돌할 확률은 하루에 한 차례 미만이다. 그에 비해 중입자 우주선은 초중성소자보다 훨씬 드물어도 일상 물질 덩어리와 쉽게 상호작용하므로 매일 충돌하는 회수가 훨씬 더 많다. 그렇기 때문에 바울비 실험은 유럽에서 가장 깊은 1.1킬로미터의 광산 바닥에서 진행되는 것이다. 광산 위의 암반층은 100만 개의 우주선 가운데 단 하나만 고정시킨다.

WIMP는 더욱 드물다. 광산 위 지면을 걷는 인간의 신체를 통과하는 초당 10억 개의 WIMP 가운데 광산 바닥까지 뚫고 들어오면서 중간에 암반의 원자핵과 충돌하는 것은 단 세 개뿐이다. 그래도 속도만 느려질 뿐 멈추지는 않는다.

그 정도의 '여과'로도 우주선 상호작용에서 나오는 배경 잡음(AM 라디오의 잡음에 해당한다)을 검출기에 포착되는 암흑 물질 현상의 주파수와 같은 정도까지 끌어내리지는 못한다. 따라서 광산을 둘러싼 암반의 자연 방사능을 차단하는 추가 조치가 필요하다. 하지만 이 복사는 대부분 검출기 주변의 차단 물질—납, 구리, 밀랍, 폴리에틸렌 같은 평범한 물질—로 흡수할 수 있다. 혹은 검출기를 증류수 200톤이 담긴 수조 안에 넣는 방법도 있다. 20만 리터에 달하는 그 물의 양은 올림픽 수영장의 1/10에 해당하는 부피이며, 제5장에서 언급한 중성미자 검출기 크기의 절반이다.

그런 예비 조치를 한 뒤에도 배경 잡음을 완전히 근절할 수는 없다. 그러므로 마지막 단계로 검출기와 통계 기술을 이용해 배경복사와 원자 반동이 유발하는 다양한 현상들과 당구공처럼 충돌하는 초중성소자를 식별해야 한다. 이 대목에서 앞에 말한 음파와 온도 상승 기술이 필요하다.

온갖 어려움이 있지만 바울비 팀의 가장 큰 걱정거리는 검출기로 초중성소자를 검출하지 못하는 것보다도 LHC가 그것을 부숴버리지 않을까 하는 데 있다. 질량이 적절하다면 초중성소자는 2010년까지 CERN에서 양성자 광산의 충돌로 만들어질 수 있다. 하지만 더 무거운 입자를 만들기는 어렵다. 만약 초중성소자의 질량이 SUSY 모델에서 드러난 것만큼 크다면, 바울비 광산이나 세계 여러 곳에서 진행되는 비슷한 실험에서 최초로 검출될 가능성이 높다.

설령 바울비 실험이나 기타 암흑물질 실험에서 초중성소자가 발견된다 하더라도 우리는 우주를 평탄하게 만드는 물질의 30퍼센트만 성분을 알아낸 것에 불과하다. 이미 1990년대 중반에 은하단의 시뮬레이션과 실제 우주 지도의 비교를 통해, 은하처럼 응집된 물질(중입자 등)은 평탄 밀도의 30퍼센트가 넘지 않는다는 사실이 분명히 밝혀졌다. 또한 우주가 평탄해야만 인플레이션이 가능하다는 것도 명백해졌다.

제3장에서 논의했듯이 많은 우주학자들은 오래전부터 우주가 반드시 평탄해야 한다고 믿었다. 만일 조금이라도 평탄함에서 벗어난다면 우주가 빅뱅 이후 팽창하면서 그 오차가 기하급수적으로 확대되었을 것이기 때문이다. 나는 1960년대 학창 시절부터 그 논의에 깊은 인상을 받았다. 누구든 그런 견해를 가졌다면 우주의 나머지 70퍼센트가 완벽하게 균일해야 한다는 것도 인정해야 한다. 그 물질은 응집되어 있지 않고 '구멍'이 없으므로 은하 형성에는 큰 영향을 주지 못하지만 시공간 구조에는 영향을 준다. 우주학자들에게는 다행히도 이미 1917년에 알베르트 아인슈타인이 딱 알맞은 것을 발견한 바 있다. 하지만 그 발견은 잘못된 이유에서 비롯되었으며 아인슈타인 자신도 훗날 완전히 버렸다.

아인슈타인이 일반상대성이론을 완성한 것은 1916년이다. 그것은 물질, 공간, 시간 사이에 중력을 통해 일어나는 상호작용을 설명하는 이론이다. 이 이론이 완성된 뒤 그것을 가지고 그가 맨 먼저 한 일은 물질, 공간, 시간을 포함하는 최대의 대상, 즉 우주를 수학적으로 설명하는 것이었다.[39] 1917년까지도 많은 천문학자들은 여전히 우리 은하가 전체 우주라고 생각했으며, 당시 성운이라고 불리던 희미한 빛 조각이 실은 우리 은하 바깥에 있는 다른 은하라는 것을 알지 못했다. 우주는 기본적으로 정적이며 불변이라고 믿었고, 각각의 별들은 숲 속의 나무들처럼 태어나 살다가 수명을 다하고 죽지만 은하의 '숲'은 전반적으로 늘 같은 양태인 것으로 여겼다. 그래서 아인슈타인은 곧 반발을 받았다. 일반상대성이론의 방정식은 정적인 우주의 가능성을 제시하지 않았던 것이다. 그의 방정식은 팽창하는 우주를 제시하고 중력이 팽창 속도를 늦춘다고 보았으며, 붕괴하는 우주를 제시하고 중력이 붕괴 속도를 가속화시킨다고 보았다. 그러나 이 두 가지 시나리오 사이에서 우주가 미묘한 균형을 이룬다는 설명은 없었다. 그런 우주관이 성립하려면 중력의 힘을 상쇄하는 효과가 필요했다. 중력을 무효화하고 모든 것이 제 자리에 머물 수 있도록 해주는 힘, 팽창과 붕괴 사이의 미묘한 균형을 이루도록 해주는 힘이 있어야 했다. 방정식에 아주 작은 요소를 추가하면—아인슈타인은 그것을 우주상수cosmological constant라고 불렀다—그 균형이 가능했다.[40] 비록 그는 그것을 직접 말로 표현하지는 않았으나 우주상수는 결과적으로 반중력의 힘 또는 반중력장으로서 전체 우주의 균일함에 기여한다. 방정식에 등장하는 숫자는 원칙적으로 어떤 값이든 상수이기만 하면 된다. 아인슈타인

---

39 그에게는 아주 자연스러운 순서였다. 당시 일반상대성이론은 우주의 설명에만 완벽하게 적용된다는 견해가 우세했기 때문이다.

40 우주상수는 실제로 방정식에 아주 간단한 요소를 추가하는 것이다. 예를 들면 '적분상수constant of integration'에 해당한다.

은 그것을 그리스 철자의 람다(Λ)라고 이름 지었다. 그러나 Λ에 한 가지 특정한 값을 주어야만 그의 정적인 우주 모델을 뒷받침할 수 있었다.

아인슈타인이 방정식에 상수를 부가한 지 10년 만에 미국의 천문학자 에드윈 허블Edwin Hubble은 우리 은하 바깥에 다른 은하들이 있다는 사실을 밝혀냈다. 허블은 이미 1930년대 초에 밀턴 휴메이슨Milton Humason과 함께 연구하면서 외부 은하에서 오는 빛의 적색이동을 통해 우주가 팽창한다는 사실을 발견했다. 어쨌든 우주가 정적이지 않다는 것은 분명했으므로 아인슈타인은 즉각 우주상수를 버렸다. 하지만 그 방정식이 실제로 우리 우주를 설명하느냐보다 수학에 더 관심을 가진 다른 우주학자들은 이후에도 여전히 우주상수를 다양하게 적용했다.

여느 장場들처럼 Λ장도 에너지와 관련된다. 에너지는 질량과 같으며, 시공간을 왜곡시킨다. 따라서 Λ장은 시공간의 평탄화에 기여하고, 반중력과 같이 행동하면서 우주의 팽창 속도를 더 빠르게 한다. 이런 견해는 훗날 1990년대 은하 형성 전문가들이 입증했다. 그들은 시뮬레이션과 실제 우주를 부합시키려면 중입자 4퍼센트, 덩어리진 차가운 암흑물질 26퍼센트, 그밖에 매끄러운 요소 70퍼센트로 구성된 모델이 필요하다는 것을 깨달았다. 설사 Λ장이 그렇지 않다 해도 시뮬레이션을 우주의 관측된 형태에 완벽하게 부합하도록 만들 수 있었다. 모든 것이 일반상대성이론의 틀에 들어맞았다. Λ CDM(람다 CDM)이라고 이름 지어진 이 모델은 적어도 전문가들 사이에서는 대성공으로 간주되었다. 하지만 아인슈타인이 버린 견해를 채택했다는 데는 다소 의혹의 여지가 있었다. 닮은꼴 모델이라는 점 이외에도 천문학자들은 모델을 구성하는 과정이 그다지 정확하다고 확신할 수 없었다. 여기에는 또한 괴상하지만 흥미로운 예측도 있다. 너무 괴상한 탓에 잘 논의되지도 않을 정도다. 만약 Λ장이 정말로 우리 우주를 채우고 있다면, 그 전체 에너지가 중입자와 CDM의 질량-에너지 결합의 대략 두 배에 해당한다면, 그 반발력은 관측 가능한 우주의 가장자리에서 뚜렷이 드러나야 한다. 반중력 효과가 중력 효과보다 우세해지는 순간부터 우주의 팽창 속도는 점점 더 빨라져야 한다.

요점은 우주상수가 바로 불변의 상수라는 것이다. 그것도 아주 작은 수다. 그러나 중력은 역제곱법칙에 따라 거리가 멀어질수록 약해진다. 우주가 지금보다 젊고 물질이 더 조밀했을 때는 중력의 힘이 Λ의 힘을 압도할 만큼 강했다. 하지만 우주가 팽창하고 밀도가 희박해지면서 중력의 힘은 내내 약화되어 결국에는 Λ의 힘보다도 약해졌다. 그때부터 중력이 우주의 팽창을 늦추는 게 아니라 Λ의 힘이 우주의 팽창을 가속시키게 된다. 그러나 처음에는 누구도 이 ΛCDM 모델의 그런 의미를 깊이 고찰하지 못했다. 우주학자나 은하 전문가들과는 확연히 다른 배경을 가진 여러 천문학자 팀들은 1990년대 말에 대단히 먼 곳에서 폭발하는 초신성까지의 거리를 측정하고자 애썼다.

끊임없이 멀어져가는 물체와의 거리를 측정함으로써 우주적 거리 척도를 확장하려는 시도의 원조는 바로 허블이다. 그는 은하에서 오는 빛의 적색이동이 거리에 비례한다는 것을 발견했다. 그전까지 그는 여러 가지 다른 방법으로 비교적 은하들의 거리를 측정했다. 먼 은하일수록 빛이 희미하기 어렵기 때문에 우주적 거리 척도의 측정은 대단히 까다로운 일이었다. 이 연구는 허블의 이름을 딴 우주망원경을 통해 훨씬 더 먼 거리의 은하를 관측할 수 있게 되면서 1990년대 후반에야 완료되었다. 여기에는 또 다른 미묘한 측면이 있다. 흔히 말하는 '허블의 법칙'은 광속의 1/3 속도 이하로 우리에게서 멀어지는 은하(적색이동 0.3에 해당한다)에만 적용된다.

작은 적색이동의 경우 은하가 멀어지는 속도는 보통 광속을 기준으로 계산한다. 예컨대 적색이동 0.1이면 광속의 1/10로 멀어진다는 의미다. 그러나 적색이동 1은 은하가 광속으로 멀어진다는 뜻이 아니다. 적색이동은 선형 비례를 취하지 않는다. 앞에서 간간이 언급했듯이 허블은 그 점을 알지 못했다. 그의 관측은 광속의 몇 퍼센트에 불과한 속도로 멀어지는 적색이동에만 국한되었기 때문이다. 적색이동-거리의 정확한 관계는 비선형성을 고려하는 일반상대성이론을 통해 계산할 수 있다(아인슈타인은 우주상수를 도입할 때 일반상대성이론의 그 예측을 무시했다). 엄밀히 말해 비선형성은 모든 적색이동에 적용되지만, 작은 적색이동의 경우에는 오차가 아주 작으므로 굳이 수정할 필요가 없다. 따라서 적색이동 2는 광속의 (두 배가 아니라!) 80퍼센트로 멀어지는 것을 나타내며, 적색이동 4는 광속의 92퍼센트를 가리킨다. 광속의 속도로 멀어지는 것은 무한대의 적색이동에 해당한다. 앞에서 말했듯이 우주마이크로파배경복사는 적색이동이 약 1000인데, 이는 현재 우주의 선형 크기가 빅뱅 이후 수십만 년이 지나 그 복사가 방출되었던 때보다 1천 배가 커졌다는 의미다.

다른 방법으로 거리를 파악할 수 있는 먼 물체의 적색이동을 측정하려는 노력이 끊임없이 전개되는 가운데 1990년대의 천문학자들은 최신의 망원경 기술을 이용해 초신성으로 알려진 별의 폭발에서 나오는 빛을 연구했다. 초신성은 평범한 별에서 볼 수 있는 최대의 폭발이다. 별은 수명을 다했을 때 붕괴하면서 막대한 중력 에너지를 방출하는데, 그것이 빛과 복사로 바뀌면서 폭발한다. 짧은 기간 동안 이렇게 폭발한 하나의 별은 우리 은하 크기의 은하 전체와 맞먹는 빛을 발산한다(말 그대로 수천억 개의 태양만큼 강렬한 빛이다). 그래서 초신성은 우주 멀리에서도 볼 수 있다. 초신성에는 몇 가지 종류가 있지만, 정확한 거리가 알려진 가까운 은하에서 별의 폭발을 연구한 결과 SN 1A(Supernova 1A)라는 종류는 항상 일정한 밝기에 도달한다는 것이 밝혀졌다. 그러므로 그 종류의 초신성이 아주 먼 은하에서 생겨난다면 그 밝기를 가지고 거리를 측정할 수 있다. 그런 다음 그 측정치를 아주 먼 거리의 적색이동과 비교한다(여기서 '아주 멀다'는 말은 보통 적색이동 1, 즉 우주가 현재 크기의 절반이었을 때에 해당한다). 하지만 그렇게 측정된 어떤 은하의 거리는 놀랍게도 적색이동 10에 달한다.

이 관측이 진행될 무렵 연구자들은 아주 높은 적색이동의 SN 1A가 '예상치', 즉 일반상대성이론에 따라 계산한 적색이동의 거리보다 더 멀다는 사실을 알았다. 이는 곧 초신성이 발견된 은하가 단순히 일반상대성이론으로 계산한 것보다 우리에게서 좀 더 멀리 떨어져 있다는 의미다. 하지만 일반상대성이론을 약간만 수정하면 관측 결과를 계산에 맞출 수 있다. 작은 우주상수를 더하면 우주의 팽창 속도가 약간 더 빨라지므로 그 은하는 빅뱅 이후 우리에게서 약간 더 먼 시간으로 옮겨지게 된다. 바꿔 말하면 우주의 팽창이 점점 가속된다는 이야기다.

우주의 팽창 속도가 점점 더 빨라진다는 사실의 발견은 1998년 헤드라인 뉴스를 장식했다(《사이언스Science》지는 그것을 '올해의 뉴스'로 선정했다). 이 소식을 여러 과학 잡지에서 앞다투어 보도하자 우주학은 추락했고 우주학자들은 좌절했다. 이미 그전부터 우주의 '사라진' 70퍼센트를 해명하는 답을 찾으려 노력하던 많은 우주학자들에게 우주상수를 다시 도입하는 것은 가장 간단한 해법이었다. 어쨌거나 우주상수의 개념은 아인슈타인의 시대부터 있었고 모든 정평 있는 우주학 교과서에서 다뤄진 게 아닌가? 논점은 물리학의 여느 장들처럼 Λ장도 에너지를 포함한다는 것이다. 에너지는 질량이므로 우주를 평탄하게 만들려면 정확한 값의 우주상수가 필요했다. 여기서 중대한 핵심은 그 정확한 값의 우주상수가 초신성의 적색이동을 설명하는 데도 필요하다는 점이다. 진짜 놀라운 것은 천문학자들이 바로 천문학의 역사, 심지어 최근의 역사에 그토록 무지했다는 사실이다. 그 때문에 한참이나 시간이 걸려(5년가량인데, 우주의 나이에 비교하면 긴 시간이라고는 할 수 없겠다) 모두가 모든 것이 잘 들어맞는다는 것을 깨닫게 되었다. 하지만 우주의 본성과 궁극적 운명에 관해서는 재고할 필요가 생겼다.

물론 내 비판은 약간 지나치다. 다른 설명이 검증되고 독립적인 증거가 나올 때까지 천문학자들이 적색이동이 큰 초신성에 관해 회의적인 태도를 취한 것은 옳았다. 그래도 두 가지 별개의 연구가 같은 결과를 산출한 것은 사실이다. 이를테면 멀리 있는 초신성이 희미해 보이는 이유는 먼지 때문일 수도 있고, 우주가 더 젊었을 때는 초신성의 폭발이 덜 밝았기 때문일 수도 있다(적색이동이 크면 그만큼 더 '과거의 시간'에 해당한다는 점을 기억하라). 하지만 초신성 연구의 시뮬레이션을 보면 그런 가능성들은 배제된다. 우주 질량의 70퍼센트가 '암흑에너지'의 형태를 취하며, 그 결과로 우주의 팽창이 가속된다는 증거는 현재 몇 가지 연구를 통해 밝혀졌다. 예를 들면 은하들이 대규모로 이동하는 방식의 연구, 앞에서 살펴본 것처럼 위성을 이용한 우주마이크로파복사 연구, 렌즈를 통해 빛을 바라보듯이 은하단이 만들어낸 공간상의 굽은 자국을 통해 우주마이크로파복사를 관측하는 아름다운 기술[41]이 그것이다. 이 복사의 파장을 약간 변화시켜 그런 자국을 통하지 않고 우리에게 전달되는 우주배경복사와 비교해보면, 자국의 깊이가 은하단 내에서 작용하는 작은 반중력 효과가 없는 경우보다 더 얕다는 것이 드러난다. 적색이동 1.76의 초신성 1A는 단 하나가 관측되었는데, 팽창이 가속된다는 예측에는 들어맞지만 예컨대 먼지 때문에 희미해진다는 식의 설명에는 들어맞지 않는다. 이 관측(그런 적색이동의 많은 사례 가운데 첫 번째일 것이다)은 우주의 팽창이 빅뱅 이후 40~50억 년 동안에는 느렸다가 그 뒤부터 빨라지기 시작했다는 견해와 정확히 일치한다.[42] 우주를 평탄하게 만드는 요소의 대부분이 암흑에너지라는 사실은 명백하

---

41 '통합적 작스-볼페Sachs-Wolfe 효과'라고 부른다.

42 우주의 팽창이 가속되고 있다면 우주의 나이는 138억 년보다 약간 많아야 한다. 138억 년은 가속을 감안하지 않은 수치이다. 현재 우주는 과거보다 더 빠른 속도로 팽창하고 과거에 팽창 속도가 느렸다면 우주가 현재의 크기까지 도달하는 데는 시간이 좀 더 걸렸을 것이다.

다. 그러므로 우리는 암흑에너지가 무엇인지 알아야 한다.

가장 간단하고 자연스러운 추측은 아인슈타인의 우주상수라고 보는 것이다. 지금까지는 근거가 있는 추측이다. Λ장이 존재한다면 그 가장 중요한 특징은 실제로 항상적이며 빅뱅 이후 내내 동일한 힘이라는 점이다. 바꿔 말해 우주상수가 공간 자체의 속성이기 때문에 공간 세제곱센티미터당 암흑에너지의 양은 우주가 팽창해도 불변이지만, 물질(밝은 물질과 암흑물질)의 밀도는 우주가 팽창할수록 희박해진다. 빅뱅의 불덩이에서 물질 밀도가 오늘날 원자핵의 밀도와 같았을 때 우주상수가 우주의 팽창에 미치는 효과는 무시해도 좋을 만큼 작았다. 수십억 년 동안 지배적인 효과였던 물질의 중력 효과는 우주의 팽창 속도를 늦추었다. 시간이 지나면서 그 효과는 약해졌으나 Λ장과 연관된 우주적 반발력은 변하지 않았다. 오늘날에는 물질이 Λ장 밀도의 절반에 불과한 수준까지 희박해졌다. Λ장은 (수십억 년 전부터) 팽창을 지배하기 시작했으며, 물질의 영향력을 뛰어넘어 팽창을 더욱 가속시키고 있다. 나중에 다시 언급하겠지만, 우리가 마침 우주의 생애 전체를 통틀어 물질과 암흑에너지가 얼추 균형을 맞추는 시점에 존재하는 덕분에 그런 현상을 볼 수 있다는 것은 흥미롭고도 중대한 사실이다.

오늘날 우주를 평탄하게 만드는 데 필요한 밀도는 우주 전체에 걸쳐 평균 1세제곱센티미터당 10^{-29}그램이다. 이는 원자들이 고르게 분포되어 있다면 1세제곱미터의 공간마다 수소 원자가 다섯 개씩 존재하는 것에 해당한다. 하지만 (밝거나 암흑의) 물질 덩어리는 그보다 밀도가 훨씬 더 크다. 그래서 밀도가 매우 희박한 진공에 가까운 공간이 생겨나게 된다. 이와는 달리 Λ장은 우주에 고르게 분포하기 때문에 어디서나 1세제곱센티미터당 10^{-29}그램에 가까운 에너지가 있고 '빈' 공간도 있다. 이것은 워낙 작으므로 실험실에서 암흑에너지를 검출하기란 거의 불가능하며, 인류 문명의 잠재적 에너지원으로 사용할 수도 없다. 지구만한 부피의 암흑에너지를 모아도 2005년도 미국의 연간 전력 소비량에 맞먹을 정도다. 태양계 크기만한 구에 암흑에너지가 들어 있다 해도 태양이 단 세 시간 동안 만들어내는 에너지에 불과하다. 하지만 암흑에너지는 우주의 모든 공간에 존재하기 때문에 현재 큰 차원에서 우주의 행동을 지배하고 있다.[43]

일부 천문학자들과 상당수 입자물리학자들이 진지하게 여기는 우주상수의 한 가지 대안이 있다. 이것은 상수가 아닌 암흑에너지 형태의 가능성이다. 암흑에너지의 후보들은 '제5의 힘quintessence'(보통 제5원소라고 말하지만 여기서는 힘의 관점에서 고찰하므로 제5의 힘이라고 부르자: 옮긴이)이라고 총칭된다. 관련된 장이 중력, 전자기력, 강한 핵력, 약한 핵력에 이어 다섯째 역장力場이기 때문이다.[44] 제5의 힘은 언제나 물질과 똑같은 밀도를 가진다. 그래서 우주가 팽창하면서 물질의 밀도와 더불어 감소했으며, 지금과 마찬가지로 빅뱅 시기에도 물질에 못지않게 중요했다. 우리가 존재하는 지

---

[43] 뿐만 아니라, 중력이 작용할 만한 물질이 없는 곳에서는 작은 차원도 지배한다. 물질이 전혀 없는 공간에도 암흑에너지는 존재하며, 이 영역은 가속적으로 확장된다. 두 개의 작은 입자를 그 빈 공간에 넣는다면 암흑에너지의 '팽창 용수철'이 밀어내기 때문에 서로 점점 빠른 속도로 멀어진다.

[44] quintessence라는 명칭은 고대 그리스어에서 나왔다. 그리스인들은 물질세계가 불, 흙, 공기, 물의 네 가지 '원소'로 되어 있으며, 우주에는 제5원소가 있다고 생각했으며, 제5원소를 완벽한 물질이라고 여겼다.

금이 바로 물질과 암흑에너지가 비슷한 밀도를 가진 때라는 것은 우연의 일치가 아니다. 하지만 그렇다면 물질과 암흑에너지의 밀도가 비슷한 이유는 무엇일까?

입자물리학자들은 새로운 장을 쉽게 상상하고 그것을 설명하는 수학 방정식을 어렵지 않게 찾아낸다. 문제는 그 견해를 실제와 부합시키려 할 때 생겨난다. 전체 우주를 채우고 압축 용수철처럼 바깥으로 밀어내는 '새로운' 양자장을 설명하는 방정식을 세우는 것은 아주 쉬운 일이다. 지금 우리가 존재하는 시점이 왜 하필 팽창이 가속되기 시작할 때인지를 설명하기 위한 더 교묘한 대안은 '추적자장tracker field'이다. 우주가 복사의 지배를 받는 시기에 추적자장은 복사 반응을 '추적'한다. 이때 자체 에너지 밀도는 복사 에너지 밀도와 같은 속도로 하락한다. 그러나 우주가 물질의 지배를 받으면 추적자 장은 변화하는 물질 밀도를 추적하기 시작한다. 이 구도에 따르면 물질의 지배가 출범하면서 별과 행성이 탄생한다. 또한 적절한 속성을 선택하면, 물질의 지배가 출범한 뒤 추적자장의 반중력 측면이 중요해지기 시작한다. 그러므로 행성에 사는 사람들이 가속 팽창의 시기부터 존재하게 된 것은 놀라운 일이 아니다.

하지만 여기서 중요한 것은 '적절한 속성을 선택하면'이라는 문구다. 추적자장은 자유의 폭이 너무 크고 제5의 힘에는 여러 가지 변수가 있으므로 각자 자기 입맛에 맞는 것을 고를 수 있다. 물리학자들의 표현을 빌리면 매개변수가 너무 많아 어떤 시나리오든 만들어낼 수 있다. 전체가 부자연스럽게 뒤엉켜 있어 믿기 어렵다. M-이론의 매력적인 주장에도 비슷한 어려움이 있다. 이 모델은 반중력이 우주의 팽창을 가속시킨다고 보는 대신, 시간이 갈수록 중력 자체가 (중력자의 형태로) 우리의 '막'에서 점점 빠져나가므로 중력이 약해지고 먼 은하를 당기는 힘이 느슨해진다고 본다. 그와 달리 우주상수는 간단하며, 아인슈타인의 일반상대성이론의 자연스러운 부분이다(불가피한 부분이라고 말하는 사람도 있다). 그 방정식에서 유일하게 자유로운 매개변수는 Λ장의 에너지 밀도를 관측된 우주의 가속화와 시공간의 평탄함에 들어맞도록 적절히 설정하는 것이다. 그렇다면 문제는 이것이다. Λ장의 에너지 밀도는 왜 그렇게 작을까?

'빈 공간'에 에너지가 포함되어야 하는 이유는 양자장이론으로 쉽게 설명된다. 문제는 거기에는 더 이상이 없다는 점이다. 진공 에너지라고 불리는 그런 에너지는 대통일이론과 초대칭의 맥락에서 자연스럽게 생겨난다. 여기서는 진공 에너지가 0이어야 한다고 말하는 게 아니라 다만 어디서나 같아야 한다고 말할 뿐이다. 앞에서 예로 든 산악의 호수를 다시 보자. 호수의 수면은 물론 평탄해야 하지만 그렇다고 해수면까지, 혹은 해수면 위의 특정한 높이까지 낮아질 필요는 없다. 문제는 호수와 연관된 '자연' 에너지가 우주의 평탄함을 설명하는 데 필요한 에너지 밀도보다 훨씬 더 크다는 데 있다. 예를 들어 양자 중력과 연관된 진공 에너지는 입자물리학자에서 흔히 사용하는 전자볼트 단위로 10^{108}의 에너지 밀도를 만들어낸다. 이 진공 에너지는 오늘날 우주에서 작용하는 것과 똑같은 과정으로 인플레이션을 추동했지만 힘은 훨씬 더 작다. 우주학자들은 오늘날에도 우주가 실제로 약한 인플레이션을 겪고 있다고 말하는데, 충분히 가능성이 있고 사실일지 모르지만 우리의 이해에 도움이 되는 것은 전혀 없다. 그렇다면 지금은 그 '인플레이션'이 왜 그렇게 약한지 의문만 던져줄 뿐이다. 대통일이론과 연관된 에너지 수준에서도 에너지 밀도는 같은 단위로 10^{96}에 달하지만, 기존의 초대칭에 따르면 최소의 '자연' 진공 에너지는 '겨우' 10^{44}이다. 이 단위에서 실제 진공 에너지 밀도의 값은 10^{-12}다. 바꿔 말하면 최소의 '자연' 진공 에너지라 해도 관측된 진공 에너지 밀도의 10^{56}배에 달한다는 이야기다.

다른 문제는 고려하지 않더라도 초대칭만큼이나 큰 진공 에너지가 있다면 강력한 반중력 효과가 일어나 물질 우주가 깨져버릴 것이므로 은하, 별, 행성 같은 불규칙성이 형성될 여지가 없다. 그 때문에 SN 1A 관측이 진행되기 전까지 대다수 입자 이론가들은 모종의 우주적 에너지-억제 메커니즘이 진공 에너지를 완전히 0으로 만든다고 추측했다. 그런데 0의 값이 아니라 아주 작은 암흑에너지 밀도가 존재한다는 것은 학자들에게 커다란 수수께끼다. 아직 결실을 낳지는 못했으나 그 문제를 공략하는 흥미로운 방법이 있다. 진공 에너지의 크기는 지금까지 관측되지 않은 대칭 침해와 같이 수천분의 1eV(중성미자와 같은 질량)에 해당한다. 아직은 문제에 대한 답을 암시하는 정도에 불과하지만, 공교롭게도 그것은 우주에 관한 '심원한 진리'로 우리를 이끈다.

이런 문제들은 향후 20년 이내에 수천 개의 먼 초신성을 위성으로 관측하고 CERN과 바울비 광산 등지에서 여러 가지 지상 실험이 진행되면 상당수가 해결될 것이다. 이른바 '새로운 기준의 우주학'은 다음의 다섯 가지 명제로 요약할 수 있다.

* 우리가 사는 우주는 초기에 급속히 팽창했다가(인플레이션) 나중에 팽창 속도가 느려졌다.
* 오늘날 우주는 평탄하며 점차 팽창이 가속되고 있다.
* 오늘날 우주의 불규칙성(은하, 별, 우리를 포함한 모든 것)은 인플레이션 중에 일어난 양자 요동으로 생겨났다.
* 우주는 약 70퍼센트의 암흑에너지와 30퍼센트의 물질로 구성되어 있다.
* 우주의 물질 가운데는 비중입자 암흑물질이 중입자 물질의 약 일곱 배이며, 중입자 물질 중 밝은 별의 형태를 취하는 것은 10퍼센트(우주 총 질량-에너지의 0.4퍼센트)에 불과하다. 중성미자를 모두 합치면 밝은 별들에 맞먹는 질량이다.

이제 이 장의 제목에서 제기한 질문에 답할 수 있다. 현재 우주를 한데 묶어주는 것은 주로 암흑에너지다. 그러나 역설적으로 들리겠지만 팽창이 계속 가속되면 암흑에너지는 결국 우주를 쪼개버리게 될 것이다. 이것을 어떻게 꿰어맞출까? 팽창이 가속되는 시기에 우주에 지적 생명체가 출현했다는 것은 단지 우연의 일치일까? 아니면 우주의 본성에 관한 '심원한 진리'를 말해주는 걸까?

우리는 분명히 우주의 생애에서 특별한 시기에 살고 있다. 오컴의 면도날(무엇을 설명하기 위한 요소가 필요 이상으로 늘어나서는 안 된다는 원리: 옮긴이)에 따라 가속된 팽창을 가장 단순하게 우주상수로 설명한다면, 100억 년 전 적색이동 2였던 때 암흑에너지는 우주 밀도의 불과 10퍼센트만 담당했으나 100억 년 동안 전 밀도의 96퍼센트나 차지하게 되었다. 그 이전과 이후는 그 차이가 더 크다. 예를 들어 재결합 시기에는 물질 밀도가 암흑에너지 밀도의 10억 배나 되었다. 오늘날 암흑에너지가 우주의 밀도에서 물질과 비슷한 정도(즉 각각 절반)라는 것은 대단히 기묘한 사실이다. 그러나 그 점은 적어도 관측자에게는 도움을 준다. 마침 물질의 지배로 인해 감속되는 우주에서 암흑에너지의 지배로 인해 가속되는 우주로의 전환이 적색이동 0.1~1.7에서 일어난 덕분에 지금 우리는 차세대 위성 검출기로 상세하게 관측하기에 유리한 조건에 있는 것이다.

한편 학자들은 암흑에너지와 물질의 비슷한 크기가 우주의 평탄함에 기여한 점에 관해 계속 탐구하고 있다. 만약 우주상수가 진정으로 상수라면 그 탐구는 암흑에너지의 밀도가 왜 그렇게 작은지를 묻는 것이나 다름없다. 암흑에너지 밀도가 매우 작기 때문에 Λ라는 조건이 우주 팽창의 초기에 거의 영향을 미치지 않았으며, 그래서 우주가 팽창하는 데도 중력 붕괴로 별, 은하, 은하단이 형성되지 못했던 것이다. 나중에 보겠지만 최초의 별들이 수명을 마치고 행성과 생명의 탄생에 필요한 원료를 은하에 제공하는 데는 상당한 시간이 걸렸다. 그 뒤 일부 행성에 지적 생명체가 출현하기까지는 더 오랜 시간이 걸렸다. 이 모든 일이 일어났을 무렵 우주의 물질 밀도는 암흑에너지 밀도 아래로 떨어졌고, 팽창의 가속화가 현저해지기 시작했다. 하지만 우주적 시간으로 그리 멀지 않은 미래에 우주의 결정적 팽창이 일어나 생명이 불가능해질 테고 아무것도 남지 않을 것이다. 인간은 흥미롭고 복잡한 존재이며, 우리가 사는 시대 또한 우주의 생애에서 흥미롭고 복잡한 시간이다. 우리와 같은 생물체가 존재할 수 있는 유일한 시간이기 때문이다.

하지만 이 모든 것은 암흑에너지 밀도가 아주 작은 경우에만 통용된다. 그렇지 않다면 우리와 같은 흥미롭고 복잡한 존재는 탄생할 수 없었다. 초기 우주에서 암흑에너지 밀도가 컸다면 물질의 중력 효과를 압도했을 테고, 우주가 급속히 팽창함에 따라 물질이 끊임없이 퍼져 물질 밀도가 희박해졌을 것이다. 그 경우 별, 행성, 인간은 생겨날 수 없다. 다른 극단으로, Λ조건이 음수였을 가능성도 있다. 양수의 Λ조건이 반중력을 가진 암흑에너지와 관련된다면, 음수의 Λ조건은 또 다른 종류의 양성적 중력을 가진 암흑에너지에 관련된다. 그런 효과가 중력의 인력과 더해져 우주가 스스로 너무 빨리 붕괴하면 별, 행성, 인간이 탄생하지 못한다. 그러므로 우주상수의 크기에 관한 문제는 곧 과거 천문학자들을 당혹케 한 우주가 평탄한 이유, 급속한 팽창과 급속한 붕괴 사이에서 절묘한 균형을 취하고 있는 이유에 관한 문제와 다를 바 없다. 이 문제의 해결은 전혀 새로운 인플레이션의 관념을 제기했다. 나는 우주상수 문제를 해결하면 전혀 새로운 뭔가가 나올 것이라고 생각한다. 지금까지 상상하지 못한 그것은 우주의 본질에 관한 새로운 '심원한 진리'를 말해줄 것이다. 그러나 그 중대하고 새로운 관념이 등장하기 전까지 그 '우연의 일치'에 대한 최선의 설명은 인간우주학anthropic cosmology이라고 말하는 관념에서 얻을 수 있다. 어떤 과학자들은 이것을 절망의 조언이라고 여긴다. 하지만 나는 그것이야말로 우주가 왜 우리 같은 생명체의 매우 안락한 집인지를 말해주는 최선의 설명이라고 믿는다.

인류 원리anthropic principle(인류가 존재하므로 자연 법칙이 지적 생명체의 존재를 허용해야 한다는 논거: 옮긴이)의 근저에는 우주에 우리에게 보이지 않는 것이 많이—아마도 무한히—존재한다는 관념이 있다. 밝은 별들 사이의 공간에는 암흑물질이 없지만 관측 가능한 우주의 한계 너머에는 더 큰 시공간이 있다. 기존의 우주Universe와 혼동을 피하기 위해 그 '초우주'를 코스모스Cosmos라고 부르기로 하자. 코스모스의 시공간이 무한하다면 팽창하는 우주는 그 무한의 바다에 뜬 하나의 물거품에 불과할 것이다. 저 너머에는 다른 거품 '우주들'이 많이 존재할 것이다. 각각 자체의 인플레이션을 통해 진화할 테고 우리 우주에서는 영원히 볼 수 없고 접촉할 수 없을 것이다. 우리 태양계가 유일하지 않듯이 우리 은하도 유일하지 않으며, 머잖아 우리 우주도 유일하지 않다는 게 드러날지도 모른다. 어떤 인플레이션 이론은 실제로 무한한 시공간의 바다에 무한히 많은 거품 우주가 존재한다고 시사한다. 인간적 주장에 따르면 물리학의 법칙은 우주상수를 특정한 값으로 못박지 못한다.[45] 그렇다면 우주상수는 각각의 거품마다 다른 값일 것이다.

우주상수가 큰 거품(우주)에서는 팽창이 처음부터 가속되어 별, 행성, 인간이 없을 것이다. 또 우주상수가 음수인 거품 우주에서는 거품이 일찍 붕괴해 생명체 같은 흥미로운 존재가 생겨나지 못한다. 오직 우주상수가 작거나 '적정한' 값인 거품에서만 생명이 탄생할 수 있다. 전반적으로 볼 때 우주의 종류와 수는 많다. 우리는 인류 원리에서 이 코스모스 안의 허용된 장소에 살게 된 것이다.

---

[45] 자연의 다른 '상수'와도 관련되지만, 인간우주학에 관한 상세한 논의는 생략하기로 하자.

인간우주학의 견해는 인플레이션 이론과 매우 작은 우주 상수의 발견으로 지지를 얻었으나 따지고 보면 역사가 오래다. 현대적 형태를 보면, 정식 인간우주학은 1970년대 초 영국의 학자 브랜던 카터Brandon Carter의 저작을 기원으로 한다. 그러나 위대한 천체물리학자 프레드 호일Fred Hoyle은 1950년대에 확고한 인류 원리를 바탕으로 중요한 발견을 했다(이에 관해서는 다음 장에서 다룰 것이다). 1973년 폴란드에서 열린 회의에서 카터는 "우리가 관측하려는 대상은 관측자라는 우리의 존재에 의해 제약될 수밖에 없다"고 말했다. 이것은 지금까지도 인류 원리의 가장 간명한 주장이다. 하지만 이미 1903년에 앨프리드 러셀 월리스Alfred Russel Wallace(자연선택에 의한 진화론을 다윈과 별개로 발견한 사람이다)는 『우주에서 인간이 차지하는 위치Man's Place in the Universe』라는 책에서 다음과 같이 썼다.

우리가 존재한다고 믿는 방대하고 복잡한 우주는 …… 생명의 발달에 꼭 알맞은 세계를 만들기 위해 …… 반드시 필요하다.

그러나 인류 원리에 공감하기 위해 전체 우주를 살펴볼 필요는 없다. 예를 들어 우리 태양계에서 태양의 둘레를 도는 암석 행성이 세 개도, 다섯 개도 아닌 바로 네 개(수성, 금성, 지구, 화성)인 것은 인류 원리에 따른 게 아니라 순전한 우연일 것이다. 다른 세 암석 행성이 있기 때문에 지구상에 천문학자가 진화할 수 있다는 근본적인 이유는 없다. 하지만 천문학자가 다른 세 암석 행성이 아니라 지구에서만 진화한 데는 근본적인 이유가 있다. 우리 태양계에는 인류 원리의

'선택 효과'가 작용한다. 인접한 세 행성—금성, 지구, 화성—가운데 지구만이 오늘날 우리와 같은 생명체가 등장하기에 적합한 환경이다. 우리와 같은 생명체는 지구에만 살 수 있으므로 주변을 둘러보아도 지구가 바로 우리가 사는 행성인 것은 당연하다. 만약 다른 물리적 속성을 가진 다른 우주를 생각할 수 있다면, 똑같은 논리로 거기에도 역시 우리와 같은 생명체가 살기에 적합한 환경이 있을 테고 그들이 자기 주변을 둘러보고 우주상수 같은 것을 측정하리라고 상상할 수 있다. 태양계의 예가 보여주듯이 그것은 단순한 동어반복이 아니다. 우리는 지금 여기에 살아 있기 때문에 우리가 사는 우주가 생명에 도움이 된다고 믿는다.

이 생각을 좋아하느냐, 싫어하느냐는 주로 취향의 문제다. 좋아하는 사람이라 해도 암흑에너지 밀도가 지금처럼 작은 근본적인 이유가 있다면 더 좋아할 것이다. 그러나 기준선은 우리가 존재한다는 것이다. 우리는 140억 년가량 된 평탄한 우주에 살고 있으며, 암흑에너지는 얼마 전에 중력보다 커지면서 팽창 속도를 증가시키기 시작했다. 우주의 본성을 감안하면 우리는 어떻게 여기 살게 되었을까? 이 물음에 답하려면 먼저 우리를 구성하는 물질에 관해 알아야 한다. 빅뱅에서 생겨난 수소와 헬륨을 제외한 온갖 중입자 물질이 어디서 왔을까? 이제 전체로서의 우주에서 벗어나 우주의 나이가 어렸을 때 우리 은하(수천억 개의 다른 은하를 포함해)에서 벌어진 일을 집중적으로 살펴볼 차례다.

7

화학 원소는
어떻게 생겨났을까?

Where Did the Chemical Elements Come from?

　지금으로부터 100여 년 전에 활동했던 앨프리드 러셀 월리스는 우주의 크기와 복잡함을 알지 못했지만, 그가 말한 지구의 생명과 우주의 관계는 지금도 공감할 수 있다. 또 우리 같은 생명체가 활동할 수 있는 '무대'는 나이가 수십억 년이 된 아주 큰 우주여야만 한다는 주장도 있다. 우리가 존재한다는 사실은 곧 우리가 밤하늘을 쳐다볼 때 크고 오래된 우주를 볼 수 있음을 의미한다.

　이런 추론의 출발점은 우주가 평탄하고, 팽창하고, 우주상수의 값이 작고, 중력의 영향으로 물질이 응집될 수 있을 만큼 불규칙성을 가졌다는 사실이다. 이 물질의 덩어리들이 어떻게 별, 행성, 인간을 이루었을까? 이 순서는 중요하다. 내가 다른 곳에서 강조한 바 있듯이[46] 생명은 별이 형성되는

---

46 「스타더스트 Stardust」를 보라.

과정에서 탄생하기 때문이다. 우리는 수소와 헬륨만이 아니라 다양한 중입자 물질로 구성되어 있다. 우리 몸을 이루는 모든 원소는 수소 원자를 제외하고 전부 별의 내부에서 만들어지며, 우주가 팽창을 계속하는 시간만큼의 시간이 걸린다. 그러므로 우리가 존재하기 위해서는 우주가 충분히 크고 오래되어야 한다.

화학 원소들이 별의 내부에서 만들어지는 방식을 현대적으로 이해하는 것은 큰 차원(별의 차원)에서의 물리학 지식과 작은 차원(원자핵의 차원)에서의 물리학 지식을 결합하는 힘을 보여주는 또 하나의 전형적인 사례다. 별의 물리학 연구―천체물리학―는 양자물리학의 한 가지 주요 특징인 파동-입자 이중성과 연관된 불확정성으로 이어졌다.

물리학자에게 겉으로 보는 별은 단순한 사물이다. 별은 중력으로 뭉친 물질의 덩어리이지만 내부에서 열이 발생하기 때문에 중력과 외부 압력이 상쇄되어 더 이상 붕괴하지 않는다. 별이 얼마나 밝고 무거운지 알기는 쉽다. 별의 붕괴를 막으려면 별 내부의 온도가 얼마나 되어야 하는지는 중학교 수준의 간단한 계산으로도 알 수 있다. 별의 재료가 무엇인지, 에너지를 어디서 얻는지는 중요하지 않다. 별이 중력을 물리치고 우리가 보는 것처럼 밝게 빛나는 데 필요한 힘을 만들어내려면 일정한 내부 온도가 필요하다. 태양은 상당히 평범한 별이며, 가까이 위치해 있어 상세히 연구하기에 좋다. 그래서 이런 식으로 탐구하는 첫 번째 별이 된다. 그러나 천문학자들은 분광학을 이용해 다른 별들의 온도를 측정할 수 있고, 쌍성계를 이루는 별들이 서로 공전하는 방식을 연구해 질량을 측정할 수 있다.

1920년대에 천체물리학자들은 간단한 계산을 통해 태양 같은 별의 내부 온도가 1500만K쯤 되어야 한다는 결론을 내렸다. 태양이 계속 빛나기 위한 유일한 에너지원은 아인슈타인의 방정식 $E=mc^2$에 따라 질량을 에너지로 전환시키는 데서 얻는다. 그런데 질량 m은 어디서 생겨난 걸까? 그 무렵에는 입자물리학의 기술이 이미 상당한 정도에 올라 원자핵의 질량을 매우 정확하게 측정할 수 있었다. 가벼운 핵들이 서로 융합해 무거운 핵을 이룬다면 질량의 일부가 사라져야만 했다. 예를 들어 양성자 두 개와 중성자 두 개로 구성된 헬륨-4의 핵은 질량이 4.0026원자량이지만(탄소-12 핵의 질량을 12원자량으로 정의한 것이 기준이다), 양성자 네 개의 총 질량은 4.0313원자량이다. 양성자(수소의 핵) 네 개를 결합시켜 헬륨 핵 하나를 만든다면 0.0287원자량의 질량이 에너지의 형태로 방출된다. 원래 양성자 네 개의 총 질량 가운데 0.7퍼센트를 약간 상회하는 양이다.[47]

하지만 여기에는 난관이 있다. 양성자 네 개를 한데 뭉치려면 강한 핵력이 필요하다. 양성자 네 개가 전자 두 개를 방출하면서(베타붕괴라고 알려진 과정) 하나의 헬륨-4 핵을 이루는 데는 양전하를 가진 양성자들의 반발력을 이겨낼 만큼 강한 핵력이 있어야 한다. 그러나 강한 핵력은 작용 반경이 아주 짧다. 두 양성자가 접근하면 일단 양전하로 인한 반발력이 워낙 강한 탓에 서로 멀어졌다가 한참 뒤에 극단적 상황이 아니라면 강한 핵력이 작용하게 된다. 두 양성자가

---

[47] 정확도를 기하려면 양성자 두 개가 중성자로 전환될 때 전자 두 개의 질량이 만들어지는 것도 고려해야 한다. 그러나 전자 하나의 질량은 양성자의 0.05퍼센트밖에 안 되므로 거의 무시해도 좋다.

접근했을 때 강한 핵력이 우세해져 서로 달라붙고 하나의 양전자를 방출해 중수소의 핵인 중양성자를 이루려면 아주 빠른 속도로 운동해야 하는데, 이는 곧 고온과 고압의 환경 속에 있다는 의미다. 앞에서 보았듯이 그런 환경은 빅뱅 이후 몇 분 동안 존재했으나 1920년대에는 아직 그 사실이 알려지지 않았다. 당시 알려진 물리학 법칙은 1500만 도의 고온이어야만 핵이 융합되어 태양 같은 별의 에너지원이 될 수 있다는 것이었다. 이 딜레마를 해결해준 것은 새로운 물리학인 양자 불확정성의 발견이다.

양자 불확정성은 양성자 같은 실체가 공간상의 한 지점에 정확히 위치하는 게 아니라 모호한 양태로 흩어져 있다고 말해준다. 파동-입자 이중성의 관점에서 이것은 '입자'의 파동성이라고 볼 수 있다. 파동의 본래 성질은 펼쳐지는 데 있다. 그러므로 양성자 두 개가 서로 접근하면 그 파동이 중첩되기 시작한다(하지만 전통적 물리학에서는 아직 서로 닿은 것은 아니라고 말한다). 이렇게 파동이 섞이면 강한 핵력이 작용해 양성자들을 더 조밀하게 끌어당기고, (약한 핵력의 도움으로) 전자를 방출하도록 만든다. 이 과정은 때로 '터널 효과tunnel effect'라고 불린다. 고전 물리학에서는 양전하를 띤 두 입자 사이의 전기적 반발력을 넘을 수 없는 장벽으로 여기고, 양성자는 양자 불확정성의 도움을 받아 그 장벽을 터널처럼 통과한다고 보았다(물론 다른 입자들에도 해당한다). 1920년대 후반에 양자 불확정성이 제기되자 양성자들이 태양의 내부에 모여 태양이 빛나는 데 필요한 에너지를 방출하는 과정을 설명할 수 있게 되었다.

이 핵 작용이 일어나는 조건은 지구상의 일상적인 생활

조건과 비교할 수 없을 만큼 극단적이라는 점을 명확히 해둘 필요가 있겠다. 핵반응이 일어나고 물질을 에너지로 전환시키는 장소인 태양의 내부는 중심에서 표면까지 거리의 1/4에 불과하다. 이는 곧 그 장소가 별 전체 부피의 1.5퍼센트에 불과하다는 의미다. 그런 부피라면 너무 뜨거워 전자가 전자기장에 갇힐 수 없다. 그러므로 핵이 원자를 형성하지 못할 뿐 아니라 핵들이 납의 12배, 혹은 물 밀도의 160배만큼 단단하게 뭉치지 못한다. 내부의 압력은 지표면 대기압의 무려 3천억 배다. 워낙 고밀도이기 때문에 태양 부피의 1.5퍼센트밖에 안 되는 내부 구역에 물질의 절반이 몰려 있다. 앞에서 말했듯이 온도는 1500만K에 달하지만(중심부의 가장자리 온도는 약 1300K다), 핵은 원자보다 매우 작으므로 그런 밀도에도 덜 극단적인 조건의 기체 원자, 이를테면 인간의 폐 속에 있는 공기와 거의 똑같이 행동하고 이리저리 튕기며 반복적으로 서로 충돌한다. 태양의 중심부는 물리학자들이 생각하는 '완벽한' 기체의 관념을 찾기에 딱 알맞은 환경이다.

 인간의 척도로 보면 극단적이지만 빅뱅 시기보다는 크게 나아진 환경이다. 중요한 차이는 별 내부의 환경이 수십억 년 동안 동일한 상태라는 데 있다. 빅뱅은 몇 분 만에 끝났고 핵합성이 본격적으로 일어날 시기는 아니었다. 태양 내부와 같은 환경에서도 매우 드물지만 정면충돌이 가능하다. 두 양성자가 접근해 터널 효과를 일으키고, 강한 핵력이 작용하고, 일종의 베타붕괴 과정이 일어나 양성자 하나와 중성자 하나가 서로 묶이면서 중수소가 만들어지는 것이다.

 태양을 빛나게 만드는 핵융합을 상세히 알게 되는 데는

20여 년이 걸렸다. 예를 들어 입자가속기에서 양성자가 상호작용하며 충돌하는 방식이 밝혀짐으로써 태양의 중심부에서 그런 충돌이 얼마나 일어나는지, 그 결과로 중수소가 얼마나 만들어지는지 계산할 수 있게 되었다. 그 과정은 생략하고 여기서는 결과에만 주목하기로 하자. 양성자들은 매 초마다 여러 차례 튕기면서 서로 충돌하지만 보통 양성자 하나가 짝과 만나 융합하는 데는 10억 년이나 걸린다. 그러므로 20억 개의 양성자로 실험을 시작해도 1년 뒤에야 단 한 쌍이 만나 중수소를 이루는 게 고작이다.

일단 중수소가 만들어지면 1초 만에 또 다른 양성자가 중수소에 달라붙어 헬륨-3 핵을 형성한다. 다른 양성자들이 헬륨-3 핵과 충돌하면 튕겨나가버린다. 양성자보다 헬륨-3 핵의 수가 더 적으므로 헬륨-3 핵들끼리 충돌하는 경우는 더 드물다. 그러나 그 충돌이 일어날 경우 융합하기는 더 쉽다. 헬륨-3 핵들은 태양의 중심부를 100만 년이나 헤매다가 서로 만나게 된다. 이때 헬륨-4 핵이 형성되면서 양성자 두 개가 방출된다.

이와 같은 반응은 양성자-양성자 연쇄 반응proton-proton chain이라고 불리며, (어떤 방식으로든) 수소가 헬륨으로 전환되는 과정은 보통 수소연소hydrogen burning라고 총칭된다. 10억 년가량이 지난 뒤 일어나는 그 반응으로 양성자 네 개가 헬륨-4 핵 하나를 이루면서 에너지가 방출된다.[48] 이런 식으로 헬륨-4 핵 하나가 만들어질 때마다 질

---

[48] 이 과정에는 일종의 '보조 고리'가 있다. 헬륨-3 핵이 헬륨-4 핵과 만날 때는 약간 다른 상호작용이 일어난다. 하지만 여기서 방출되는 에너지의 양은 작다.

량의 0.048×10⁻²⁷킬로그램이 줄어든다. 태양의 중심부에는 입자의 수가 무척 많고 매초마다 융합 반응이 일어나므로 태양의 질량에서 줄어드는 부분은 초당 430만 톤이다. 6억 톤의 수소가 헬륨 5억 9600만 톤을 생산하는 셈이다.[49] 이런 과정이 45억 년 동안 진행되었으나 지금까지 방출된 에너지는 원래 수소 총량의 수백분의 1퍼센트에 불과하다. 수치가 이렇게 낮은 것은 당연하다. 생산된 헬륨-4 핵 하나는 원래 양성자 네 개 질량의 0.7퍼센트에 불과하기 때문이다. 태양 전체가 오로지 수소로만 이루어져 있고(실은 그렇지 않지만) 모든 수소가 헬륨-4로 전환된다 하더라도, 그 과정에서 줄어드는 질량은 원래 질량의 0.7퍼센트밖에 안 된다. 그 수치만으로도 태양이 얼마나 큰지 알 수 있다!

이 현상이 일어나는 속도는 자가 조절된다. 만약 태양이 좀 더 수축한다면 중심부의 압력과 온도가 상승해 반응이 더 자주 일어나고 더 큰 에너지가 방출된다. 온도가 상승하면 별이 부풀어 압력을 낮추고 다시 원래 온도로 냉각된다. 만약 별이 팽창한다면 중심부의 온도가 낮아져 에너지 방출 속도가 느려지고 다시 안정적인 크기로 줄어든다. 그러나 중심부의 수소 연료원이 고갈되면(태양의 경우 앞으로 40억 년 정도가 지나면) 모든 것이 새로운 안정적 균형을 이루어야 한다.

수소 핵(양성자)이 융합되어 헬륨-4 핵을 형성하면서 에너지가 방출되는 것과 마찬가지로, 헬륨 핵도 융합되어 다른 원소의 핵을 만들지만 이 과정에서 방출되는 에너지는 비

---

[49] 태양 내부에서 1초당 수소가 헬륨으로 전환되는 양은 대략 북아메리카 미시간 호의 물에 포함된 수소의 양과 비슷하다.

교적 크지 않다. 그러나 별의 핵합성 과정은 양성자-양성자 연쇄 반응보다 고온에서 일어나며, 수소연소가 진행되는 동안에는 일어날 수 없다. 역설적으로 보이겠지만 수소연소는 태양 같은 별의 중심부를 어느 정도 냉각시키는 기능을 한다. 수소 연료가 고갈되면 일단 중심부의 압력이 낮아져 별이 수축되기 시작한다. 이때 중력 에너지가 방출되면서 중심부의 온도를 상승시켜 다시 핵융합이 가능해진다. 이 반응에서 방출된 에너지로 별의 내부 온도와 압력이 정상화되어 새로운 에너지원을 이용하게 된다.

헬륨-4 핵은 핵자의 구성이 매우 안정적이기 때문에 상호작용에서 단일한 실체처럼 행동하며 때로는 알파 '입자'라고 불린다. 다음 단계의 핵합성에서는 알파 입자들이 달라붙어 더 무거운 원소들이 만들어진다. 어떤 핵은 양성자를 더 많이 흡수하기도 하고, 어떤 핵은 입자를 방출해 다른 원소나 동위원소의 핵을 만들기도 한다. 대체로 네 개 이상의 핵자를 포함하는 핵을 가진 원소(예컨대 탄소-12나 산소-16)는 매우 안정적이고 다른 무거운 원소들에 비해 대단히 안정적이고 평범하다.[50]

그렇다면 융합 과정의 다음 단계에서는 헬륨-4 핵의 쌍으로부터 베릴륨-8 핵이 형성되지 않겠느냐고 추측할 수도 있을 것이다. 하지만 베릴륨-8은 규칙에서 벗어난 예외에 속한다. 그것은 매우 불안정하다. 설령 헬륨-4 핵 두 개가 충돌해 달라붙는다 해도 그렇게 존재하는 기간은 아주

---

[50] 천문학자들은 수소와 헬륨을 제외한 모든 원소를 '무거운' 원소로 분류하면서 '금속'으로 총칭하는데, 화학자들은 아마 찬동할 수 없을 것이다.

짧다. 이것은 천체물리학자들에게 큰 문제를 제기했다. 우주에는 베릴륨보다 무거운 원소가 엄청나게 많을 뿐 아니라 별의 내부 이외의 곳에서는 어디서도 만들어지지 않기 때문이다. 어떻게 별의 핵합성에서 베릴륨이 생략되고 더 무겁고 안정적인 핵이 만들어질 수 있을까?

이 문제는 1950년대에 들어서야 해결되었다. 당시 프레드 호일은 별의 내부에서 헬륨-4 핵 세 개가 뭉쳐 안정적인 탄소-12를 만드는 트리플-알파 과정이라는 상호작용에 주목했다. 이 책에서 나는 1950년대의 옛날 역사보다 21세기의 견해에 주력하고 있지만, 호일의 통찰력은 워낙 심원하고 현대 우주학적 사고와 연관되는 측면이 있으므로 여기서 잠시 본론에서 벗어나 그 의미를 검토하는 게 좋겠다. 그것은 인류 원리를 이용해 물리 세계의 본성을 성공적으로 예측한 최초의 사례였다.

베릴륨-8 핵의 수명은 10^{-19}초에 불과하지만, 그 짧은 시간에도 수소연소가 끝난 별의 중심부와 같은 환경에서는 베릴륨 핵의 일부가 알파 입자와 충돌할 수 있다. 문제는 베릴륨-8이 워낙 불안정하기 때문에 그런 충돌이 알파 입자 세 개를 달라붙게 하는 게 아니라 반대로 핵을 쪼개버린다는 점이다.

호일은 탄소가 존재한다는 사실(우리 신체 같은 탄소 유기체를 생각해보라)로 미루어볼 때 베릴륨-8이 불안정함에도 불구하고 물리학 법칙에 또 다른 알파 입자를 달라붙게 만드는 게 반드시 있을 것이라고 추론했다. 당시 그가 한 말을 들어보자. "우리 주위의 자연 세계에는 탄소가 많고 우리 자신도 탄소를 기반으로 하는 생명체다. 별은 탄소를 만드는 아주 효율적인 방법을 발견했으므로 나는 그것을 찾아내고자 한다."[51] 트리플-알파 과정이 옳다면 탄소-12 핵이 생성될 것이다. 그런데 탄소-12에는 그것이 곧바로 해체되는 것을 막아주는 뭔가 특별한 게 있지 않을까?

양자물리학을 바탕으로 호일은 원자핵이 보통 낮은 에너지 준위로 존재하지만 적절한 조건이 주어지면 에너지의 양자(이를테면 감마선 광자)를 흡수해 이른바 들뜬 상태excited state가 된다는 것을 알았다. 잠깐의 시간이 지나면 감마선 광자를 방출하고 기저 상태ground state로 돌아간다. 이 과정은 원자가 빛의 광자를 흡수할 때 전자가 더 높은 에너지 준위로 도약한 다음 다시 낮은 에너지 준위로 돌아오면서 빛을 재방출하는 것과 매우 비슷하다. 악기에 비유해도 좋다. 바이올린이나 기타의 현이 진동하면 자연스러운(근본적인) 음을 내지만 올바른 방식으로 퉁기면 더 높은 화음을 낼 수 있다.

그래서 호일은 결론을 내릴 수 있었다. 별의 내부와 같은 환경에서 세 알파 입자가 뭉쳐 하나의 탄소-12 핵을 형성하려면, 탄소-12 핵은 기저 상태의 베릴륨-8 핵 에너지와 더불어 밖에서 유입되는 적절한 온도의 알파 입자 에너지와도 자연스러운 '공명'을 이루어야 한다. 이 경우 유입되는 알파 입자의 운동에너지는 탄소-12 핵을 쪼개버리지 않고 '들뜨게' 만든다. 그러면 들뜬 탄소-12 핵은 감마선 광자를 복사하고 기저 상태로 돌아간다. 하지만 이 과정이 성립하려면 탄소-12를 들뜬 상태로 만드는 데 필요한 에너지가 유입되

---

51 Mitton(2005)에서 인용.

는 알파 입자의 에너지보다 약간 작아야만 한다. 반대로 약간이라도 더 큰 에너지가 필요하다면 유입되는 알파 입자의 에너지로 그 작업을 수행하지 못한다. 또한 에너지 차이가 아주 크다면 운동에너지가 너무 많이 남아돌아 핵을 쪼개 버릴 것이다.

적절한 양의 에너지에 공명하는 것은 이미 1940년대 말의 실험에서 제시되었으나 당시에는 누구도 그것을 별의 내부에서 일어나는 과정과 연결시키지 못했다. 얼마 뒤 호일은 캘리포니아 공대에서 입자물리학자들과 그 문제를 논의했을 때 최근의 실험으로 이전 연구가 잘못임이 드러났다는 말을 들었다. 하지만 호일은 그 말을 믿지 않고 재차 실험을 고집했다.[52]

그 결과 호일은 우리가 존재한다는 사실이 바로 탄소-12라는 특정한 원소의 핵이 특정한 에너지를 지닌 들뜬 상태가 될 수 있다는 자연 법칙의 존재를 의미한다고 주장했다. 1950년대에 대다수 과학자들은 그런 추론을 터무니없게 여겼다. 하지만 그것은 여느 훌륭한 과학적 견해와 마찬가지로 검증될 수 있었다.

검증 방법은 탄소-12의 속성을 파악하는 것이었다. 이를 위한 기술은 캘리포니아의 켈로그 복사연구소에 있었다. 호일은 탄소-12가 기저 상태보다 에너지가 7.65MeV만큼 높을 때 들뜬 공명 상태가 된다고 정확히 예측했다. 약간 어려움은 있었으나 그는 실험실의 연구자들을 설득해 그 들뜬

---

[52] D. 거프Gough가 엮은 『프레드 호일의 과학적 유산The Scientific Legacy of Fred Hoyle』(Cambridge University Press, Cambridge, 2005)에 실린 데이비드 아넷David Arnett의 글을 보라.

상태의 탄소-12를 찾아내는 실험을 하게 했다. 실험팀을 이끈 윌리 파울러Willy Fowler는 훗날 호일이 입을 닫고 물러가게 하려면 실험을 진행할 수밖에 없었다고 털어놓았다.[53] 호일의 예측이 오차 5퍼센트의 정확성을 보이자 실험팀은 모두 깜짝 놀랐다. 탄소-12는 실제로 정확한 장소에서 공명해 트리플-알파 과정을 입증했다.

왜 그럴 수밖에 없는가는 왜 우주가 별, 행성, 인간을 형성하기에 알맞은 속도로 팽창하는가와 마찬가지로 수수께끼다. 이것 역시 인류 원리에서 한 가지 답을 말할 수 있다. 온갖 물리 법칙을 가진 수많은 우주들이 존재하며, 우리는 단지 우리에게 맞는 우주에 살고 있을 뿐이라는 답이다. 하지만 현실적인 견지에서 중요한 것은 별의 핵합성이 베릴륨-8의 간극을 뛰어넘을 수 있으며, 이때부터 별의 내부에서 무거운 원소들이 순풍에 돛 단 듯이 생성된다는 점이다. 이것은 천체물리학과 입자물리학이 우주의 본질에 관한 심층적 이해를 전해주는 가장 대표적인 사례다.

별의 내부에서 탄소 핵이 만들어진다면 더 무거운 원소도 만들어질 수 있을 것이다. 별의 중심부에서 헬륨연소가 진행되면 그 주변의 연소되지 않은 헬륨 외피(그리고 가장 바깥쪽의 수소층)의 온도가 약간 낮아져 연료가 전부 연소될 때까지 지속된다. 그러면 중심부가 또다시 수축되고 온도가 상승하면서 탄소-12 핵이 알파 입자와 융합해 산소-16 핵을 이루는 반응이 가능해진다. 이리하여 탄소 연료가 남아 있을 때까지 별은 안정을 유지하다가 다시 수축, 가열, 새로운 양식의 융합이 반복된다. 물론 단

---

53 저자와의 대화.

계가 반복될 때마다 온도가 상승한다. 원자핵 안에 양성자가 많을수록 양전하가 커지고, 유입되는 알파 입자(이것도 양전하다)가 더 빠른 속도로 터널 효과를 일으켜 장벽을 뚫고 핵에 도달하기 때문이다. 이런 식으로 네온-20, 마그네슘-24, 규소-28 같은 원소들이 만들어진다. 늙은 별은 마치 양파처럼 중심부 주변에 켜켜이 껍질이 쌓이고 중심에서는 무거운 원소, 표면 부근에서는 가벼운 원소가 생성된다. 입자가속 실험은 그런 환경에서 플루오르-19, 나트륨-23 같은 다양한 핵자를 가진 원소들이 적은 양으로 생산되는 것을 보여준다. 이때 4배수의 질량을 가진 평범한 핵은 주변 입자와의 상호작용을 통해 외톨이 양성자를 흡수하고 외톨이 양전하를 방출한다. 이 연구의 중요한 성과는 지구상에서 얻은 핵 상호작용의 이해와 천체물리학자들이 얻은 별의 이해를 통해 태양 같은 별들의 스펙트럼에서 실제로 관측된 것과 똑같은 원소들의 비율을 예측해냈다는 점이다. 이것은 천체물리학자들이 특별한 중요성을 가지는 핵 상호작용에 관해 밝혀낸 결과를 통해 산뜻하게 증명된다.

주변에 이미 탄소와 산소의 흔적이 존재한다면, 양성자-양성자 연쇄 반응 이외에 또 다른 방법이 있다. 태양보다 약간 더 무겁고 중심부의 온도가 약간 더 높은 별은 수소를 연소시켜 헬륨을 만들 수 있다. 이 과정에는 탄소(C)만이 아니라 질소(N)와 산소(O)도 포함되기 때문에 흔히 CNO 순환이라고 불린다. 그 특징은 그 핵들이 전부 순환에 관여해도 일단 평형에 도달한 뒤에는 '완전 소비'되지 않는다는 점이다. 그래서 각 순환 단계마다 최종 산물로 수소 핵(양성자) 네 개가 헬륨-4 핵(알파 입자) 하나로 전환된다.

이 순환이 진행되는 과정은 이렇다. 탄소-12 핵은 양성자 하나를 붙잡아 질소-13 핵이 된다. 질소-13 핵은 양전자 하나를 뱉어내 탄소-13이 되고 이 탄소-13은 양성자 하나를 붙잡아 질소-14가 된다. 질소-14는 양성자 하나를 흡수해 산소-15가 되며, 산소-15는 양전자 하나를 방출하고 질소-15가 된다. 마지막으로 질소-15는 양성자 하나를 흡수하고 곧바로 알파 입자 하나를 뱉어 탄소-13이 된다. 이리하여 순환이 반복된다.[54] 이 과정의 모든 단계들은 지구상의 입자 실험실에서 연구되었다. 그래서 우리는 그 과정이 얼마나 빠르고 어떤 환경에서 일어나는지 알고 있다. 이것은 우리 인간만이 아니라 지구상의 모든 생명에게 매우 중대한 발견으로 이어진다.

이 순환 가운데 가장 느린 반응은 질소-14가 산소-15로 전환되는 단계다. 따라서 수소연소를 일으킬 수 있을 만큼 큰 별의 초기 생애에는 질소가 산소로 전환되는 것보다 탄소가 질소로 전환되는 양이 훨씬 더 많다.[55] 질소가 많이 만들어지면, 비록 핵들이 상호작용하기까지는 시간이 걸리지만 워낙 많은 핵들이 상호작용하므로 결국에는 평형이 성립한다. 비유하자면 수도꼭지를 하나만 다 틀어놓든, 아니면 그 수도꼭지에 호스를 연결해 많은 구멍이 뚫린 정원의 스프링클러로 사용하든 나오는 물의 양이 달라지지 않는 것과 같은 이치다. 물론 스프링클러에 작은 구멍 하나만 있다면 효율성을 기할

---

[54] 이보다 덜 중요하지만 이 순환에는 보조 고리가 있다. 그 점에 주목한 천문학자들은 CNO 바이시클 혹은 CNO 트라이시클이라는 재미있는 말을 만들어내기도 하는데, 우리의 논의에는 중요하지 않다.

[55] 하지만 별에서 탄소는 사소한 성분이라는 점을 기억하라. 한창 시기에 별은 주로 수소와 헬륨으로 이루어져 있다.

수는 없겠지만. 한 차례의 순환에서는 수소 핵 네 개가 헬륨 핵 한 개로 전환되고 에너지가 방출되며, 별의 일생을 통한 부수적 효과는 탄소가 질소로 전환되는 것이다.

이것이 왜 중요한가? 질소는 생명체의 필수 요소인데(우리가 아는 지구상의 생명체는 그렇다), CNO 순환은 우주에서 질소를 만들어내는 유일한 메커니즘이기 때문이다. 앞에서 보았듯이 탄소와 산소는 달리 만들어지는 방법이 있지만 질소는 그렇지 않다. 지구의 대기와 여러분의 신체에 존재하는 모든 질소는 태양 같은 별의 내부에서 만들어졌다는 것은 절대적으로 확실한 사실이다. 정확히 말하면 우리 태양보다 약간 무거운 별에서 CNO 순환을 통해 만들어진다. CNO 순환이 없었다면 우리가 존재할 수도 없다. 생명은 바로 별이 생성되는 과정에서 시작된 것이다.

실제로 별의 내부에서 만들어진 원소들이 우주로 대거 쏟아져나와 별, 행성, 인간의 원료가 된 덕분에 우리는 존재할 수 있었다. 이제 우리는 그 이야기를 다룰 시점에 이르렀다. 하지만 별의 핵합성 이야기가 규소-28에서 중단되었으니 일단 실마리를 되찾아 무거운 원소들이 만들어진 과정을 논의하기로 하자.

규소-28에서 중단한 데는 그럴 만한 이유가 있다. 알파 입자들을 차례로 무거운 핵에 계속 추가해 한 번에 네 단위씩 질량을 꾸준히 증가시킬 경우 멈추는 곳이 바로 규소다. 환경은 점점 복잡해진다. 별의 중심부는 워낙 고온(약 30억 K)에 고밀도(1세제곱센티미터당 수백만 그램의 물질이 몰려 있다)이기 때문에 빽빽이 모인 핵들은 결국 부서져버린다. 예를 들어 규소-28 핵 하나만 '광붕괴光崩壞'(에너지를 흡수해 핵자를 방출하고 다른 원소로 바뀌는 과정: 옮긴이)해도 헬륨-4 핵 일곱 개가 생성된다. 하지만 이렇게 늘어난 알파 입자는 그 뒤 다른 규소-28 핵과 결합된다. 이때 여러 개의 알파 입자가 하나의 규소-28 핵에 흡수되어 단번에 황-32, 염소-36, 아르곤-40 등 무거운 핵을 만든다. 이따금 방출된 알파 입자 일곱 개가 전부 가까이 있는 하나의 규소-28 핵에 붙잡혀 니켈-56으로 전환되기도 한다.

그러나 여기가 거의 끝이다. 불안정한 니켈-56은 곧바로 양전자를 뱉고 코발트-56으로 전환되며, 코발트-56 핵은 또 하나의 양전자를 방출해 철-56과 같은 안정적 상태가 된다. 실제로 철-56은 핵자들(양성자 26개와 중성자 30개)이 다른 어느 핵에서보다 조밀하게 뭉쳐 있는 가장 안정적인 핵이다. 따라서 가벼운 핵들이 융합되어 무거운 원소를 형성하고 에너지를 방출하는 과정은 거기서 끝난다. 철보다 무거운 원소를 만드는 유일한 방법은 에너지를 투입하는 것이다. 이 경우 핵들이 외부 과정에 의해 묶여 커다란 에너지원을 이룬다. 그 작업을 할 수 있는 에너지원은 중력뿐이다. 중력조차 별의 질량이 우리 태양보다 크지 않으면 그 작업을 할 만큼 강력하지 못하다.

대다수 별들은 규소, 황, 염소, 나아가 철 같은 무거운 원소들을 만드는 데까지 이르지 못한다. 태양은 아주 평범한 별로서 아직 수소를 연소시켜 헬륨으로 만들고 있다. 나중에 중심부의 온도가 상승하면 헬륨을 태워 탄소로 만들 테고, CNO 순환을 통해 약간량의 질소와 산소도 만들 것이다. 하지만 태양 같은 별은 헬륨 연소가 끝나도 수축해서 내부 온도를 상승시켜 탄소와 산소를 태우기는 어렵다. 태양은 자체로 오그라들고 냉각되어 결국에는 단단한 탄소 덩어리(낭만적으로 말하면 거대한 다이아몬드 결정체)가 되고, 주변에는 헬륨층과 수소의 흔적이 남을 것이다. 이때의 크기는 지구 정도에 불과해도 원래 질량의 상당 부분이 그대로 남아 있다. 태양보다 무거운 별은 10퍼센트밖에 안 되지만 원소의 기원을 설명하는 데 중요하다. 우리 태양 질량의 네 배가 넘는 별은 탄소연소가 가능하며, 모든 무거운 원소를 만들기 위해서는 적어도 태양 질량의 8~10배에 달해야 한다. 그러나 태양처럼 작은 별을 포함해 모든 별이 처음부터 모든 물질을 가진 것은 아니다.

별은 생애의 여러 단계에서 중심부가 수축되어 온도가 상승한다(예컨대 우리 태양 같은 별에서 헬륨연소가 시작될 때). 중심부에서 나오는 여분의 열로 별의 외각은 팽창한다. 이 때문에 별의 생애 전반에 걸쳐 별 질량의 최소한 1/4(우리 태양과 같은 질량을 가진 별의 경우)이 폭발해 우주 공간으로 날아가고, 이것이 팽창하는 물질 구름을 이루어 은하 속으로 퍼진다. 이 구름은 우주에서 가장 아름다운 물체가 된다. 흔히 이것을 행성상 성운planetary nebula이라고 부르는데, 과거에 망원경으로 보면 행성을 약간 닮은 작은 빛무리로 보였기 때문에 그런 명칭이 붙었다. 하지만 현대의 관측기구로 보면 꽃이나 나비, 반지 같은 아름답고 화려한 모습을 볼 수 있다. 철-56을 생산하는 복잡한 상호작용(앞에서 우리는 개략적으로 설명했으나 실은 대단히 복잡한 과정이다)은 별이 핵합성 단계로 접어들었을 때 별의 외각층을 폭발시킨다. 태양이 전 생애 동안 잃는 질량은 처음 질량의 1/3을 넘지 않지만, 태양보다 여섯 배가량 무거운 별은 5/6의 질량을 사용하면서 무거운 원소를 만들어 우주 공간으로 방출한 뒤 중심부가 안정을 되찾아 지금의 태양과 비슷한 질량을 가진 백색왜성 white dwarf이 된다.

  하지만 그보다 약간 더 큰 태양의 6~8배 질량을 가진 별의 경우에는 생애의 마지막 순간에 완전히 폭발해 파괴되어버린다. 그 이유는 실제 생애의 마지막에 남은 찌꺼기조차도 질량이 너무 큰 탓에 안정적인 백색왜성을 이루지 못하기 때문이다. 임계 질량은 태양 질량의 약 1.4배인데, 처음 그 값을 계산한 천문학자인 수브라마니안 찬드라세카르 Subrahmanyan Chandrasekhar의 이름을 따서 찬드라세카르 한계라고 부른다. 핵융합이 만들어낸 외부 압력의 지원을 더 이상 받지 못하고 찬드라세카르 한계보다 큰 질량을 가진 별은 자체의 하중으로 붕괴해버리고 안정적인 백색왜성을 형성하지 못한다. 이 별이 붕괴할 때 중심부의 온도는 더욱 상승한다.[56] 이렇게 뜨거운 환경에서 탄소가 '연소'되어 무거운 원소를 만드는 다양한 상호작용이 일어나며 이 과정에서 에너지가 방출된다. 하지만 별의 중력이 너무 작아 폭발에서 생겨난 조각들을 끌어모으지는 못한다. 헬륨-4 핵이 탄소-12 핵에 붙어 산소-16이 만들어지기도 하지만, 밀도, 압력, 온도가 충분히 높을 경우에는 탄소 핵들끼리 직접 여러 가지 방식으로 상호작용한다. 가장 단순한 예는 탄소-12 핵 두 개가 융합해 알파 입자 하나를 방출하고(이것도 자기들끼리 상호작용한다) 네온-20의 핵을 만드는 것이다. 이런 현상이 일어날 때 알파 입자 세 개가 융합해 탄소-12 핵

---

[56] 핵융합은 붕괴를 방지함으로써 별의 온도를 낮추는 역할을 한다!

하나를 만들 때보다 더 큰 에너지가 방출된다. 폭발적인 탄소연소는 핵융합을 자극해 철-56을 생산하게 한다. 이렇게 만들어진 물질들은 별이 팽창함에 따라 우주 공간으로 퍼진다. 예를 들어 우리 은하에 퍼져 있는 태양 질량의 절반에 해당하는 철과 태양 질량의 1/8에 해당하는 산소는 그런 폭발(가장 단순한 경우는 초신성)로 생성되었다. 하지만 그래도 철보다 무거운 원소는 만들 수 없다. 이를 위해서는 더 무거운 별이 필요하다.

태양보다 8~10배 무거운 별은 한층 더 웅장한 방식으로 삶을 마친다. 금, 우라늄, 납, 수은, 티타늄, 스트론튬, 지르코늄 등 철보다 무거운 원소들은 전부 그렇게 만들어진다. 여기서 그 과정을 상세히 논할 필요는 없으므로[57] 요점만 살펴보자. 무거운 별은 생애 초기 단계에서 표면의 질량을 잃은 뒤에도 붕괴와 폭발이 일어나는 중심부 바깥쪽의 외각층에 상당량의 물질을 보유하고 있다. 그러므로 붕괴해 중력 에너지를 방출할 때도 여전히 강력한 중력이 작용한다. 그런 별의 중심부에서 핵 연소가 끝나 더 이상 별의 하중을 지탱할 수 없게 되면, 중심부의 질량이 찬드라세카르 한계보다 커져 붕괴하면서 에너지를 폭발적으로 방출하지만 그래도 완전히 해체되지는 않는다. 태양 질량의 몇 배나 되는 외각층은 마치 바닥이 무너지는 것처럼 푹 꺼지고 거의 바닥이 없는 구덩이가 남는다. 별의 외각층은 안으로 무너지기 시작하지만 곧바로 폭발하는 중심부로부터 솟구치는 폭풍과 마주한다. 폭풍의 충격파로 별 외부의 물질이 압착되고 가

---

[57] 메리 그리빈Mary Gribbin과 함께 쓴 『스타더스트』에서 다루었다.

열되어 극단적인 환경이 조성된다. 이 환경에서 핵을 분열시키는 상호작용으로 방출된 중성자가 억지로 무거운 핵과 융합해 철보다 무거운 원소를 만든다. 사실 무거운 원소의 일부는 이미 붕괴하는 중심부의 극단적인 환경 속에서 합성되어 있지만, 대부분은 붕괴로 방출된 중력 에너지에 강제로 핵들이 압착되어 생성된다. 이리하여 그 과정이 끝나면서 충격파가 발생한다.

중심부의 변화로 방출된 중성미자의 흐름도 충격파를 낳는다. 충격파 속의 환경은 초고밀도이므로 중성미자조차도 제대로 운동하지 못하고 별의 맨 바깥층을 밀어내는 역할을 하게 된다. 그러나 그 환경이 길게 지속되지 못하기 때문에 여기서 만들어지는 무거운 원소의 양은 많지 않다. 철보다 무거운 원소의 양을 전부 합쳐도 리튬에서 철까지 모든 원소 총량의 1퍼센트에 불과하다. 또한 모든 '금속'의 총량은 주변의 수소와 헬륨 총량의 2퍼센트 미만이다. 죽어가는 별의 중심부에서 생긴 폭발로 태양 질량의 10여 배나 되는 물질이 우주 공간으로 확산된다. 이것이 초신성의 최종 결과물이다. 이때 철은 중심부에 남기 때문에 팽창하는 물질 구름에는 철이 거의 없다. 그러나 방출된 물질 속에는 태양 한두 개 질량의 산소가 포함된다. 산소는 무거운 원소나 기타 파편들의 자취를 따라 널리 퍼진다.

이렇게 화학 원소들이 만들어지는 과정에 관해 우리가 아는 것—혹은 우리가 안다고 생각하는 것—을 간략하게 개괄해보면 모든 것이 말끔해지는 듯한 인상을 받을 수 있다. 어느 정도까지는 그렇다. 개략적인 윤곽은 명백하다. 그러나 진짜 어려움은 지금부터다. 이제 원소의 기원에 관해 다 알

앉다는 생각을 갖지는 말기 바란다. 그 과정을 제대로 이해하려면 관련된 모든 핵 상호작용을 완전히 알아야 한다. 이것은 실험실에서 핵의 운동을 연구해야만 가능한데, 매우 까다로운 일이다. 상호작용의 수도 많을 뿐 아니라 상호작용에 관련된 핵의 수명이 아주 짧기 때문이다. 알려진 원소의 수는 116개이며, 지구상에서 자연적으로 생겨나는 변종(동위원소)까지 합치면 약 300개에 달한다. 하지만 이론적으로는 동위원소가 약 6천 개까지 늘어날 수 있다. 그 대다수는 수명이 무척 짧다. 전부 별 내부에서 일어나는 상호작용에 관련될 수 있으나 반 이상은 입자가속 실험에서 발견된다. '새로운' 동위원소를 찾고 그 속성을 파악하고 다른 핵과 상호작용하는 방식을 알기 위한 입자가속 실험은 현재 전 세계 여러 실험실에서 진행되고 있다. 예를 들어 미시간 주립대는 그 연구에만 집중하고 있으며, 2010년대에는 10억 달러짜리 희귀동위원소가속기가 가동될 예정이다. 현실적으로 원소의 기원에 관한 우리의 이해는 아직 초보적인 수준이다. 향후 10~20년이 더 지나야 우리는 별과 초신성의 내부에서 어떤 일이 일어나는지, 우리 몸을 이루는 화학 원소가 어떻게 만들어지는지, 왜 원소들이 우주에서 우리가 관측하는 비율대로 존재하는지 이해할 수 있게 될 것이다. 하지만 무거운 원소는 초신성 폭발의 부산물인 것만이 아니다.

또 다른 종류의 초신성(단순한 I형과 구분해 II형이라고 부른다)은 중심부 자체가 폭발 현장에 그대로 남아 있다. 물질 덩어리의 질량은 분명히 찬드라세카르 한계보다 크다. 그 질량이 태양 질량의 세 배 이하라면 최후의 안식처를 찾은 것이다. 이 초신성은 중성자 덩어리로 안정될 것이며(기본적으로 하나의 거대한 '원자'핵이나 마찬가지다), 태양보다 큰 질량이 지름 10킬로미터의 공 속에 조밀하게 뭉쳐져 있을 것이다. 이런 별은 거기서 발산되는 전파 잡음으로 발견된다. 이것을 펄서pulsar라고 부르는데, 예상할 수 있듯이 초신성 폭발이 남긴 찌꺼기의 팽창하는 구름 중심부에서 흔히 볼 수 있다. 개인적으로 나는 박사 과정에서 처음으로 했던 중요한 연구 주제가 펄서였기 때문에 펄서를 무척 좋아한다. 펄서가 백색왜성이 되지 못하고 제거 과정을 통해 중성자별이 될 수밖에 없다는 사실을 증명하는 연구였다. 그러나 중심부 질량이 태양의 세 배가 넘는다면 자체 중력을 거스를 방도가 없다. 그 별은 결국 완전히 붕괴해 하나의 점이 되어버린다. 이리하여 우주 탄생기의 특이점과 비슷한 특이점이 생긴다. 그것은 외부 세계와 완전히 차단되고 중력장이 점점 강해져 빛조차 빠져나올 수 없는 상태가 된다.

우주 탄생기의 특이점과 비슷한 블랙홀 특이점에 관해서도 같은 문제가 제기된다. 모든 것이 정말 부피가 0인 하나의 점으로 붕괴할까? 아니면 공간과 시간의 성질(예컨대 막?)이 그것을 방지할까? 아무도 모른다. 정의상 우리는 블랙홀의 내부를 볼 수 없다. 그러나 그 견해는 빅뱅에서 공간과 시간의 탄생을 새롭게 이해하도록 해주는 동시에 그런 환경에서 공간과 시간의 '죽음'을 더 잘 이해하도록 해준다. 소설에서 블랙홀은 흔히 죽음이나 파괴의 이미지와 연관된다. 우주 최후의 상태로 간주되며, 은하를 떠돌면서 마주치는 모든 것을 집어삼키는 괴물처럼 묘사된다. 하지만 블랙홀이 생성되는 과정은 생명에 필요한 화학 원소를 우주에 뿌리는 과정이기도 하다. 알고 보면 우리 인간의 존재는 블랙홀과 불가분한 관계에 있다.

　전에 지적한 바 있지만 우리가 방금 설명한 과정이 무거운 별에서 얼마나 빨리 일어나는지에 다시 한 번 주목할 필요가 있다. 별이 무거울수록 핵연료가 더욱 격렬하게 연소되면서 중력에 저항하는 힘이 커진다. 융합의 고리—수소연소에서 헬륨연소, 간단한 탄소연소 등으로 이어지는 고리—가 이어지는 매 단계마다 상호작용에서 방출되는 에너지가 작아지며, 연료가 고갈되는 시간이 점점 더 짧아진다. 우리 태양은 45억 년 동안 살았고 지금도 헬륨연소 별로서 절반 가량의 수명을 남겨놓고 있다. 그러나 태양 질량의 17~18배나 되는 별의 경우에는 수소연소가 겨우 수백만 년밖에 지속되지 못한다. 또 헬륨연소는 약 100만 년, 탄소연소는 1만 2천 년, 네온과 산소연소는 약 10년, 규소연소는 불과 며칠뿐이다. 최근 다른 방향으로부터, 즉 태양보다 작은 별의 연구를 통해 화학 원소의 기원에 관한 이해가 크게 증진되었다. 이런 별은 수명이 무척 길어 우주가 어렸을 때 탄생했는데도 지금까지 살아 있다.

　지금까지 별의 핵합성에 관해 설명한 모든 내용은 오늘날 우리 은하에서 흔히 보는 별들을 대상으로 했다. 이 별들에는 헬륨보다 무거운 원소가 풍부하므로 빅뱅에서 생겨난 기본적인 중입자로 만들어진 게 아니다. 그렇다면 '태초의' 별 이후 적어도 한 세대가 지났을 것이며, 예를 들어 CNO 순환에 관련된 탄소가 우리 태양보다 약간 더 무거운 별에서 생성되었을 게 틀림없다. 우리 은하나 기타 비슷한 은하의 평범한 별들은 크게 두 종족population으로 나뉜다. 종족 I은 우리 태양과 닮은 별들이며, 주로 은하의 원반에 위치하고 무거운 원소를 다량으로 함유한다. 이 별들은 몇 세대에 걸쳐 생성된 물질로 만들어지는데, 이 별들을 낳은 성간물질 구름에는 비교적 무거운 원소가 풍부하기 때문에 행성계와 생명체를 거느릴 가능성이 크다(이 점에 관해서는 다음 장에서 더 상세히 다룰 것이다). 종족 II에 속하는 별들은 주로 우리 은하 원반을 둘러싼 구형의 무리에 위치한다. 비교적 나이가 많은 별들이다. 우주가 더 젊었을 때 탄생했고, 종족 I에 비해 과거의 별들 내부에서 만들어진 물질이 더 적으며, 무거운 원소도 더 적다. 종족 II에서는 지구 같은 암석 행성을 거느린 별을 찾기가 매우 어렵다. 하지만 분광학으로 조사해보면 별들의 외각층, 즉 핵합성이 아직 진행되지 않는 온도가 낮은 구역에 무거운 원소의 흔적이 남아 있다는 것을 알 수 있다. 따라서 이 별들도 최초로 생성된 1세대의 별은 아니다.

종족 I과 종족 II의 명명 체계를 논리적으로 연장하면, 수소와 헬륨으로만 구성된 우주 최초의 별들을 종족 III이라고 부를 수 있겠다(공식 명칭은 아니다). 여기서 종족 II의 별들에서 발견된 무거운 원소의 흔적이 만들어졌고, 태양, 지구 같은 행성, 우리 같은 인간을 탄생시키는 과정이 시작되었다. 그러나 수소와 헬륨만으로 별을 만들기는 무거운 원소의 흔적을 지닌 수소와 헬륨의 구름에서 별을 만들기보다 훨씬 더 어렵다. 문제는 가스 구름이 자체의 중력으로 붕괴해 내부가 뜨거워진다는 데 있다. 이 열 때문에 물질이 조밀하게 뭉쳐 별을 형성하기도 전에 구름이 폭발해버린다. 하지만 주변에 탄소와 산소의 흔적이 있다면 일산화탄소와 수증기 같은 화합물 분자가 만들어질 수 있다. 이 분자들도 가스 구름이 붕괴할 때 다른 물질과 함께 가열되지만 그 열을 적외선 에너지의 형태로 발산하는 성질이 있다. 그래서 가스 구름은 잉여의 열을 방출해버리고 붕괴를 계속한 끝에 태양 같은 별을 형성하게 된다. 이 원자와 분자가 없다면, 구름의 질량이 적어도 태양의 수십 배 이상으로 커야만 붕괴가 일어날 수 있다. 그렇게 큰 구름은 자체 무게를 못 이겨 순식간에 붕괴하면서 그 내부가 핵융합에 필요한 온도까지 상승한다. 결국 이것은 초신성처럼 폭발해 별이 완전히 해체되고(그 결과가 블랙홀이다) 무거운 원소가 성간매질interstellar medium 속으로 퍼진다. 이런 별의 산고가 유발하는 거대한 폭발은 오늘날에도 감지된다. 관측 가능한 우주의 가장자리로부터 나오는 감마선이 그것이다. 지금까지 감지된 가장 먼 폭발은 적색이동 6.3인데, 우주의 나이가 10억 년이 채 못 되었을 무렵에 해당한다.

아주 최근까지도 학자들은 원래의 종족 III에 속한 별들이 전부 태양 질량의 수백 배에 달해 이 순환을 거치는 데 100만 년도 안 걸린다고 추측했다. 이렇게 추측하면 종족 II의 별들에서 보는 무거운 입자의 생성과 감마선 폭발을 쉽게 설명할 수 있다. 그러나 재결합 시기 직후에 살아남은 종족 III의 별들을 찾으려는 천문학자들의 노력은 어려워진다. 살아남으려면 연료를 천천히 연소시키는 작은 별이어야만 하는데, 전통적 견해에 따르면 그 시기에는 작은 별이 전혀 만들어지지 않았다.

전통적 견해가 틀렸다고 검증된 것은 이번이 처음은 아니다. 21세기 초에 우리 은하에서 매우 적은 양의 금속을 함유한 작고 희미한 별이 몇 개 발견되었다. 순수한 종족 III에 속하는 별은 아니지만 그래도 시간의 여명이 남긴 '화석' 같은 잔재로 보인다. 그 별들의 존재는 천문학자들이 종족 III의 조상이 어떤 별이었는지 추측하는 데 도움을 주었다. 그런 별들을 많이 조사하면서 별의 형성이 어떻게 시작되었는지를 어느 정도 알 수 있게 되었다.

국제 천문학자팀이 현대의 고성능 망원경으로 10년간에 걸쳐 남쪽 하늘의 넓은 구역을 조사한 결과 새로운 발견이 이루어졌다. 오늘날 과학의 진보는 고립된 천재가 실험실에서 홀로 연구한 결과가 아니라 값비싼 첨단 장비를 사용하는 협업 체제로 이루어진다는 것을 보여주는 전형적인 사례다.[58] 이 조사에서 발견된 희미한 별들은 거의 수소와 헬륨으로만 이루어져 있고 '금속'의 비율은 태양에 비해 20만분의 1에 불과하다. 실은 그것이 적절한 비율이다. 그 별들에는 철이 거의 없고 탄소와 질소의 흔적만 있기 때문이다. 이 별들의 나이는 130억 년 이상으로 추정된다. 그렇다면 빅뱅 이후 10억 년 이내에 탄생했다는 이야기이므로 당시 우주의 본성을 알려주는 직접적 증거가 된다. 그 별들은 수천 광년 밖에 떨어져 있지 않은 우리 은하의 별들이지만, 대단히 높은 적색이동에서만 볼 수 있는 환경을 알게 해주며, 과거 시간의 관점을 취할 수 있게 해준다.

첫 번째로 놀라운 사실은 작은 별(태양 질량의 약 80퍼센트)이 소량의 탄소와 무거운 원소의 흔적으로 만들어져 별을 낳는 가스 구름이 붕괴하는 데 필요한 적외선 냉각 메커니

---

[58] 이 조사의 목적은 사실 퀘이사의 발견이었다. 희미한 별을 발견한 것은 보너스인 셈인데, 대규모 연구의 장점을 말해준다. 여기서 수집된 막대한 양의 자료는 여러 가지 면에서 활용이 가능하다.

즘을 가능케 했다는 점이다(제8장 참조). 둘째 문제는 원래의 종족 III 별들에서 철이 전혀 만들어지지 않았는데, 탄소와 질소의 흔적이 어디서 생겼느냐는 것이다. 지금까지 이 문제에 대한 최선의 답은 도쿄 대학의 두 연구자가 제시했다. 이들은 태양의 20~130배가 되는 질량을 가진 종족 III 별들의 수명을 꼼꼼히 계산했다. 그 결과 그들은 조상별의 질량이 태양의 25배라면 금속이 거의 없는 늙은 별의 원소 존재비가 잘 어울린다는 것을 알아냈다. 하지만 관측된 존재비는 질량이 태양 질량의 130~300배나 되는 조상별에는 들어맞지 않았다.

태양 질량의 수십 배인 종족 III 별의 수명에서 중요한 특징은 수명이 다한 뒤에도 완전히 해체되지 않는다는 점이다. 폭발하는 형태는 II형 초신성과 같고 탄소와 질소가 풍부한 외각층이 우주 공간으로 방출되지만, 철이 있는 별의 중심부를 해체할 만큼 강력한 폭발은 아니다. 오히려 중심부의 물질은 철과 무거운 원소가 풍부하므로 자체로 붕괴해 태양 질량의 3~10배에 달하는 찌꺼기를 형성한다. 이 찌꺼기는 중성자별로 안정을 취할 수 있는 한계를 넘어서므로 결국 블랙홀이 된다. 이것은 별의 생애에 관한 이론과 컴퓨터 모델만의 문제가 아니다. 실제로 II형 초신성 가운데 '희미한 초신성'이라고 불리는 것은 컴퓨터 시뮬레이션의 예측에 거의 부합하는 행동을 보인다.

그래서 그 모델은 훨씬 더 매력적으로 여겨진다. 금속이 거의 없는 별의 원소 존재비를 설명하려면 성간매질이 정확히 어때야 하는지 말해줄 뿐 아니라, 앞에서 보았듯이 우주가 팽창하면서 별들을 뭉치게 하는 데 중요한 역할을 한 최초의 블랙홀을 설명해준다. 초기 우주에는 그런 블랙홀이 많았으며, 그것들이 합쳐져 지금 은하의 중심부에서 발견되는 초강력 블랙홀을 이루었다.

이제 우리는 화학 원소의 기원을 재결합 시기 직후 최초의 별이 탄생했을 때까지 추적할 수 있다. 별 탄생의 역사는 별의 구성에 기록되어 있다. 늙은 별은 무거운 원소의 비율이 적고 젊은 별은 원소의 혼합이 풍부하다. 출발은 수소와 헬륨의 혼합이다. 여기에 빅뱅에서 생성된 중수소와 리튬의 흔적이 더해진다. 이후 수백만 년 동안에는 질량이 태양의 수십 배에 달하고 수명은 100만 년에 불과한 별들이 우세했다. 이 별들이 차세대 별의 원료를 제공했으며, 차세대 별들 중 가장 작은 것은 오늘날 금속이 거의 없는 별로 생존해 있다. 그보다 더 큰 2세대 별은 질량이 우리 태양의 8~10배이고 수명은 수천만 년 정도였다. 이 별들은 빅뱅 이후 3천만~1억 년가량을 지배하면서 바륨과 유로퓸 같은 무거운 원소들을 만들었고 초신성이 되어 수명을 다할 때 그것들을 성간매질로 퍼뜨렸다. 이 세대의 별이 재료를 풍부하게 만들어준 덕분에 다음에는 질량이 태양의 3~7배밖에 안 되는 별들이 대량으로 탄생할 수 있었다. 바로 이 별들이 지금 태양과 같은 세대의 별들에서 보는 무거운 원소의 혼합물을 생산하고 우주 공간에 확산시키기 시작했다.

작은 별은 수명이 길기 때문에 이 별들이 지배하는 시기는 빅뱅 이후 수억 년 지났을 때부터 10억 년 무렵까지 지속되었다. 이 시기가 끝난 뒤에야 성간물질이 풍부해져 앞에서 설명한 것처럼 철을 우주 공간에 퍼뜨린 별이 탄생할 수 있었다. 하지만 빅뱅 이후 30~40억 년 지났을 무렵, 지금으로부터 약 100억 년 전에는 이미 우리 은하처럼 뚜렷한 두 종족의 별들을 지닌 은하들이 존재했으며, 우리 은하의 원반에서는 오늘날과 비슷한 별의 형성이 진행되고 있었다. 시간이 지나면서 성간매질과 차세대 별들에는 무거운 원소들이 점차 증가했다. 이후 그 과정은 지금까지 준안정 상태로 꾸준히 진행되어왔다. 이런 배경에서 우리는 이제 우리 은하가 현재 나이의 절반쯤 되었을 때 생겨난 태양과 태양계를 살펴볼 수 있다.

8

태양계는 어떻게 생겨났을까?

Where Did the Solar System Come from?

고대인들은 별이 영원불변이라고 믿었다. 현대인들은 우주에 시작이 있다는 것을 알면서도 모든 별들이 우주 탄생 직후에 생겨나 지금까지 변함없이 존속한다고 생각하는 경향이 있다. 그러나 앞에서 설명했듯이 빅뱅 이후 별의 세대교체가 몇 차례 있었다. 또한 지금도 우리 은하와 여러 은하에서 별이 태어나고 있다. 별의 탄생지를 연구하면 태양과 행성계가 어떻게 생겨났는지 이해하는 단초를 얻을 수 있다. 이 연구 덕분에 지난 몇 년 동안 별의 탄생에 관한 견해가 크게 변했다. 기술이 발전하고 새로운 관측기구가 발명되어 천문학자들은 별을 낳는 먼지와 가스 구름의 중심부를 조사할 수 있었다.

별과 행성이 어떻게 탄생했는지를 말해주는 첫 번째 단서는 젊은 별들과 우주 공간에 존재하는 가스와 먼지 구름 사이의 연관이다. 별의 수명은 연료를 연소하는 속도(별의 밝기를 결정한다)와 연료의 보유량에 달려 있다. 무거운 별은 연료를 많이 보유하지만 빠른 속도로 연소시켜야만 중력에 대항할 수 있다. 그래서 수명이 짧은 별은 크고 밝다. 이런 별은 수명이 짧기 때문에 원래 태어난 장소 부근에서 멀리 벗어나지 않는다. 우리 은하의 크고 밝은 별들도 전부 먼지와 가스 구름과 연관이 있다. 그런 재료의 집합들 가운데 우리에게 가장 가까운 것은 오리온자리에서 볼 수 있다. 유명한 오리온성운은 그보다 더 큰 가스와 먼지 구름의 일부다. 이것은 흔히 '가스-먼지 복합체'라고 불리는 흥미로운 천체다. 허블 우주망원경으로 촬영된 유명한 사진들은 오리온 복합체의 구름에서 젊은 별들이 탄생하는 모습을 보여준다. 이 구름은 별들에서 나오는 복사로 뚜렷한 윤곽을 드러내고 있다.

현재 천문학자들이 별 형성 과정의 개략적인 구도를 이해한다고 확신하는 이유는 오리온자리 같은 별이 탄생하는 구역에 연구 대상인 젊은 별들이 수천 개나 있기 때문이다. 여기서 가장 열심히 연구되는 것은 우리에게서 450파섹 parsec(천체의 거리를 나타내는 단위로 1파섹은 약 3.26광년) 떨어진 오리온성운단이다. 광년으로 환산하면 약 1500광년이니까 이 성운단에서 나온 빛은 마호메트가 이슬람 신앙을 처음 설파했을 무렵에 여행을 시작한 셈이다. 중심부의 별이 밀집한 부분은 반지름이 1/5파섹에 달하는데, 1파섹당 2만 개의 밀도로 별들이 몰려 있다. 그보다 밀도가 낮은 주변 구역에는 반지름 2파섹에 2200개 이상의 별이 있다.

이 별들의 일부는 그냥 '밝으니까 젊을 것'이라는 정도를 넘어 나이를 상당히 정확하게 측정할 수 있다. 별의 내부에서 일어나는 핵융합 과정은 더 복잡한 핵을 만들어낸다. 그래서 대체로 새로 태어난 별은 오래된 별에 비해 헬륨보다 무거운 원소가 풍부하지만 여기에는 한 가지 예외가 있다. 주기율표에서 3번을 차지하는 리튬은 별의 내부에서 생성되지 않는다. 오늘날 우주의 모든 리튬은 빅뱅의 핵합성에서 만들어진 것이다. 리튬에 관해 더 나쁜 사실은 별의 내부에서 진행되는 일부 핵작용에서 리튬이 '연소'된다는 점이다. 따라서 별의 세대교체가 이루어질 때마다 이전 세대보다 리튬의 양이 적어진다. 이는 곧 리튬을 가장 적게 함유한 별이 가장 젊은 별이라는 뜻이다. 이렇게 별의 나이를 측정하는 방식은 대단히 정확하다. 21세기 초에 천문학자들은 그 기법을 이용해 오리온성운에서 우리 태양과 비슷한 질량을 가진 별 20여 개의 나이를 측정했는데, 대부분 1천만 년 이내였고 가장 젊은 별은 100만 년가량이었다. 이것은 젊은 별들이 실제로 우리 은하 내에 있는 가스와 먼지 구름과 연관이 있다는 명백하고도 직접적인 증거다. 가장 젊은 나이인 100만 년은 황소자리 T형으로 분류되는 별들의 나이와 일치한다. 이 별들의 나이는 관측된 속성과 이론 모델의 비교를 통해 추정이 가능하다.

그런 복합체의 연구에서 나오는 자연스러운 전제에 따르면, 별은 그런 구름 한복판에서 중력에 의해 모인 재료로부터 태어난다. 하지만 그 뒤에는 젊은 별들로부터 나오는 빛과 복사의 외부 압력 때문에 별을 낳은 구름이 흩어진다. 크고 밝은 별은 곧 연소되어버리지만, 우리 태양처럼 작고 수명이 긴 별은 태어난 곳과 유리되어 수십억 년 동안 우리 은하를 방랑한다.

별의 탄생에 관한 이러한 개괄은 이미 100년 전에 확립되었으나 상세한 내용은 최근까지도 모호했다. 사실 흩어진 물질의 구름과 별의 기원을 연관시키는 사고는 17세기에도 있었다. 예를 들어 아이작 뉴턴은 편지에서 다음과 같이 썼다.

> 내가 보기에는 이렇다네. 우리 태양과 행성들, 나아가 우주의 모든 물질이 천체 전체에 고르게 퍼져 있고, 모든 입자들이 서로 이끌리는 중력을 본래 가지고 있고, 이 물질이 분포된 공간이 유한하다고 해보세. 그렇다면 이 공간 바깥에 있는 물질은 중력에 의해 공간 안에 있는 물질로 이끌릴 것이고, 따라서 전체 공간 한복판으로 떨어질 것이며, 그리하여 하나의 거대한 구형의 덩어리를 구성할 것이네. 하지만 만약 물질이 무한한 공간 전체에 고르게 퍼져 있다면, 하나의 덩어리로 모이지 못하겠지. 일부는 하나의 덩어리로 모이고 또 일부는 다른 덩어리를 이룰 것이네. 그렇게 생겨난 유한한 수의 거대한 덩어리들이 유한한 공간에 서로 멀찍이 떨어져서 존재할 거야. 물질의 본성이 이렇다면 태양과 항성들이 어떻게 생겨나는지 알 수 있다네.[59]

성간 구름 안에서 중력은 물질을 한데 뭉쳐 새 별들을 만든다. 그러나 이것은 상당히 비효율적인 과정이다. 우리 은하는 탄생한 지 100억 년가량 지났으나 아직도 별들 사이에

---

[59] 리처드 벤틀리Richard Bentley에게 보낸 편지, 제임스 진스James Jeans, 『천문학과 우주학Astronomy and Cosmogony』(Cambridge University Press, Cambridge, 1929)에서 인용. 뉴턴의 설명은 별보다 은하에 더 잘 적용된다. 하지만 그는 우리 은하가 방대한 우주 속의 수천억 개 은하들 중 하나에 불과하다는 사실을 알지 못했다.

가스와 먼지 구름이 존재하고 활발하게 별들이 만들어지고 있다. 지금까지 모든 물질이 응축되어 별을 만드는 데 다 사용되지 않은 이유는 뭘까? 그 이유는 뉴턴이 상상했던 정태적 물질 구름이 우리 은하에서 보는 동태적 물질 상태와 크게 다르기 때문이다. 정태적 가스와 먼지 구름은 자체 무게로 붕괴하다가 일정한 단계에 이르면 내부가 뜨거워져 붕괴를 멈춘다. 그러나 우리 은하에서 별 자체와 별을 만드는 재료를 포함한 모든 물질은 끊임없이 운동하고 있다. 만약 지구가 태양에 대해 정태적이라면 곧바로 태양을 향해 돌진할 것이다. 태양의 둘레를 돌기 때문에 그런 재앙을 면할 수 있다. 은하를 이루는 물질도 은하 중심의 둘레를 공전하고 있다. 성간 구름도 역시 자체의 중심 둘레를 느리게 회전하며, 그밖에 원운동에 가까운 여러 가지 운동이 진행되고 있다. 그 운동들은 지구 대기의 '바람'과 같은 역할을 하면서 구름 내부에서 가스를 회전시킨다. 또한 자기장도 구름 사이에 작용하면서 붕괴를 막아주는 기능을 한다.

이런 사정을 감안할 때 별이 만들어지는 것 자체가 놀라운 일이 아닐 수 없다. 사실 천문학자들의 추산에 따르면 매년 우리 은하에서 새 별로 태어나는 물질의 양은 우리 태양 질량의 몇 배에 불과하다. 이것은 늙은 별들이 죽어 우주 공간으로 방출되는 물질의 양과 대략 비슷하다. 그렇다면 오래전 우리 은하가 탄생하는 과정에서 아주 짧은 기간에 아주 많은 별들이 만들어졌다고 봐야 한다. '별의 폭발 starburst'이라고 불리는 그 사건은 지금도 다른 은하에서 볼 수 있다. 하지만 이에 관해서는 더 이상 파고들지 않는 게 좋겠다. 우리 태양계가 형성된 방식과는 다르기 때문이다.

태양계는 50억 년 전, 즉 우리 은하가 이미 수십억 년 동안이나 현재와 같은 양태로 존재하던 시기에 탄생했다.

구름과 구름 내부의 가스가 불규칙하게 운동하는 방식은 도플러 효과를 이용해 분광학으로 조사할 수 있다. 연구 결과 밀도와 온도 같은 구름 내부의 상태에 관해서도 상세히 밝혀졌다. 별들 사이 '빈' 공간의 밀도는 평균 15세제곱센티미터당 원자 하나꼴이다(물론 그 대다수는 수소 원자다). 그에 비해 평범한 성간 구름의 밀도는 15세제곱센티미터당 원자 수가 1만 개이며, 구름의 크기는 30~40광년으로[60] 태양에서 가장 가까운 별까지 거리의 약 네 배에 해당한다. 밝은 별들을 가진 구름의 온도는 1만℃에 달하지만, 새 별을 만들기 위해 붕괴하기 시작하는 구름의 한 가지 중요한 특징은 극단적으로 춥다는 점이다. 절대온도보다 불과 10도가량 높을 뿐이다(10K 혹은 영하 263℃).

우리 은하의 구름들은 대부분 응축해 별을 만들지 않는다. 자기장과 회전 운동으로 얼추 평형을 이루고 있기 때문이다. 태양 정도의 질량을 가진 별이, 같은 질량이지만 성간 구름의 밀도로 널리 퍼져 있는 가스 구름의 붕괴로부터 직접 만들어진다고 해보자. 구름은 마치 피겨스케이팅 선수가 두 팔을 오므리며 회전하는 것처럼 점점 수축하면서 회전 속도가 빨라질 것이다. 이윽고 태양 크기가 되면 그 물체의 적도 부분은 광속의 80퍼센트로 회전하게 될 텐데, 이것은 언뜻 봐도 터무니없는 일이다. 그러므로 별 탄생의 한 가지 핵심 과정은 여분의 회전량, 즉 각운동량angular

---

60 천문학자들이 흔히 사용하는 단위로 치면 10~13파섹이다.

momentum(회전하는 물체의 관성 값: 옮긴이)을 없애는 것이다. 이를 위한 최선의 방법은 처음부터 큰 질량으로 시작하고, 중심 구역이 붕괴할 때 일부 질량을 우주 공간으로 던져버리면서 각운동량을 줄이는 것이다. 별 탄생지에서는 그런 현상이 관측된다. 하지만 그 여분의 물질이 정확히 어떻게 방출되는지는 아직 상세히 밝혀지지 않았다. 또 다른 방법도 있다. 하나의 붕괴하는 구름에서 두 개의 별이 만들어질 경우 구름의 각운동량은 두 별이 서로의 둘레를 도는 궤도 운동량으로 전환된다. 실제로 모든 별의 2/3가량은 쌍성계나 더 복잡한 체계를 이루고 있다. 더 작은 차원에서 보면, 태양계의 행성들도 원래 태양계를 낳은 구름이 붕괴할 때 축적된 각운동량을 이용해 공전하고 있다. 행성계가 없는 별은 행성계를 가진 별보다 대체로 회전 속도가 더 빠르다.

나는 학생시절에 별이 붕괴하는 구름에서 생겨나는 과정이 매우 완만한('준準정태적') 붕괴와 해체의 과정이라고 배웠다. 예를 들어 태양 1천 개 질량에 해당하는 물질을 포함한 구름이라면 별 1천 개를 낳을 수 있다. 이 구름은 처음에 천천히 수축되다가 점차 불안정해져 구름의 여러 부분이 자체 중력으로 붕괴하면서 여러 조각으로 나뉜다. 그 다음에는 이 조각들이 붕괴하기 시작한다. 이런 과정이 몇 차례 반복된다. 이 붕괴와 와해의 과정이 매우 완만히 진행되면서 중력 에너지가 열로 전환되어 결국 조각들이 뜨거워져 원시별로 빛나게 된다. 이 구도에 따르면 별은 혼자 태어나는 게 아니라 여럿이 함께 탄생하지만, 그 후 자체의 궤도를 따라 은하를 공전하므로 수백만 년이 지나면 서로 거리가 멀어져 공통의 기원을 찾을 수 없게 된다.

그러나 지금은 별의 탄생이 한층 더 격렬하고 난폭한 과정이라고 본다. 별의 탄생에 가스와 먼지 구름이 관련된 것은 분명하지만 구름이 완만하고 점진적으로 붕괴한 결과로 별이 생겨나는 것은 아니다. 이와 같은 견해의 변화는 관측 기술이 향상되고 구름 내부에서 일어나는 사태에 관한 이론 모델이 발달한 덕분에 가능했다. 구름에는 먼지가 많기 때문에 먼지를 투과하는 적외선으로 중심부를 관측할 수 있다.[61] 하지만 적외선 복사는 지구 대기에 포함된 수증기에 의해 대부분 차단되므로 별 탄생지의 중심부를 관측할 수 있게 된 것은 최근의 일이다. 인공위성으로 적외선망원경을 대기권 밖으로 운송하거나, 주변 대기보다 높아 수증기가 거의 없는 고산지대에 적외선망원경을 설치함으로써 관측이 가능해졌다. 예를 들면 하와이의 마우나케아 천문대에 설치된 제임스클러크맥스웰망원경(JCMT)이다. 이 망원경의 한 가지 중요한 장치를 SCUBA(Sub-millimetre Common-User Bolometer Array)라고 부른다. 새 관측기구가 도입된 1990년대 중반부터 컴퓨터의 성능과 속도가 향상된 덕분에 구름 내부의 시뮬레이션이 가능해졌다. 또한 컴퓨터가 발달한 덕분에 빅뱅 이후 팽창하는 우주의 구조가 어떻게 진화했는지 정확히 이해할 수 있게 되었다.

20세기 중반에 시작되어 지금도 개선되는 중인 다른 관측도 있다. 가스-먼지 복합물의 성질과 그것이 어떻게 별을 만들었는지를 알기 위한 것인데, 이 과정에서 구름은 원

---

61 붉은 빛도 짧은 파장의 빛보다 먼지를 잘 투과한다. 석양이 붉게 보이는 이유도 지구 대기의 낮은 먼지층을 투과하기 때문이다.

자만이 아니라 분자도 포함한다는 것이 밝혀졌다. 분자는 복사 파장을 분광기로 분석해 찾아냈다. 처음으로 발견된 분자들은 CH, CN, OH이며, 더 복잡한 분자인 H_2HCO, CH_3HCO, CH_3CN도 발견되었고 수소 분자(H_2)도 검출되었다.[62] 구름 속에 그런 분자들이 존재한다는 사실은 그곳의 환경을 잘 보여준다. 예를 들어 수소 원자가 빈 공간에서 서로 충돌하면 단순히 튕겨나가지만, 먼지 알갱이 표면 같은 데서 상호작용하면 달라붙어 분자를 이룰 수도 있다. 구름 속 수소 분자의 밀도를 조사한 결과 크기가 담배 연기 분자와 비슷한 먼지 알갱이가 1세제곱센티미터당 적어도 100개 이상 있다는 사실이 밝혀졌다. 또한 먼지 알갱이는 다른 기능도 한다. 만약 구름 속에 먼지가 없다면 인근의 별들에서 나오는 자외선이 구름을 투과하면서 수소 분자를 부숴버릴 것이다. 먼지가 수소를 자외선으로부터 보호해주는 덕분에 오리온성운 같은 밀도가 높은 구름에는 1세제곱센티미터당 수소 분자가 1천만 개나 존재한다.

　우리 은하의 분자 가스는 회전하는 은하 원반에서 발생하는 자기장의 영향을 받아 커다란 복합체를 이룬다. 큰 덩어리들은 너비가 1천 파섹에 달하며, 태양 질량의 1천만 배나 되는 물질을 함유하고 있다. 하지만 개별 거대분자구름은 너비가 100파섹을 넘지 않으며, 태양 질량의 100만 배가량이다(평균 크기는 약 20파섹이고, 평균 질량은 태양 질량의 약 35만 배다).[63] 또한 초신성의 폭발이 낳은 충격파가 성간매질을 밀쳐

---

[62] 이런 발견으로 그 복합체는 거대분자구름giant molecular cloud이라는 또 다른 명칭을 얻게 되었다.

[63] 이 평균치는 중간 값이다.

물질이 구름으로 뭉치는 경우도 있다. 우리 태양계를 만든 구름도 태양이 탄생하기 100만 년쯤 전에 그런 충격파를 받았다는 직접적인 증거가 있다. 운석 표본에서 흔히 발견되는 희귀한 동위원소가 그 증거다. 그런 구름 내부의 물질 분포는 초기 우주의 구조 형성에 관한 시뮬레이션에서 보는 물질 분포와 놀랄 만큼 비슷하다. 가스로 된 얇은 판과 섬유, 그리고 섬유들이 모여 이룬 울퉁불퉁한 물질의 덩어리도 있다. 가스는 섬유를 따라 흘러 특정한 지점, 이를테면 섬유들이 교차하는 부분에 집적된다. 마치 목걸이의 구슬 같은 이런 형상은 구름 내부에도 작은 형태로 형성된다. 크기를 제외하면 하위 단위에서 만들어지는 가스 형상은 '부모' 구름 내부의 형상과 똑같다. 이런 위계 구조는 프랙탈fractal(자기 유사성을 가지는 복잡한 기하 도형: 옮긴이)과 유사하다. 바람에 날린 듯한 불규칙하고 섬유 같은 구름의 모양—비행기를 타고 지구 대기 속의 구름을 가까이 본 것과 매우 흡사하다—은 평형 상태와 전혀 무관하다는 것을 말해준다.

 이 모든 것이 분자구름 내부의 사정에 관한 새로운 구도, 즉 가스의 난류를 중시하는 모델에 잘 들어맞는다. 최근의 연구에 따르면 자기장이 아니라 가스의 흐름이 구름의 급속한 붕괴를 막는 요인으로 간주된다. 초음속으로 이동하는 가스 덩어리들이 충돌해(초당 200미터이상의 빠른 속도) 충격파가 발생하고 이로 인해 구름의 일부분이 붕괴해 별을 형성하기 시작하는 것이다. 중력과 난류는 이 구름의 구조와 진화 과정을 결정하는 데 똑같이 중요하다. 별은 중력이 국지적으로 지배하는 곳에서만 탄생한다. 구름 자체는 상당히 불안정하며, 은하의 시간 척도로 보면 수명도 짧다. 그러나 고속의 난류를 유발하는 요인은 여전히 수수께끼다. 그러므로 우리는 그런 흐름이 존재한다는 것은 알지만, 그것을 제대로 이해하고 별 탄생 과정을 상세히 설명하려면 우리는 안다고 생각하는 것의 영역으로 들어가야 한다.

확실한 것은 구름이 붕괴하려면 온도가 낮아야 한다는 사실이다. 먼지층은 외부에서 오는 자외선 복사를 막아 수소 분자가 파괴되지 않도록 보호할 뿐 아니라 구름의 중심부도 에너지원으로부터 보호한다. 그 덕분에 구름 속의 분자들, 특히 일산화탄소(CO)가 적외선 에너지를 복사하고 구름을 냉각시킨다.[64] 온도가 10K 이하로 떨어져야만 태양의 질량만한 작은 구름 조각들이 붕괴될 수 있다. 온도가 조금이라도 상승하면 그 열에너지가 유발한 외부 압력 때문에 중력이 구름을 붕괴시키지 못한다.

거대분자구름 안에서는 공간과 시간의 척도가 다르지만 많은 흥미로운 일이 일어난다. 그러나 우리의 관심은 주로 태양과 같은 별(그리고 지구와 같은 행성)이 어디서 생겼는지에 있으므로 비교적 작은 규모에서 일어나는 일을 상세히 살펴볼 것이다. 그런 구름과 연관된 별의 관측과 컴퓨터 시뮬레이션을 통해 명확해진 중요한 사실은 별이 따로따로 생성되지 않는다는 점이다. 대개의 별들은 적어도 몇 개씩 한꺼번에 생겨난다. 그러므로 우리 태양과 같은 고립된 별은 생애 초기에 다른 별들에게서 떨어져나왔을 가능성이 크다.

사실 그것은 아주 순조롭고 자연스러운 과정이다. 350년

---

[64] 구름 가장자리의 먼지는 외부로부터 에너지를 흡수해 온도가 상승하지만 차가운 중심부에는 영향을 미치지 못한다.

전에 아이작 뉴턴이 설명한 중력과 천체역학의 법칙 이외에 복잡한 메커니즘도 없다. 만약 엇비슷한 질량을 가진 별 세 개가 서로 공전한다면, 조만간 중력이 새총 효과를 일으켜 별들 중 하나가 각운동량을 지닌 채 우주 공간으로 날아가버리고, 다른 두 별은 궤도를 더 좁혀 계속 공전하게 된다. 세 개보다 더 많은 별들의 집단에서도 마찬가지 현상이 일어난다. 하지만 별이 둘밖에 안 남으면 서로의 중력에 묶여 쌍성계를 이룬다.

거대분자구름의 동태적 성격을 새롭게 이해하게 되고, 대다수 구름이 별 탄생지를 포함한다는 사실이 관측을 통해 밝혀지자 거대분자구름의 형성과 별 탄생의 시작 사이에 중대한 단절이 없다는 것이 명확해졌다. 구름이 뭉치고, 별이 형성되고, 뜨거운 젊은 별에서 복사가 구름을 날려버리는 것으로 1천만 년에 걸친 전 과정이 끝난다. 구름이 형성되고 별이 생겨나 퍼지는 모든 과정은 음파가 구름의 한쪽에서 다른 쪽까지 이동하는 시간에 일어난다. 그래서 천문학자들은 그것을 '횡단 시간crossing time'이라고 부른다.

하지만 가스와 먼지 구름이 붕괴해 별을 이루게 하는 또 다른 압력이 있다. 초신성에서 나오는 충격파로 압축되는 경우도 있고, 젊은 별들에서 오는 바람이 성간매질을 통해 전달되어 별을 둘러싼 국지적 물질을 확산시키는 경우도 있다. 흥미롭게도 은하 전체를 놓고 보면 수십억 년 동안 안정된 상태로 자가 조절 과정이 작동한 것처럼 보인다. 예를 들어 한 세대에 너무 많은 별들이 형성되면 가스와 먼지가 바람에 흩어져버려 다음 세대에 새 별을 만들기가 더 어려워진다. 반대로 생겨나는 별이 너무 적으면 가스가 넓게 퍼지지 않으므로 다음 세대에 별이 쉽게 만들어진다. 그러므로 이 두 극단 사이에서 점차 장기적 평균을 취하게 된다.

당연한 현상이지만 젊은 별들은 분자구름 내부의 고밀도 구역에서 발견된다. 그러나 중력이 고밀도의 압력을 얼마나 압도해야 그런 덩어리 구조(대개 덩어리 안에 또 덩어리가 있는 식이다)가 만들어지는지, 또 난류에서 나오는 충격파가 어느 정도가 되어야 특정한 구역을 압박해 주변보다 100배나 큰 밀도로 만드는지는 아직 밝혀내지 못했다. 계산에 따르면 난류의 압력은 장차 별의 중심이 될 부분, 즉 중력 붕괴 시점의 평균 밀도보다 높은 구역을 만들어낸다. 그런 구역은 내부 온도가 10K이고, 너비는 0.06파섹(1/5광년)이며, 질량은 우리 태양의 70퍼센트가량 된다. 분자구름 속의 그 덩어리들이 가진 속성을 보면, 난류의 압력이 별의 탄생에 관한 가장 유력한 설명으로 여겨진다. 그 다음에는 중력이 작용한다. 하지만 자기장의 방해를 받고 각운동량을 제거해야 한다.

구름 가운데 밀도가 높은 덩어리에서는 가스 질량의 절반에 가까운 양이 별로 전환되지만, 구름 전체로 보면 재료의 불과 몇 퍼센트만 별로 전환되고 이내 구름이 흩어진다. 별이 형성되는 과정을 자세히 살펴보면 별의 탄생이 전반적으로 그다지 효율적인 과정이 아니라는 것을 알 수 있다.

별의 중심부가 형성되면 관측을 통해 확인이 가능하므로 우리는 그것을 출발점으로 삼아 태양 같은 별이 어떻게 생겨나는지 상세히 설명할 수 있다. 그 뒤의 일은 거의 전적으로 컴퓨터 시뮬레이션에 의지할 수밖에 없다. 따라서 모델이 다르면(예컨대 자기장의 영향력이 다를 경우) 붕괴가 일어나는 과정, 특히 그 속도에 대한 예측도 달라진다. 그러나 흥미롭게도 모든 시뮬레이션이 똑같은 예측을 보여준 게 한 가지 있다. 별 탄생의 초기 단계에는 붕괴하는 구름의 극히 일부분만이 별로 진화하는 데 필요한 밀도에 도달할 수 있다. 태양질량의 구름 전체가 자체로 거의 균일하게 수축해 우리 태양 같은 물체를 형성하는 게 아니라, 구름 한복판에서 태양질량의 0.001에 해당하는 물체가 밀도와 온도가 높아지면서 안정을 이루고 곧이어 핵융합으로 에너지를 발산하기 시작한다. 그 뒤 오랜 시간에 걸쳐 주변 구름의 물질이 원시별의 표면으로 떨어져내려 부착되면서 별의 나머지 질량이 생겨난다.

　회전력과 자기장은 이 작은 원시별의 탄생에 영향을 주지 않는다. 하지만 붕괴하는 구름에서 원시별이 하나가 아니라 두세 개가 만들어져 서로 공전하는 것은 회전력의 결과다. 회전하는 구름이 붕괴하면 원시별 주변에 물질의 원반이 형성된다. 그 원반에서 물질의 분포가 불균등할 경우에는 요동이 일어나 일부 물질이 원시별로부터 각운동량을 빼앗으면서 바깥으로 빠져나가고 일부는 안쪽으로 모여 원시별의 몸집을 불리는 데 투입된다. 그렇게 물결처럼 길게 늘어진 양태(이때 소용돌이의 팔들은 회전하는 반대 방향으로 눕게 된다)를 취하면 각운동량이 바깥쪽으로 전달될 수밖에 없다. 그래서 천문학자들은 원반의 몸집이 불어나는 것이 곧 가스로부터 각운동량이 떨어져나가는 과정이라고 본다. 또 다른 가능성도 있다. 자기장이 원시별에 갇히면 별의 양 극지에서 제트류가 분출되면서 별을 향해 떨어져가는 물질의 일부가 깔때기 모양으로 흘러 우주 공간으로 나가고 잉여 각운동량이 제거된다. 그런 제트류는 많은 젊은 별들에서 발견되지만, 이 설명은 아직 추측에 불과하다.

이 모든 계산은 대단히 아름다운 결과를 산출한다. 구름의 종류가 무엇이든, 회전, 자기장, 기타 속성이 어떠하든 상관없이 항상 똑같이 중심이 조밀한 물체가 형성된다. 그러므로 중심부의 온도가 상승하기 시작하는 시기 이전에 정확히 어떤 상태였는지에 관해서는 신경을 쓸 필요가 없다. 온도는 적외선 복사가 중심을 탈출하지 못하고 갇힐 만큼 밀도가 높을 때 상승한다. 필요한 밀도는 1세제곱센티미터당 약 10^{-13}그램인데, 이는 1세제곱센티미터의 공간에 수소 분자가 약 200억 개 존재하는 것에 해당한다. 중심 밀도가 그보다 2천 배 높아져 1세제곱센티미터당 수소 분자 수가 약 40조 개로 증가하면 중심 내부의 압력이 커져 붕괴가 중단된다. 중심의 질량은 태양의 약 1/100이며, 부피는 반지름이 지구에서 태양까지 거리의 몇 배에 달할 만큼 크다. 하지만 내부 온도가 계속 상승하기 때문에 안정성이 오래가지는 못한다. 온도가 2천K에 달하면 수소 분자가 부서져 원자로 쪼개진다. 그러면 가스의 운동이 달라지고 2단계 붕괴가 진행되면서 똑같은 과정이 되풀이되어 '중심의 중심'이 새로 만들어진다. 이 중심의 붕괴가 멈추려면 내부 온도가 1만K까지 상승해야 한다. 이때 전자는 수소 원자에서 떨어져나와 이온화된 플라즈마를 형성한다. 하지만 이것으로 붕괴는 영구히 끝이다. 물론 이 이온화 과정은 우주의 나이가 수십만 년 되었을 무렵에 일어난 재결합 과정의 반대다. 그 시기에 우주는 빛과 상호작용하는 대전입자의 수가 많지 않아 투명했다. 이와 반대로 원시별 중심이 이온화될 때는 중심 내부의 전자기 복사가 대전입자 사이에서 이리저리 튕기기 때문에 불투명해진다. 이것은 중심이 별로 진화하는 순간을 잘 보여준다.

이 내부 중심은 별을 낳는 씨앗이 된다. 원시별은 질량이 태양 질량의 1/1000에 불과하고 부피는 태양과 비슷한 정도지만, 외부에서 물질이 계속 보태져 질량이 꾸준히 증대한다(부착되는 질량은 주로 원시별의 밀도를 높이므로 반지름은 태양의 몇 배 정도에 불과하다). 중심을 이루었던 가스는 약 10년에 걸쳐 원시별로 흡착되어 태양 질량의 0.01배를 추가한다. 그러나 처음에 붕괴했던 구름 질량의 대부분은 그 뒤에도 계속 원시별로 흡착된다. 앞에서 말했듯이 이 과정의 특징은 중심 별 주변에 물질 원반이 형성되는 것이다(회전과 자기장이 없는 비현실적인 경우는 논외다). 20세기 후반에 허블우주망원경이 도입되면서 젊은 별들 주변에 형성된 물질 원반을 관측할 수 있게 되었다. 이것은 행성계가 만들어지는 명백한 증거다. 잠시 후에 그 주제로 돌아가기로 하자.

중심의 질량은 어느 것이나 거의 같기 때문에 원시별의 씨앗에서 성장하는 별이 얼마나 큰지는 중심의 크기가 아니라 부착되는 물질의 양에 의해 결정된다. 그보다 더 중요한 것은 붕괴가 일어나는 방식이다. 각각의 별(혹은 두세 개의 별로 이루어진 집단)은 이미 주변과 차단된 분자구름의 조각에서 생겨난다. 그래서 흡착할 수 있는 물질의 양이 엄격히 제한되어 있으므로 별의 최종 질량은 구름 조각의 크기에 의해 결정된다. 예를 들어 태양 같은 별은 질량의 99퍼센트가 흡착을 통해 형성되었다.

중심의 질량이 태양 질량의 1/5까지 커지면 핵융합이 가능할 만큼 내부 온도가 상승한다. 그러나 이것은 오늘날 태양의 에너지가 되는 양성자-양성자 연쇄 반응이 아니다. 중심 내부에서 최초로 일어나는 융합 과정에는 중수소가 연관된다. 무거운 수소에 해당하는 중수소의 핵은 양성자 하나와 중성자 하나가 강한 핵력으로 결합된 구조다. 우리 태양 같은 질량을 가진 별의 경우 흡착 과정이 끝난 젊은 별의 반지름은 태양의 약 네 배가 된다. 그 뒤 점차 수축이 일어나 안정을 찾고 성숙한 별로 살아가게 되는데, 이를 '주계열main sequence'의 별이라고 부른다. 수축이 진행될 때 별을 빛나게 하는 에너지는 주로 수축에서 발생하는 중력 에너지다. 양성자-양성자 연쇄 반응이 시작되려면 내부 온도가 1500만K에 달해야 한다. 그래야 핵에너지가 발생해 별이 더 이상 수축하는 것을 막을 수 있다. 그러나 별은 그렇게 안정을 이루기 전에 항상 대류를 통해 내부 물질이 완전히 섞이는 단계를 거친다. 오늘날 (태양을 포함하는) 주계열 별의 표층에서 보는 원소 비례는 그 별을 낳은 구름의 원소 비례를 정확히 반영한다. 이것은 별의 깊숙한 내부에서 일어나는 수소를 헬륨으로, 혹은 (일부 별의 경우) 헬륨을 탄소로 전환시키는 과정과는 무관하다. 주계열 별에서는 대류가 불완전한 탓에 중심의 물질이 표면으로 빠져나오지 못한다.

천문학자들은 흡착 과정의 여러 단계를 네 가지로 분류한다. 다분히 자의적이지만 각 단계의 지속 시간이 얼마나 되는지 개략적으로 아는 데는 편리하다. 구름이 붕괴하는 '별이 없는' 단계를 거쳐 중심이 발달해 불투명해질 때까지 걸리는 기간은 약 100만 년이다. 0등급은 중심에 급속히 물질이 흡착되는 초기 단계로서 수만 년 동안 지속되며, 이 기간에 최종 질량의 절반 이상이 흡착된다. 1등급은 흡착 과정이 가장 길고 남은 물질의 대부분이 추가되지만 수십만 년 동안 서서히 진행된다. 2등급은 갓 태어난 젊은 황소자리 T형 별로서 아직 먼지에 덮여 있고 약 100만 년간 지속된다. 3등급의 젊은 별은 먼지를 벗어버리고 수천만 년에 걸쳐 수축해 주계열 별이 된다.

이런 시간 척도의 증거는 모델과 관측을 통해 얻을 수 있다. 예를 들어 1등급의 원시별은 0등급보다 10배나 많이 보이지만 1등급의 별은 모두 과거에 0등급이었으므로 1등급의 기간은 0등급보다 10배나 길다고 추론할 수 있다. 전반적으로 최종 질량이 우리 태양과 같은 별의 경우 가스와 먼지 구름에서 붕괴해 주계열 별이 될 즈음까지 진화하는 데는 약 1천만 년이 걸린다. 그에 비해 태양 질량의 15배인 별은 그 시점까지 진화하는 데 10만 년밖에 걸리지 않는다.

앞에서 말했듯이 대다수 별들은 각운동량 때문에 홀로 존재하지 않고 복수의 체계를 이루고 있다. 우리 태양 같은 고립된 별은 그런 체계에서 방출되어 방랑하게 된 경우다. 과거에는 '복수'의 체계를 보통 4~5개 혹은 그 이상의 별들이 뭉친 것으로 여겼고, 컴퓨터 시뮬레이션도 원시별의 중심이 여러 조각으로 쪼개져나가는 것을 보여주었다. 그러나 2005년 카디프 대학과 본 대학의 연구자들이 분석한 결과 사실은 그렇지 않았다. 많은 별들을 품고 있는 소형 덩어리들[65]이 아주 쉽게 한 번에 하나씩 별을 방출한다는 게 밝혀

---

65 '소형'이라고 말하는 이유는 우주가 젊었을 때 함께 탄생한 100만 개의 별들이 공 모양으로 뭉친 덩어리들도 있기 때문이다.

졌다. 그렇기 때문에 오늘날 우리 은하에는 실제로 보이는 것보다 고립된 별의 비율이 훨씬 많아지게 되었다. 반대로, 별들의 체계가 중력의 영향권에 있는 별들을 쌍으로 방출하기란 대단히 어렵다. 사실 그런 '고차적' 체계가 하나의 쌍성계와 여러 개의 고립된 별로 완전히 분해되는 데는 10만 년밖에 걸리지 않는다. 관측된 수치에 따르면, 보통 구름 중심 하나가 붕괴해 서너 개의 별을 형성하는데, 때로는 이 규칙에 어긋나는 경우도 있다.

일반적으로 신생 별 체계 100개 가운데 40개는 3성, 60개는 쌍성의 형태를 취한다. 40개의 3성 가운데 25개는 수명이 길고 비교적 안정적인 반면 15개는 곧바로 별 하나를 방출해 쌍성 15개, 고립된 별 15개를 이룬다. 이 모든 일이 10만 년 이내에 별 탄생지에서 일어나 3성 25, 쌍성 75, 고립된 별 15의 비율을 구성한다. 오늘날 오리온성운 같은 별 탄생지에서는 별들 간의 접촉이 긴밀한 탓에 쌍성계가 해체되고 있다. 그래서 우리 은하 전체로 볼 때 고립된 별의 비율이 증가하는 중이다. 쌍성계가 해체되면 고립된 별 두 개가 생겨나기 때문에 별 종족에서 이런 종류의 해체가 10차례 일어나면 그 비율은 25 : 65 : 35로 변하게 된다. 갈수록 3성보다 고립된 별이 많아지는 셈이다.

그래도 현재의 별들은 대부분 복수의 체계를 취한다. 소수의 고립된 별에 속하는 우리 태양은 약간 특이한 경우라고 할 수 있다. 그러나 달리 보면 그것은 우리의 존재로 인해 우리의 우주관이 편향되는 것을 보여주는 또 하나의 사례다. 지구 같은 행성들을 낳은 물질 원반은 고립된 별 주변에 생성될 가능성이 크다. 쌍성계나 3성계에서는 다른 별의 중력으로 조수와 같은 효과가 발생해 원반이 해체될 수 있다. 설령 행성들이 형성된다 해도 아주 먼 궤도를 돌면서 뜨거워졌다가 얼어붙는 과정이 되풀이되거나 별들 사이를 오락가락하게 될 것이다. 우리와 같은 생명체는 안정적이고 수명이 긴 행성이 안정적이고 수명이 긴 별 주위의 궤도를 도는 환경에서만 존재할 수 있다. 이런 인류 원리로 보면 우리 태양이 우주 공간을 가로지르는 유일한 방랑별이라고 생각하는 것은 지극히 당연하다. 하지만 그렇게 된 이유가 무엇이든, 그 덕분에 우리는 태양계가 어떻게 탄생했는지를 이해하려 할 때 이웃한 다른 별 때문에 빚어지는 복잡한 현상을 고려할 필요가 없다.

우리는 연구의 폭을 좁혀 지구 같은 행성만을 집중적으로 살펴보면 된다. 우리 태양계에는 지구처럼 작은 암석 행성이 네 개 있다. 태양에서 가까운 순서로 열거해보면 수성, 금성, 지구, 화성이다. 또한 가스 행성 네 개가 있는데, 태양에서 가까운 궤도의 순서로 목성, 토성, 천왕성, 해왕성이다. 그밖에 얼음이나 바위 등 우주의 부스러기로 이루어진 많은 조각들이 있다. 그 가운데 명왕성은 원래 행성으로 분류되었으나 지금은 이 얼음덩이에 불과한 물체를 행성이라고 불러야 할지를 놓고 열띤 토론이 진행되고 있다(명왕성은 2006년 크기와 궤도상의 문제점으로 국제천문연맹에 의해 행성 자격이 박탈되어 소행성으로 규정되었다: 옮긴이). 여기서 우리가 다뤄야 할 것은 암석 행성(지구형 행성)과 가스 행성(목성형 행성)의 구분이다.

과거에는 두 종류의 행성이 같은 방식으로, 즉 젊은 별 주변의 원반에서 작은 물질의 조각들이 모여 형성되었다고 생각했다. 이것을 흔히 '상향식' 시나리오라고 부른다. 두 종류의 행성 모두 처음으로 형성되는 물체는 암석 알갱이다. 하지만 암석이 덧쌓이는 과정은 내행성에서 이루어질 가능성이 크다. 젊은 별의 열기에 밀려난 가스가 탄생 중인 행성계의 바깥 구역으로 날아가버리기 때문이다. 하지만 목성의 궤도쯤 가면 지구 질량의 10여 배에 이르는 암석 덩어리가 중력으로 가스와 얼음 물질을 축적해 현재의 규모로 커지는 게 가능해진다. 이 시나리오에는 커다란 난점이 있다. 이런 방식으로 대형 가스 행성이 생겨나는 데는 아주 오랜 기간이 필요하다. 실제로 천왕성과 해왕성의 현재 궤도로 미루어 생각해보면, 아무리 단순한 형태의 상향식 과정을 거친다 해도 현재의 크기까지 성장하려면 태양계의 현재 나이보다 더 오랜 기간이 걸려야 한다. 우리가 아는 행성계가 우리의 태양계밖에 없었던 시절에는 그게 그리 큰 문제가 되지 않았다. 천문학자들은 장차 더 나은 상향식 시나리오를 찾으면 그 편차를 해소할 수 있으리라고 기대했다. 하지만 지금까지 다른 행성계가 수백 개나 더 발견되었다. 거의 모든 경우 별을 도는 행성은 별에 미치는 중력의 영향 때문에 발견되었다. 행성이 별 주위를 공전할 때 미세한 떨림 현상이 감지된 것이다. 그 현상은 너무 미미한 탓에 직접 관측되지는 못했으나 별의 스펙트럼에서 도플러 효과로 드러났다. 이렇게 발견된 행성들은 대형 '목성형'이었고 우리 태양과 목성의 거리보다 훨씬 더 가까운 거리에서 모성을 도는 것으로 밝혀졌다.

 어떤 의미에서 초기에 발견된 태양계 바깥의 행성(외계 행성)들이 그런 종류인 것은 당연한 일이다. 가까운 궤도를 도는 대형 행성이 모성에 가장 큰 영향을 미치므로 현재의 기술로 발견하기가 가장 쉽기 때문이다. 2005년에 천문학자들은 마침내 외계 행성에서 나오는 적외선을 직접 검출하는 데 성공했다. 최초로 관측된 그 행성들의 온도는 약 800℃다. 같은 해 후반에 천문학자들은 또 다른 외계 행성의 사진을 촬영했다. 그 행성은 지구로부터 100파섹(225광년) 떨어진 바다뱀자리의 한 별을 80억 킬로미터(54AU) 거리에서 공전한다.[66] 하지만 목성의 다섯 배나 되는 거대 행성도 있다. 지금까지 발견된 가장 작은 외계 행성은 질량이 지구의 여섯 배인데, 모성인 글리제 876을 1.94일에 한 바퀴씩 총알 같은 속도로 공전하므로 '지구형' 행성으로 보기는 어렵다. 지구와 같은 궤도로 별을 도는 지구형 행성이 있다 해도 그것을 발견하려면 차세대 관측기구가 필요하다. 지금까지 우리가 뜨거운 목성형 행성을 찾아낸 것은 놀라운 일이 아니다. 놀라운 것은 행성이 존재한다는 사실이다. 그러면 행성은 왜 존재할까?

대형 가스 행성은 상향식 흡착으로 형성되지 않고, 젊은 별 주변에 펼쳐진 물질 원반의 불안정한 덩어리에서 하향식으로 탄생한다. 그런 덩어리는 원반 어디에서나 형성될 수 있다. 별과의 거리도 가깝거나 멀 수 있지만, 행성과 원반의 상호작용으로 행성의 궤도가 변하므로 나중에는 탄생한 궤도와 달라지게 된다. 이런 '이동'은 천왕성과 해왕성이 지금과 같은 궤도를 취하게 된 이유를 설명한다. 이 행성들은 태

---

[66] AU는 말 그대로 '천문단위Astronomical Unit'라는 뜻이다. 1AU는 지구와 태양의 평균 거리인 1억 5천만 킬로미터다.

양이 만들어진 직후에 지금보다 태양과 더 가까운 곳에서 탄생했다. 시뮬레이션에 따르면 하향식 과정으로 대형 가스 행성이 탄생하는 데는 불과 수백 년밖에 걸리지 않는다.

이런 견해들은 지금도 진화하고 있다. 2005년 브라질, 프랑스, 미국의 국제 연구팀은 태양계의 젊은 시절에 관한 지금까지 어느 것보다도 상세한 시뮬레이션을 구성했다. 그들의 출발점은 1960년대 말과 1970년대 초의 아폴로 계획에서 가져온 월석이었다. 달 표면에 보이는 어두운 곳들은 태양계의 나이가 7억 년가량 되었을 때, 내행성들이 생겨나고 얼마 뒤 우주에서 잔해들이 격렬한 폭격을 퍼부은 흔적이다. 이 사건은 후기 중폭격late heavy bombardment, 즉 LHB라고 부른다. 연구팀은 이것을 바탕으로 삼아 대행성들이 형성된 과정을 새롭게 이해하고자 했다. 그에 따르면 네 대행성은 가까운 곳에서 한꺼번에 형성되었을 것으로 추측된다. 그 주변에는 행성찌꺼기planetisimal라고 부르는 얼음과 암석 덩어리 같은 작은 물체들이 소용돌이치고 있었을 것이다. 맨 바깥쪽 행성 궤도 너머에도 태양계가 탄생한 초기 단계에 남은 행성찌꺼기의 원반이 있었다. 이런 원반은 지금까지도 카이퍼벨트Kuiper Belt로 남아 있다. 그러나 새 연구가 옳다면 지금의 카이퍼벨트는 단지 과거의 영광을 말해주는 잔해에 불과하다. 중력의 영향으로 목성은 조금씩 태양에 가까워진 반면 다른 세 대행성은 바깥쪽으로 멀어져 갔으며, 행성찌꺼기도 같은 양태로 흩어져 일부는 태양 쪽으로, 일부는 바깥쪽으로 이동했다.

처음에는 점진적인 과정이었다. 하지만 태양계가 탄생하고 7억 년이 지났을 무렵 극적인 변화가 일어났다. 토성이 목성 궤도의 정확히 두 배가 되는 궤도를 돌게 된 것이다. 이 때문에 주기적으로 두 행성의 중력이 합쳐져 태양계 바깥쪽의 다른 물체들에 작용하는 현상이 일어났다. 마치 그네를 탄 아이가 작은 몸짓이지만 때맞춰 앞뒤로 몸을 움직이면 그네가 점점 높아지는 것과 같다. 이 과정의 결과로 천왕성과 해왕성이 점차 밀려나 현재의 궤도까지 가게 되었다. 해왕성 궤도의 반지름은 급속히 두 배로 늘어나 카이퍼벨트의 안쪽 부분까지 잠식했고, 그로 인해 막대한 양의 행성찌꺼기가 태양계 안으로 들어왔다. "모든 행위에는 작용과 반작용이 있다"는 뉴턴의 유명한 명제처럼 나가는 것과 들어오는 것의 균형이 맞아야 하기 때문이다. 이러한 행성찌꺼기의 홍수가 달 표면을 폭격한 LHB를 만들어냈다. 아마 지구를 포함한 지구형 행성들도 마찬가지였겠지만, 지구의 표면에 남은 흔적은 이후 판구조plate tectonics 운동(대륙이동)과 침식으로 덮였다.

이 가설은 2005년에 힘을 얻었다. NASA의 딥임팩트 탐사기가 혜성 템펠-1과 충돌함으로써 우주 공간에 뿌려진 잔해를 분석한 결과, 혜성을 이루는 물질의 화학적 구성(특히 에탄의 양)이 현재 태양계 천왕성과 해왕성의 구역에서 만들어진 물체와 같다는 사실이 밝혀졌다. 이로 미루어 템펠-1은 천왕성과 해왕성이 이동할 때 바깥쪽 더 먼 우주로 밀려난 초기 혜성 벨트에서 나온 파편으로 보인다.

모든 것이 깔끔하게 들어맞는다. 지구형 행성은 느린 상향식 과정을 통해 만들어졌다. 특히 지구는 대행성이 이미 존재하던 시기에 오랜 기간에 걸쳐 형성되었다. 행성찌꺼기는 바로 이 대목에서 등장한다. 일단 대행성들을 논외로 하면, 지구형 행성들은 태양이 아직 물질 원반에 둘러싸여 있던 시기에 생겨났다고 볼 수 있다. 1990년대 이전에도 천문학자들은 지구형 행성이 그 물질 원반에서 만들어졌다고 추측했지만 젊은 별 주변에 그런 원반이 존재한다는 직접적 증거를 얻지는 못했다. 하지만 그 뒤 허블우주망원경을 비롯해 관측기구와 기법이 발달한 덕분에 가까운 젊은 별들 중 상당수의 주변에서 거대한 물질 원반(지금은 원시행성원반 protoplanetary disc, 즉 PPD라고 부른다)을 찾아냈다. 이것은 분명히 별이 만들어지는 방식의 중요한 특징이다. 늙은 별 주변에 원반이 없는 것을 보면 이미 오래전에 흩어져버렸거나 다른 것, 즉 행성으로 바뀌었을 게 틀림없다.

이 원반은 실로 거대하다. 가장 충실하게 연구된 PPD는 화가자리 베타라는 별에 있는데, 지름이 1500AU(약 2250억 킬로미터)에 달한다. 이 별의 나이는 2억 년으로 추정되며, 원반의 질량은 우리 태양의 1.5배쯤 된다. 원반이 안정되면서 대부분의 물질은 사라졌다. 이 과정이 진행 중인 경우도 있다. 원반의 한복판에 위치한 젊은 별의 양극에서 원반과 직각 방향으로 물질이 분출되는 장면도 관측되었다. 적외선으로 관측되는 그런 분출은 1천AU(150억 킬로미터)까지 뻗어 있다. 이에 비해 우리 태양계의 맨 바깥쪽에 위치한 대행성인 해왕성 궤도의 반지름은 겨우 30AU밖에 안 된다. 주목할 것은 화가자리 베타의 원반에서 가장 안쪽 구역이다. 너비가 수십AU에 달하는 이 구역은 찌그러지고 뒤틀려 있어 그 안에 행성들이 있을 것으로 추측된다. 또한 원반의 안쪽에는 우리 태양계와 비슷한 크기의 빈 공간이 보이는데, 그곳의 물질은 이미 행성으로 뭉쳤을 것이다.

허블우주망원경은 지금까지 원시행성원반을 수백 개나 찾아냈지만, 우리 태양계가 젊었을 때의 상황을 이해하기 위해서는 그 가운데 몇 개만 언급하면 충분하다. 전반적으로 볼 때 현재 그런 원반을 가진 별의 나이는 수천만 년에서 수억 년까지 다양하다. 분광학적 연구 결과 그런 별은 우리 태양과 구성이 비슷하다는 사실이 드러났다(수소와 헬륨을 내보내고 '금속'을 축적한다). 원반에서 나오는 복사의 성질로 미루어 원반의 물질은 성간 구름에서 보이는 원래의 '담배연기' 먼지가 아니라 이미 어떤 식으로 처리된 것임을 알 수 있다. 아마 서로 부딪혀 행성찌꺼기를 이루었거나 부서져 '제2세대'의 먼지가 되었을 것이다. 그런 체계(거문고자리의 알파인 베가 주변에도 원반이 있다)에서 나오는 적외선 복사를 토대로 먼지 알갱이의 평균 크기는 약 10마이크론(천만분의 1미터)으로 측정되었다. 물론 먼지의 질량은 원반 전체의 질량보다 훨씬 적다. 원반에는 아직 우주 공간으로 빠져나가지 않은 상당량의 수소가 남아 있기 때문이다. 화가자리 베타의 경우 지구 질량의 100배가량이 먼지의 형태로 존재하는 것으로 추측된다.

PPD에서 가장 흥미로운 점은 원반 속에 행성계가 존재할 가능성이다. 앞서 말했듯이 어떤 원반에는 비틀린 부분이 있어 행성계가 있을 것으로 기대되며, 우리 태양계가 들어갈 만한 빈 틈도 있다. 우리가 연구하기에 적합한 후보는 남쪽물고기자리의 알파인 포말하우트라는 젊은 별이다. 나이는 2억 년이고 질량은 우리 태양과 비슷하다. 이 별의 원반은 지구에서 보기에 알맞을 만큼 기울어져 있어 관측하기에 편리하다. '중심'의 별이 실은 중심에 위치하지 않고 원반의 한쪽으로 치우쳐 있는 것으로 미루어 몇 개의 대행성으로부터 중력의 영향을 받고 있다고 추측된다. 포말하우트와의 거리는 7.7파섹(25광년)밖에 안 되므로 허블우주망원경으로 충분히 관측이 가능하다. 먼지 원반 내부에는 벨트 혹은 고리의 윤곽이 선명하게 보인다. 뚜렷한 안쪽 가장자리를 기준으로 측정한 결과 원반의 폭은 25AU(지구에서 태양까지 거리의 25배)이고 지름은 266AU다. 이 크기는 우리 태양계의 가장 바깥에 위치한 대행성인 해왕성 궤도 지름의 아홉 배에 해당한다. 고리의 중심은 포말하우트의 위치로부터 15AU, 즉 22억 5천만 킬로미터만큼 옆으로 빗겨나 있는데, 해왕성 궤도 반지름의 절반에 해당하는 편차다. 이 정도라면 중력의 영향이 미약하다고 볼 수 없다. 중심이 치우친 고리와 뚜렷한 안쪽 가장자리는 별 가까이에 행성의 궤도가 있고 원반으로부터 물질이 흘러나오고 있다는 것을 말해준다. 고리 자체는 태양계로 치면 카이퍼벨트의 초기 단계와 같이 행성계가 만들어지고 남은 찌꺼기 얼음 물질이 모인 것으로 볼 수 있다.

행성의 존재를 암시하는 또 다른 단서는 원반의 먼지 전체가 비교적 차가워 보인다는 사실이다. 일반적으로 원반 내에서는 마찰이 일어나 먼지 알갱이가 안쪽의 중심 별을 향해 밀려가게 되면서 온도가 상승하고 복사가 일어난다. 그런데 어떤 경우(예컨대 거문고자리 알파의 원반) 그 뜨거운 먼지가 보이지 않는다는 사실은 곧 뭔가가 안쪽으로 밀려가는 알갱이들을 집어삼킨다는 것을 의미한다. 그 '뭔가'는 바로 행성일 수밖에 없다.

그런 행성계의 전형을 보여주는 화가자리 베타의 경우 원반의 비틀림은 중심 별을 1~20AU의 거리에서 공전하는 지구 질량의 6~6천 배에 달하는 물체가 있다는 것으로 설명될 수 있다. 나아가 이 원반의 두께로 볼 때 적어도 1천 킬로미터 너비의 궤도를 돌며 원반을 휘젓는 단단한 물체가 있어야 한다. 그렇지 않으면 원반은 토성의 고리와 같은 더 얇은 구조로 안정되었을 것이다. 허블우주망원경의 뒤를 잇는 망원경(차세대우주망원경Next Generation Space Telescope, 즉 NGST라고 부르지만 공식 명칭은 제임스웹우주망원경으로 2011년에 완성될 예정이다)은 목성 같은 행성에 의해 생겨난 원반 속의 틈을 찾아낼 수 있을 것이다. 그러나 우리는 이미 '목성' 같은 행성과 PPD의 존재를 알고 있으므로 그 발견은 큰 의미가 없다. 또한 먼지 알갱이를 분광학으로 조사한 결과 제2세대 입자인 것이 밝혀졌기 때문에 우리는 그 먼지 원반에 행성찌꺼기가 존재한다는 것도 알고 있다. 얼어붙은 암석이 중력에 이끌려 지구 같은 행성을 형성하는 과정은 무척 알기 쉽다. 그러므로 지구 같은 행성이 어떻게 탄생하느냐는 문제는 성간 구름 속에 있는 담배연기 크기의 먼지 입자가 어떻게 서로 달라붙어 행성찌꺼기를 이루느냐는 문제로 치환된다.

여기서 핵심어는 '달라붙는다'는 말이다. 진공에 가까운 우주 공간의 궤도를 도는 미세한 먼지 알갱이들이 서로 충돌하면 달라붙기보다 튕겨나가게 마련이다. 최근까지 천문학자들은 다분히 희망 섞인 견해를 피력했다. 즉 거의 같은 궤도를 도는 먼지 입자들이 서로 부드럽게 부딪히면서 엉겨 듯이 달라붙는다고 본 것이다. 하지만 또 다른 요인을 고려해야 한다. 행성계가 형성되는 분자구름에 존재하는 흔한 복합물은 물이다. 수소는 압도적으로 많은 원소다. 또 산소는 수소만큼은 못 되지만 아주 흔한 '금속'이며, 수소와 헬륨에 이어 세 번째로 흔한 원소다. 수소와 산소는 적극적으로 결합해 물을 만들기 때문에 행성계가 탄생하는 구름에는 수증기가 풍부하다. 하지만 액체 상태의 물은 없다. 진공에 가까운 우주 공간에다 마이크론 크기의 먼지 알갱이는 온도가 수십K밖에 안 된다. 이런 상황에서 수증기는 먼지 알갱이에 응축되어 얼음을 이루게 된다. 지상의 실험실에서 그런 상황의 시뮬레이션을 구성한 결과, 물 분자는 한쪽 끝에 양전하를 띠고 다른 쪽 끝에 음전하를 띤 채로 배열된다는 사실이 밝혀졌다. 따라서 알갱이를 덮은 얼음이 전기적으로 양극화되고, 여기서 발생한 전기가 얼음 알갱이들을 달라붙게 만든다. 작은 막대자석이 생겨난 것과 마찬가지다.

이 얼음은 우리가 음료에 넣어 먹는 얼음과는 다르다. 수증기가 미세한 알갱이에 달라붙어 응축된 것이기 때문에 얼음이라기보다는 눈송이에 가깝다. 단단한 물질(주로 탄소와 규소 복합물)의 미세한 알갱이를 폭신한 외각층이 둘러싸고 있어 알갱이들이 서로 충돌할 때 완충재처럼 충격을 완화해준다. 폭신한 얼음 표면이 충돌하면 반발력이 줄어들고 전기력이 크게 작용한다. 이와 관련해 미국의 퍼시픽노스웨스트 국립연구소에서 실험이 진행되었다. 작고 단단한 세라믹 공(지름 1/16인치)을 진공 실험실 속에서 평범한 얼음 위에 떨어뜨리자 처음 높이의 48퍼센트까지 튀어올랐다. 그러나 수증기를 포함한 온도 40K의 얼음 위에 그 공을 떨어뜨리자 원래 높이의 8퍼센트까지만 튀어올랐다.

'폭신한 얼음' 효과는 특히 오늘날 원시행성원반이 보이는 곳, 즉 젊은 행성계의 차가운 바깥 부분에서 행성찌꺼기를 증대시키는 역할을 한다. 지구 같은 행성이 형성되는 온도가 더 높은 안쪽 구역에서는 규산염 알갱이에서 비슷한 전기 효과가 일어난다. 이런 식으로 처음의 알갱이가 어느 정도의 크기로 성장하면 중력을 통해 서로 끌어당기기 시작한다. 그 결과 약 10만 년에 걸쳐 1킬로미터가량 되는 물체들이 생겨난다. 이 물체들 간에 충돌이 일어나면서 PPD에서 보는 제2세대의 먼지가 생성된다.

폭이 1킬로미터쯤 되는 행성찌꺼기가 중력의 힘만으로 지구 같은 암석 행성이 되려면 오랜 기간이 필요하다. 보통 5천만 년이 걸리지만 태양계의 나이에 비하면 눈 깜짝할 사이에 불과하다. 이 단계는 거의 다 알려져 있으므로 여기서 상세히 되풀이할 필요는 없겠다. 하지만 여기서 최대의 수수께끼가 생겨난다. 지구상의 생명은 어떻게 출현했을까? 우주 다른 곳에도 생명이 있을까?

9

생명은 어떻게 탄생했을까?

Where Did Life Originate?

생명이 무엇인지 누구나 안다. 하지만 어떤 사전이나 교과서에서도 '생명'의 완벽한 정의를 찾을 수는 없다. 우리의 현재 목적에 부합하는 생명의 정의를 내려보면, 생명이란 주변 환경에서 에너지를 끌어내 복합 분자를 형성하고 성장하고 번식하는 존재다. 생명은 늘 외부 에너지원을 이용한다. 지표면에 사는 생명의 경우 에너지원은 물론 태양이다. 약간 더 복잡하게 정의하면, 생명은 늘 화학적 평형을 파기하는 체계와 관련이 있다. 예를 들어 지구 대기에 고반응성 기체인 산소가 풍부해진 것은 생명 활동의 소산이다. 이것은 화학적 평형과 거리가 멀다. 만약 지구상에 생명이 없었다면 산소는 생겨나자마자 곧 물이나 이산화탄소 같은 안정적 분자에 갇혀버렸을 것이다.[67]

---

[67] 메리 그리빈과 내가 함께 쓴 책 『심원한 단순함Deep Simplicity』을 보는 게 낫다.

이웃 행성인 금성이 이산화탄소가 풍부한 안정적인(평형을 이루는) 대기를 가졌다는 사실은 곧 금성에 생명이 없다는 확고한 증거다.

최근까지도 생명의 탄생과 연관된 모든 단계는 지구가 형성된 직후 지구상에서 이루어졌다는 생각이 지배적이었다. 그러나 지금은 적어도 생명의 첫 단계—주변 환경에서 에너지를 끌어내 복합 분자를 형성한 단계—는 별을 낳은 먼지와 가스 구름 속에서 일어났고 지금도 일어나고 있다는 게 확실해졌다. 별의 외각층에 존재하는 원자처럼 우주 공간의 분자는 분광학으로 찾을 수 있다. 하지만 중대한 차이가 있다. 외계의 복합 분자는 가시광선 스펙트럼에서 생겨나는 무늬로 발견되지 않고, 크기가 상당하기 때문에 적외선과 전파에서 긴 파장을 가진 고유한 복사로 발견된다. 우주 공간에서 그런 분자의 발견이 늦어진 이유는 찾는 기술이 20세기 후반에야 개발된 탓도 있지만 아무도 그것을 예상하지 않은 탓도 있다. 우주 공간에서 처음으로 분자가 확인된 것은 1930년대인데, 찾기 쉬웠기 때문이었다. 하지만 그것은 탄소와 수소의 단순한 결합(CH)이나 시안기라고 부르는 탄소와 질소 화합물(CN)에 불과할 뿐 복합 분자라고 보기는 어렵다. 1963년이 되어서야 비로소 또 다른 화합물인 수산기(OH)가 발견되었다. 진정으로 극적인 진전을 보인 때는 1968년이다. 원자 4개짜리 암모니아 분자(NH_3)가 우리 은하 중심 방향에서 감지된 것이다. 이 발견에 크게 고무된 천문학자들은 더 복잡한 분자를 우주 공간에서 찾기 시작했다. 사실 그런 계기가 꼭 필요했다. 대개의 경우 학자들은 먼저 무엇을 찾을지 결정하고 실험실에서 관련된 분자의 스펙트럼을 미리 측정한 뒤에야 성간물질의 구름에서 원하는 전파 스펙트럼을 찾을 수 있었기 때문이다. 이내 그들은 물(H_2O)을 발견했고, 곧이어 매우 중요한 포름알데히드 유기 분자(H_2CO)를 찾아냈다.

이 발견은 생물학자들에게도 청신호였다. 화석 증거에 따르면 생명체(단세포 생명체)는 지구가 형성된 이후 10억 년도 지나지 않은 40억 년 전부터 지구상에 존재했다. 수억 년이라는 기간은 이산화탄소와 암모니아 같은 단순한 화합물이 단백질과 DNA 같은 복잡한 화합물로 바뀌는 화학적 진화를 이루기에는 지나치게 짧은 기간으로 보인다. 하지만 만약 우리 행성이 냉각된 시기부터 복잡한 유기분자가 주변에 존재했다면 생명이 탄생하는 데 걸리는 기간은 크게 줄어들 것이다. 지난 몇 년 동안 천문학자들은 다른 은하에서도 유기분자를 찾아냈다. 이는 성간 공간에 유기분자가 존재하는 것이 말 그대로 보편적 현상이며, 우리 은하에만 국한된 게 아니라는 점을 말해준다.

유기화합물은 그 명칭이 시사하듯이 생명과 관련된다. 무릇 유기분자라면 탄소 원자가 수소 원자와 화학적으로 결합되어 있어야 하며, 흔히 다른 원소들도 포함한다. 19세기에는 유기화합물이 오로지 생명과 연관이 있다고 간주되었다. 그러나 시험관에서 인공적으로 유기분자를 합성할 수 있다는 게 분명해지자 유기화학이라는 말은 거의 탄소화학과 동의어가 되었다. 그렇다고 해서 유기화학과 생명이 아무런 연관도 없다는 뜻은 아니다. 모든 생명 활동은 유기화합물과 관련이 있으나 모든 '유기'화합물이 생명과 관련이 있는 것은 아니다.

탄소가 생명에 중요한 이유는 두 가지다. 첫째, 탄소 원자 하나는 네 개의 고리로 한꺼번에 다른 원자(다른 탄소 원자도 포함) 네 개와 결합할 수 있다. 특수한 두 가지 사례를 제외하면 이것은 어떤 원자의 결합보다도 많다. 따라서 탄소는 다른 원자와 다양한 결합이 가능할 뿐 아니라 여러 원소의 원자를 포함하는 복잡한 화합물의 중심에 위치한다.[68] 둘째, 탄소는 비교적 흔한 원소다. 우주의 중입자 물질 대다수를 차지하는 수소와 헬륨을 제외하면 가장 흔한 원소는 산소이고 그 다음이 탄소다. 두 원소 모두 별의 핵합성 과정에서 만들어진다. 게다가 탄소 원자는 반드시 네 고리를 다 이용해 네 원자와 결합할 필요가 없다. 이중이나 삼중 결합도 가능하다. 예를 들어 탄소 원자 두 개가 두 고리를 이용해 서로 이중 결합을 이룰 수도 있다. 나머지 두 고리는 비어 있으므로 자유로이 다른 원자와 합칠 수 있다. 또한 탄소 원자는 척추처럼 길게 사슬을 이룰 수 있기 때문에 한 쪽에서 탄소들끼리 기다란 척추처럼 결합하면서 다른 쪽으로는 다른 원자나 원자 집단과 결합할 수 있다. 심지어 반지 모양의 고리를 만드는 것도 가능하다. 탄소 원자 여섯 개가 서로 '손을 맞잡고' 둥그런 고리를 이루면서 그 둘레에 다른 화학 물질들을 달라붙게 할 수 있다. 요컨대 탄소는 흔할 뿐 아니라 다른 원자와 여러 가지 결합이 가능한 원소다. 이렇게 보면, 성간 구름과 별 주변의 구름에 탄소 화합물—유기화합물—이 그토록 많은 것은 당연한 일이다. 별빛의 에너지(적외선과

---

[68] 탄소 이외에도 한 번에 네 가지 화학적 결합을 할 수 있는 원자들이 있다. 규소가 대표적이다. 그러나 탄소 원자는 규소 원자보다 주변에 여덟 배나 많으며, 규소 결합은 탄소 결합보다 약한 경우가 많다.

자외선 포함)를 동력으로 이용해 다양한 흥미로운 화학 반응이 일어나는 것이다.

  2005년까지 우주에서 130여 가지 분자들이 확인되었는데, 그 대부분은 별의 탄생지인 거대분자구름에서 발견되었다. 산화질소(NO)와 일산화규소(SiO) 같은 원자 두 개짜리 단순한 분자를 비롯해, 시안화수소(HCN)와 이산화황(SO_2) 같은 3원자 분자, 암모니아와 아세틸렌(HC_2H) 같은 4원자 분자, 포름산(HCOOH, 벌이나 개미가 분비하는 독성분) 같은 5원자 분자를 거쳐 지금 우리의 주요 관심사인 대형 유기분자에 이르기까지 종류도 다양하다. 분자의 크기는 중요하지 않다. 지금까지 우주에서 발견된 가장 큰 분자는 탄소 원자 11개가 사슬처럼 연결되어 있고 한쪽 끝에 수소 원자 하나, 다른 쪽 끝에 질소 원자 하나가 붙은 구조다. 이것은 시아노펜트아세틸렌이라고 부르며, 화학식은 $HC_{11}N$이다. 생명과 관련해서는 크기보다 복합도가 중요하다. 따라서 $HC_{11}N$보다 작더라도 여러 가지 흥미로운 방식으로 배열될 수 있는 원자를 포함하는 분자가 더 유의미하다. 물론 여기서 흥미롭다고 말하는 분자는 생명의 바탕이 될 수 있는 분자를 가리킨다. 생화학자들이 생물학적 분자를 해체해 발견한 구조를 살펴보면 그런 분자가 무엇인지 알 수 있다.

  지구상 생명체의 근간을 이루는 대형 생물학적 분자는 단백질과 핵산의 두 가지가 있다. 단백질은 우리의 신체(근육만이 아니라 머리털과 손톱도 포함한다) 구조를 만들어주며, 효소라는 단백질은 신체의 화학 작용을 직접 통제한다. 핵산(잘 알려진 DNA도 포함한다)은 세포 조직에게 다른 종류의 단백질을 만드는 법을 가르쳐주는 암호를 내장하고 있다. 이 두 가지 분자는 한 가지 중요한 특성을 공유한다. 둘 다 긴 사슬 모양을 이루고 있으므로 하위 분자들을 줄줄이 화학 결합으로 연결시켜 많은 정보를 담은 구조를 만든다. 사슬의 길이는 얼마든지 가능하다. 탄소 원자 하나는 12원자량이므로 수천 원자량에서 수백만 원자량까지 다양한 단백질 분자를 만들 수 있다.

단백질의 하위 분자는 아미노산이다. 아미노산 자체의 무게는 보통 100원자량 정도에 불과하므로 단백질을 구성하려면 엄청나게 많은 아미노산이 필요하다. 그러나 이 분자가 생명에 얼마나 중요한지는 지구상 모든 생물 재료의 절반이 아미노산이라는 사실로도 충분히 알 수 있다. 아미노산이라는 명칭도 탄소 원자 하나를 중심으로 하기 때문에 생겨났다. 탄소 원자는 네 고리 중 하나로 수소 원자, 또 하나로 아민 계열(NH_2)이라는 세 고리를 가진 원자, 또 하나로 카르복시산 계열(COOH)과 결합한다. 여기서 아미노산이라는 명칭이 나왔다. 나머지 넷째 고리로는 다른 탄소 원자와 결합하는데, 그 탄소 원자는 다른 세 고리로 또 다른 원자들과 결합한다.

그렇다면 아미노산에는 엄청나게 많은 종류가 있을 수 있다. 실험실에서 만들어낼 수 있는 종류도 무수하다. 하지만 지구상의 생명체에게서 발견되는 모든 단백질은 단 20가지 아미노산의 결합만으로 이루어진다. 우리가 아는 모든 생명체가 그 20가지 재료를 거의 같은 방식으로 사용한다는 사실은 지구상 모든 생명체가 단일한 기원에서 비롯되었다는 강력한 정황적 증거가 된다. 즉 우리는 공통의 조상을 가진 것이다. 아주 오래전에 전혀 다른 생명체가 존재했을 가능성을 완전히 배제할 수는 없지만, 아무런 흔적도 남지 않았고 후손도 없다. 단백질은 분명히 생명 분자다. 그러나 고립된 단백질 분자 자체가 '살아 있는' 것은 아니다. 생명이 없는 화학 작용이 그냥 단백질을 만들어내는 경우는 없다. 하지만 아미노산은 발견할 수 있다. 생명체에 중요한 것도 있고 생명체가 사용하지 않는 것도 있다. 그런 의미에서 아미노산은 무생물이다. 무생물을 생물로 바꾸는 비결은 아미노산에서 단백질을 만들어내는 과정의 어딘가에 숨어 있다. 또한 그 비결은 아미노산에 비해 단백질이 복잡하다는 사실, 다시 말해 많은 정보량을 담고 있다는 사실과 관련된다.

  이것은 머리털, 근육, 기타 신체 조직의 단백질을 만드는 긴 사슬에도 해당한다. 또한 사슬이 돌돌 말려 작은 공 모양을 이룬 구상단백질도 있는데, 이것은 효소로 기능하며 생명에 중요한 화학 반응을 촉진하고 생명에 해를 끼치는 화학 반응을 억제한다. 단백질에 저장된 정보의 의미는 단백질 사슬에 따른 아미노산들의 순서를 부호로 표현하면 이해하기 쉽다. 마침 생명체가 이용하는 아미노산의 수는 영어 철자의 수인 26개와 비슷하다. 26개 철자를 조합하면 많은 정보를 전달할 수 있다는 관념은 아주 쉽게 이해된다. 지금 이 책도 그 26개와 몇 가지 구두점으로 이루어졌다. 비록 철자들의 그 사슬이 적절히 나뉘고 편집되었지만 몇 안 되는 철자들의 배열로 이 책이 이루어진 것은 사실이다. 마찬가지로, 단백질도 20개 철자의 아미노산 알파벳으로 기록된 메시지라고 볼 수 있다. 이런 식으로 단백질에 저장된 정보는 고유한 기능을 한다. 이를테면 어떤 단백질 사슬은 머리털 한 가닥을 만드는 데 이용되고, 또 하나의 사슬은 산소가 혈액을 통해 운반되도록 만드는 데 이용되는 식이다. 하지만 여기서 생명 분자들이 하는 일에 관해 상세히 논할 생각은 없다. 우리의 관심은 그 생명 분자들(특히 최초의 분자들)이 어떻게 생겨났느냐에 있다. 지금까지 우리는 아미노산이 생명으로부터 불과 한 걸음 떨어져 있다는 것을 알았다. 그렇다면 다음의 중요한 물음은 이것이다. 아미노산은 어떻게 생겨났을까?

단백질의 재료가 되는 20가지 아미노산은 거의 수소, 탄소, 산소, 질소(불활성 원소인 헬륨을 제외하고 우주에서 가장 흔한 4대 원소다) 원자가 다양한 방식으로 결합해 이루어진다. 그밖에 황 같은 특이한 원자를 품은 아미노산이 한두 가지 있다. 그래서 1920년대 영국의 생물학자 J. B. S. 홀데인 Haldane과 소련의 과학자 A. I. 오파린Oparin은 서로 별개로, 지구가 젊었을 때 지열과 번개에서 나온 에너지가 화학반응을 촉진해 물과 메탄이나 암모니아 같은 화합물로부터 아미노산이 형성되었다고 주장했다. 1950년대 이후 이 견해는 여러 차례의 실험을 통해 검증되었다. 밀봉한 용기 안에 전기 방전, 자외선 복사, 기타 에너지원이 존재하는 다양한 '대기'를 조성하고 아미노산이 합성되는지 조사하는 실험이다. 대체로 오랜 기간 기다리면 아미노산을 함유한 시커멓고 걸쭉한 죽이 만들어졌다. 그러나 그렇다고 해서 지구상의 생명이 그런 방식으로 탄생했다는 사실이 증명된 것은 아니다. 실제로 현재 우주 공간에서 복합 분자가 많이 발견된다는 사실은 원시 지구에 처음부터 화학적 성분이 풍부하게 생성되어 있었음을 시사한다.

실험실의 화학자에게 아미노산을 합성해달라고 부탁해보

자. 그는 물, 메탄, 이산화탄소, 암모니아가 담긴 플라스크를 가지고 몇 달 동안 불꽃을 일으키며 애쓰지 않는다. 우선 포름알데히드, 메탄올, 포름아미드(HCONH$_2$) 같은 것으로 신속하고 쉽게 실험을 진행한다. 실험실에서 아미노산을 합성하기 위해 사용되는 모든 시약은 현재 거대분자구름(GMC)에서도 발견되었다. 이는 지구가 형성된 직후에 이미 그런 물질이 풍부했다는 것을 의미한다. GMC에 아미노산이 존재하느냐의 여부는 확실하지 않다. 사실 2003년에 단순한 아미노산인 글리신이 세 개의 GMC에서 발견되었다는 주장이 제기된 바 있었다. 그러나 2005년 글리신에서 나오는 복사의 새로운 실험 측정치와 관측 결과를 상세히 비교한 결과 그 주장은 잘못임이 밝혀졌다. 하지만 NH$_2$CH$_2$COOH의 화학식을 가진 글리신은 비교적 단순한 분자이므로 장차 어떤 GMC에서 찾아낸다 해도 놀라운 일은 아니다.

최근에는 가스와 먼지 구름 가운데 밀도가 낮은 부분에 존재한다고 알려져 있던 중요한 유기분자가 젊은 별을 둘러싼 먼지 원반의 더 밀도가 높은 부분에서도 발견되었다. 예를 들어 태양계로부터 375광년 떨어진 IRS 46 우주에는 성간 가스 구름보다 1만 배나 밀도가 큰 부분(아세틸렌에 필적하는 밀도)에 시안화수소가 함유되어 있다는 사실이 밝혀졌다. 이 사실은 중요하다. 그 이유는 시안화수소, 아세틸렌, 물이 분자가 증식되기에 적합한 표면을 갖춘 실험실의 용기 안에서 섞일 경우 아미노산과 DNA 염기인 아데닌을 포함하는 유기화합물이 풍부하게 만들어지기 때문이다. IRS 46 주변의 원반에서 발견된 이 물질은 중심 별로부터 10AU 떨어진 곳에 있는데, 우리 태양계로 치면 토성의 궤도에 해당한다.

우리는 아직 우주에서 단백질의 재료를 발견하지 못했지만 그 재료의 재료는 찾아냈다. 물, 암모니아, 이산화탄소 같은 물질로부터 꽤나 사다리를 올라온 셈이다. 다른 계통의 생명 분자인 핵산의 재료를 찾는다면 사정은 매우 유망해진다.

단백질처럼 핵산도 마치 목걸이의 구슬들처럼 하위 분자들이 길게 연결되고 양쪽에 화학 물질들이 달라붙은 사슬 모양의 분자다. 그러나 핵산의 하위 분자들은 아미노산에 비해 단순하며, 생명에 필요한 20가지 아미노산보다 가짓수가 적다. 그래서 생화학자들은 오랫동안 핵산이 세포 활동에서 단백질보다 덜 중요하다고 믿었다. 단백질 분자를 지탱하는 정도의 역할만 한다고 본 것이다. 하지만 그 생각은 잘못이었다.

화학적 측면에서 DNA와 그 가까운 친척인 RNA는 당분으로 구성된다. 기본적인 재료인 리보오스라는 당 분자는 탄소 원자 네 개와 산소 원자 하나가 오각형으로 연결된 구조를 취한다. 각각의 탄소 원자는 남는 고리 두 개로 다른 원자나 화학 물질과 결합한다. 리보오스와 디옥시리보오스는 둘 다 산소 원자의 한쪽 편에서 탄소 원자가 수소 원자, 다른 탄소 원자와 각각 붙고 전체가 또 다른 원자들과 붙어 CH_2OH를 형성하는 구조다. 리보오스의 경우 나머지 세 개의 탄소 원자는 수소나 OH 그룹과 붙는다. 그러나 디옥시리보오스의 경우에는 OH와 붙지 않고 세 개 중 하나만 H와 붙는다. 그래서 디옥시리보오스는 그 명칭이 말해주듯이 리보오스보다 산소 원자 하나가 적다.

핵산은 기본 단위들이 약간 달라진다. DNA와 RNA도 달라져 CH_2OH 그룹의 마지막 수소 원자 대신 인산염 그룹이라는 화학 단위가 연결되고 한가운데에 하나의 인 원자가 있게 된다. 인산염 그룹의 맞은편에는 OH 그룹에 속한 수소 원자의 자리에 또 다른 당 고리가 부착된다. 각 인산염 그룹은 두 개의 당 고리를 서로 이어주는 역할을 한다. 그래서 핵산의 중추는 당-인산염-당-인산염-당-인산염 이런 식으로 교대하는 구조를 취한다. 뭔가를 지탱하는 기능을 빼면 매우 단조롭고 쓸모없는 구조다. 하지만 그런 기능만 하는 게 아니다.

각각의 당 고리는 핵산의 사슬을 오르내리며 인산염 그룹과 연결되는 것 이외에 사슬의 측면으로 튀어나온 염기라고 부르는 다섯 개 단위 중 하나와도 달라붙는다. 물론 아미노산이 20가지이듯이 화학적 염기도 여러 가지지만 핵산에 사용되는 것은 다섯 가지뿐이다. 이 다섯 가지 염기는 모두 탄소 원자 네 개와 질소 원자 두 개로 육각형 모양을 이루고 있다. 이것들은 당 고리 안의 탄소 원자 하나와 붙은 OH 그룹을 버리고 그 대신 염기 안의 질소 원자 하나와 연결함으로써 핵산 사슬 위에서 당 그룹과 붙는다. 다섯 가지 염기는 우라실(U), 티민(T), 시토신(C), 아데닌(A), 구아닌(G)이라고 부르는데, 보통 명칭의 첫 글자로 표시한다. 다섯 가지 중 각 핵산에서 발견되는 것은 네 가지뿐이다. DNA는 G, A, C, T를 포함하고, RNA는 G, A, C, U를 포함한다. 하지만 중요한 것은 염기들이 분자에 따라 어떤 순서든 취할 수 있다는 점이다. 이를테면 DNA 한 가닥의 화학적 구성은 G가 A의 옆에 있든, 아니면 C나 T의 옆에 있든 아무런 상관이 없다. 그러므로 각각의 핵산에는 단지 같은 당과 인산염 그룹이 끝없이 반복되거나, GACTGACTGACT 하는 식으로 정보 가치가 없는 반복만 있는 게 아니다. 핵산은 정보를 담고 있다. 사슬의 중추를 따라 네 철자의 알파벳으로 표기된 '메시지'를 가지고 있는 것이다. 그것은 바로 유전자의 메시지다.

길이만 충분하다면 네 철자의 알파벳(혹은 부호)으로 구성된 끈으로 어떤 메시지든 담을 수 있다. 사실 컴퓨터에서 보듯이 1과 0의 두 부호만 이용하는 2진 부호만으로도 어떤 메시지든 담을 수 있다. 앞서 우리는 이 책에 26개 알파벳 문자로 기록된 메시지와 20가지 아미노산 알파벳으로 '기록'된 메시지를 비교한 바 있다. 그와 마찬가지로 이 책의 메시지는 20개 2진 부호로 기록될 수도 있다. 내가 이 책을 쓰는 데 이용한 컴퓨터에서는 실제로 2진 부호가 사용되었다. 0과 1로 이루어진 끈이 책의 모든 정보를 담는다면 G, A, C, T, U의 끈(유전 코드)으로도 가능할 것이다.

세포 내부에서 생명의 분자 조직이 DNA의 유전 코드에 저장된 정보를 이용해 RNA의 도움으로 아미노산을 만들고 그 아미노산이 또 단백질을 만드는 과정은 무척 흥미롭지만 여기서 상세히 다루기는 적절치 않다.[69] DNA가 유전 코드를 전달한다는 사실만으로도 충분한 시사점을 얻을 수 있다. 생명의 전조가 될 수 있는 분자를 찾으려 한다면, 아미노산과 그 재료만을 찾을 게 아니라 리보오스와 그 재료도 찾아야 한다. 실제로 전파천문학자들은 21세기 초에 그런 재료를 찾아냈다.

그들은 지구에서 2만 6천 광년 떨어진 궁수자리 성간 구름의 전파 스펙트럼에서 글리코알데히드(CH_2OHCHO)라는

---

[69] 이에 관한 설명은 많은 책에서 볼 수 있다. 나의 책 『이중나선을 찾아서In Search of the Double Helix』(Penguin, London, 1995)도 그 중 하나다.

당의 성분을 발견했다.[70] 당은 구름의 따뜻한 구역만이 아니라 8K밖에 안 되는 차가운 구역에도 대량으로 존재한다는 게 밝혀졌다. 구름 속에서 새 별이 탄생할 때 나오는 충격파가 에너지로 작용해 특유의 화학 반응을 일으키면서 당이 만들어지는 것으로 추측된다. 그 구름에서 에틸렌글리콜도 검출된 것으로 미루어 화학 반응은 거기서 멈추지 않을 게 확실하다. 에틸렌글리콜은 글리코알데히드에 수소 원자 두 개가 붙은 원자 10개짜리 분자로서 시아노펜트아세틸렌보다 흥미롭다. 이것은 우주에서 발견된 가장 큰 분자에 속하며, 일상생활에서도 부동액의 성분으로 자주 이용된다.

글리코알데히드의 발견은 이중적인 의미에서 중요하다. 일반적인 견지에서 그것은 현재 우주에서 발견되는 분자의 종류가 생명의 전조가 되는 분자를 합성할 의도로 실험실에서 만들어내는 분자와 똑같다는 것을 말해주는 또 다른 사례다. 글리코알데히드는 탄소 원자 두 개를 심으로 하여 만들어지지만 탄소 세 개짜리 당과 반응해 리보오스를 만든다. 모든 증거에 따르면 은하에 있는 GMC에서의 화학 반응은 어디서나 똑같으며, 아미노산과 핵산을 포함하는 복잡한 생체분자biomolecule(생명 활동에 필수적인 분자: 옮긴이)를 만들어낸다. 남은 두 문제는 다음과 같다.

(1) GMC에서는 어느 정도로 복합적인 물질의 생성이 가능한가?
(2) 복합 분자는 어떻게 지구 같은 행성에까지 오게 되었는가?

---

70 이것은 원자가 같아도 배열이 다르다. 성간 구름에서 발견된 아세트산과 포름산메틸도 마찬가지다.

첫째 문제에 대한 흥미로운 답변은 성간 구름에서의 탄소 용도와 직접 관련된다. 탄소가 우주에 흔한 이유는 태양 질량의 여덟 배 이상인 별의 내부에서만 탄소 '연소'가 가능하기 때문이다. 모든 별의 95퍼센트는 그런 질량에 미치지 못하므로 별 내부의 핵 연소는 헬륨 핵이 융합해 탄소 핵을 이루는 정도에 그친다. 이렇게 별의 중심에서 생겨난 탄소는 별 표면으로 나와 우주 공간으로 방출된다. 이 과정은 분광학을 통해 증명된다. 특정한 수명 단계에서 많은 별들의 외피가 팽창할 때 그 속에 가스 분자와 먼지 알갱이가 존재한다는 것이 관측되고 있다. 이때 별은 바깥층이 크게 부풀면서 적색거성이 된다. 역사적인 이유에서 그런 별은 점근가지거성asymptotic giant branch, 즉 AGB라고 부른다.[71] AGB 부근의 물질 구름이 팽창하는 속도는 매우 빨라 수천 년이면 널리 확산되므로 구름 속에 분자와 먼지가 존재한다는 사실은 곧 복잡한 구조가 천문학적 시간 척도로 볼 때 대단히 급속히 만들어진다는 것을 말해준다.

태양 같은 별(종족 I)은 탄소보다 산소가 더 많은 단계를 맞았을 때 AGB가 된다. 컴퓨터 시뮬레이션에 따르면 별의 내부에서 만들어진 탄소는 대류에 의해 표면으로 떠오르고, 얇은 외각층에서도 탄소가 만들어져 나중에는 탄소 원자가 산소 원자보다 많아지게 된다.[72] 탄소가 생명에 특히 중요한 이유는 적절한 환경이 갖춰질 경우 다른 탄소 원자와 다양한 방식으로 결합할 수 있다는 점에 있다. 그러므로 탄소의

---

[71] 점근가지거성은 별의 밝기와 색깔의 관계를 규정하는 헤르츠프룽-러셀도 Hertzprung-Russell diagram에서 표준형에 해당한다.

[72] 이 과정이 오래 지속되지만, 모든 별이 이 단계까지 이르는 것은 아니다.

대부분은 산소와 결합해 일산화탄소(CO)를 만들고 일부는 질소와 결합해 CN을 만들지만, C_2와 C_3 같은 변종들이 일부 남게 마련이다. 이 물질들의 분광학적 특성을 보여주는 별을 탄소별이라고 부른다. 물론 전부 탄소로만 이루어져 있다는 뜻은 아니다.

AGB는 보통 지름이 태양의 수백 배에 달할 만큼 거대하게 부풀어오른다. 이 단계에 이르면 밝기도 태양의 수천 배나 된다. 별 표면에 작용하는 중력은 매우 약해지고 복사에서 나오는 외부 압력이 매우 강해진다. 그 결과 물질이 항성풍에 날려 별 표면에서 벗어난다. 이런 식으로 1년 동안 태양 질량의 1만분의 1에 해당하는 질량이 빠져나간다. 별것 아닌 듯하지만 1천 년이 지나면 별은 태양 질량의 1/10을 잃게 된다. 지구 질량의 3만 3천 배에 달하는 물질을 잃어버리는 것이다. 이 팽창하는 물질 구름은 온도가 낮기 때문에 안정적 분자들이 형성될 수 있다. 지금까지 AGB의 스펙트럼에서는 H_2CO와 CH_3CN 같은 단순한 유기화합물이나 삼각형 프로피닐리딘(C_3H_2)과 우리의 낯익은 친구인 $HC_{11}N$ 같은 고리분자ring molecule 등 60여 가지의 분자가 발견되었다.

단단한 입자는 AGB 주변의 물질에서 분명히 확인된다. 규산염과 탄화규소(SiC)가 그런 예다. 단단한 입자는 별빛을 흡수해 에너지를 재복사하는데, 이것이 스펙트럼의 적외선 부분에 흡수된다. AGB는 주변에 먼지가 많은 탓에 광학망원경으로는 보이지 않고 적외선망원경으로만 관측이 가능하다. 게다가 적외선 복사는 지구 대기에 흡수되므로 대기의 탁한 층에서 벗어나 적외선망원경을 인공위성에 탑재하거나 높은 산꼭대기에 설치해야 한다. 그래서 AGB 주변의 분자와 단단한 입자를 탐구하는 새로운 천문학 분야는 아직 해석의 여지가 크며, 관측 결과에 대한 단일하고 명확한 설명이 없는 실정이다.

별 주변 구름의 물질을 조사하려면 별의 적외선 스펙트럼과 실험실에서 조사한 광물의 스펙트럼을 비교해야 한다. 그러므로 별의 환경이 우리에게 알려지지 않은 물질을 만들어낼 수도 있다는 가능성을 언제나 배제할 수 없다. 하지만 그래도 우리는 그 구름에 관해 많은 것을 추론할 수 있다. 다소 추측이 섞인 결론도 있지만 우리가 안다고 생각하는 것 가운데 일부는 생명의 기원을 밝혀주는 단서가 된다.

거성의 대기라고 해서 반드시 탄소가 많은 것은 아니다. 탄소 원자가 산소 원자보다 많지 않은 경우도 있다. 어느 경우든 더 적은 성분은 CO로 갇혀 있으나 결국에는 다른 반응에 참여한다. 산소가 풍부한 별에서는 생산된 화합물이 주로 산화물이고 탄소가 풍부한 별에서는 유기화합물이 생산된다. 그 두 물질이 우주 공간에 퍼져 원래 존재하던 수소, 헬륨과 섞여 차세대 별과 행성의 원료가 된다.

물을 제외하고 가장 중요한 산화물은 규산염인데, 규소 산화물 이외에 다른 원소가 섞이기도 한다. 평범한 모래는 주로 가장 단순한 규산염, 이산화규소(SiO_2)로 이루어져 있다. 규산염은 지표면에서 가장 흔한 광물이며, 지금까지 4천여 개 AGB의 스펙트럼에서도 발견되었으므로 기원에 관해서는 알려질 만큼 알려졌다.

인공위성의 적외선망원경으로 포착된 AGB와 관련된 다른 종류의 산화물로는 강옥(산화알루미늄으로 다이아몬드에 이어 두 번째로 단단한 자연 광물인데, 루비와 사파이어의 형태를 취하고 있다)[73]과, 산화알루미늄에 마그네슘과 철이 결합된 첨정석이 있다. 이런 발견도 흥미롭지만 여기서 우리의 관심을 끄는 것은 탄소가 풍부한 별 주변의 유기화합물이다.

탄소가 풍부한 AGB라 해도 먼지 알갱이에서 가장 많이 발견되는 단단한 물질은 탄화규소(SiC)다. 이것은 700개의 탄소별에서 발견되었다. 그러나 스펙트럼으로 보이는 SiC의 특성은 늙은 탄소별에서 덜 두드러지게 나타난다. 이는 곧 나이가 든 별일수록 탄화규소가 먼지의 지배적 성분이 되지 못한다는 것을 말해준다. 바로 여기서 추측상의 원소가 등장한다. AGB 단계를 지난 늙은 탄소별의 스펙트럼에서는 강력하지만 정체가 확인되지 않은 발산 현상이 드러난다. 2004년에는 첫째 특징을 보여주는 열두 개의 별이 발견되었다. 이에 관해서는 모종의 탄소 형태가 만들어낸다는 것 이외에는 아직 명확한 설명이 없다. 하지만 그 특징은 적외선 파장으로 넓게 퍼지며, SiC 같은 분자와 연관된 스펙트럼 무늬를 뚜렷이 보이지 않는다. 탄소별의 다른 파장으로 오는 스펙트럼에서 드러난 둘째 특징은 첫째와 많은 유사점을 보여준다. 이 두 특징은 서로 이어진 아주 많은 탄소 고리분자들에서 비롯된 적외선 복사의 결합 효과라고 볼 수 있지만 아직까지 그렇다는 확실한 증거는 없다.

탄소 고리를 포함한 화합물은 방향족 화합물aromatic compound이라고 불린다. 뚜렷한 냄새를 가지고 있기 때문

---

[73] 그렇다고 해서 AGB의 대기에 루비와 사파이어가 있다는 뜻은 아니다. 그곳의 물질은 비결정 상태로 존재하므로 전혀 단단하지 않다.

인데, 꼭 향기로운 냄새만은 아니다. 대표적인 예는 벤젠이다. 벤젠 분자(C_6H_6)는 탄소 원자 여섯 개가 각각 수소 원자 하나씩과 육각형으로 결합된 구조를 취한다. 벤젠 고리라고 부르는 이 육각형 구조는 방향족에 속하는 모든 분자에 있으며, 때로는 고리에 탄소 원자 대신 다른 원소의 원자가 들어가기도 한다.

이런 분자의 한 사례는 외톨이 탄소 원자가 산소 원자로 대체되어 형성되는 피란 고리pyran ring(C_5O)다. 피란 고리는 산소 원자가 고리와 고리를 이어주는 다리와 같은 역할을 하기 때문에 쉽게 긴 사슬을 만들 수 있다. 그 기다란 사슬을 중합체polymer라고 부르는데, 그 중 하나가 바로 다당류polysaccharide다. 일단 사슬이 생겨나면 가급적 많은 탄소와 산소 원자들을 끌어들여 더 많은 피란 고리들을 만든다. 사슬 하나가 끊어지면 다당류는 두 개가 된다. 이렇게 성장하고 번식하는 능력은 생명의 중대한 속성이다. 다당류 자체가 생명인 것은 아니지만 다당류의 사례는 화학적 구성이 복잡해지면서 생명의 중대한 속성이 자연스럽게 생겨나는 과정을 보여준다.

성간 구름에서 발견된 중요한 분자로, 벤젠을 비롯한 방향족 화합물의 재료가 되는 아세틸렌(C_2H_2)이 있다. 탄소별의 스펙트럼에서 폭넓은 곳은 바로 벤젠 고리의 C-H와 C-C 결합을 늘리고 굽히는 것과 연관된 적외선 스펙트럼 부분인데, 이 때문에 보통 방향적외선주파수aromatic infrared band, 즉 AIB라는 것이 나타난다. 이 복잡한 구조가 존재하는 먼 우주의 환경을 실험실에서 시뮬레이션으로 만들어 스펙트럼을 측정하기란 대단히 어렵다. 그런 상황에서도 2002년 네이메헨 대학에서는 절대온도 0에 가까운 진공 속에서 합성 화학 구조물을 레이저 광선으로 조사하는 실험을 통해 그간의 추론이 옳다는 증거를 얻었다. 하지만 우주에서 온 스펙트럼의 특성은 아주 많은 벤젠 고리들이 육각형의 판과 사슬 모양으로 연결되어 있으며, 탄소 원자를 최소한 수백 개씩 함유한 탄소성 물질의 양이 상당히 많다는 것을 말해준다. 그런 벤젠 고리의 결합을 다환방향족탄화수소류polycyclic aromatic hydrocarbon, 즉 PAH라고 부른다. 이것은 또한 탄소를 함유한 더 작은 분자 사슬과 결합될 수 있고 이 사슬을 통해 다른 PAH 판과도 연결된다. 지구상에는 그렇게 형성된 아주 흔한 물질이 있는데, 그게 바로 석탄이다.

이것이 탄소별의 폭넓은 적외선 방출 주파수에 관한 적절한 설명이라는 강력한 정황적 증거는 우리 태양계에서 찾을 수 있다. 운석은 태양계를 형성하고 남은 찌꺼기가 지구로 떨어지는 것인데, 태양계를 낳은 가스와 먼지 구름 속에 있던 단단한 물질을 함유하고 있다. 운석에서 가장 흔하게 발견되는 유기물은 유모油母라는 석탄과 비슷한 물질이다. 이것은 오일셰일oil shale의 단단한 유기 성분으로서 가열하면 석유와 비슷한 탄화수소가 나온다. 그렇다고 해서 석탄과 석유가 우주에서 왔다는 뜻은 아니다. PAH는 생명을 발달시킨 성분의 하나라고 추측되지만 석탄과 석유는 과거 생명의 잔재이므로 생명 이야기의 반대편 끝에 해당한다. 재는 재이듯이 석탄은 석탄일 뿐이다.

2005년 NASA의 딥임팩트 탐사기가 혜성 템펠-1과 충돌했을 때, 천문학자들은 혜성에서 나온 물질의 적외선 파장을 지상의 스피처망원경으로 분석했다. 지금까지의 논의를 이해하는 사람은 당연하게 여기겠지만, 놀랍게도 그 스펙트럼은 규산염, 탄산염, 진흙 같은 물질, 철을 함유한 화합물, 바비큐 화덕이나 자동차 배기가스에서 보는 것과 비슷한 방향족 탄화수소의 존재를 드러냈다. 지금까지 우리 이야기를 충실히 따라온 사람이라면 깔끔하고 만족스러운 발견이라고 여길 것이다. 이제 우리는 생명의 필수적인 물질이 어떻게 지구상에 오게 되었는지 말해주는 퍼즐의 완벽한 조각을 또 하나 찾아냈다.

운석은 생명의 기원에 관한 단서를 준다. 앞서 말했듯이 생명은 탄소, 수소, 산소, 질소를 다각적으로 이용하는데, 운석에는 그 네 가지 가장 흔한 반응 원소가 존재한다. 생명 분자에는 그밖에 다른 원소들도 포함되지만 상대적으로 희소하다. 그러나 한 가지 흥미로운 예외가 있다. 앞에서 보았듯이 인은 핵산의 핵심 성분인데, 다른 생명 분자 속에 놀랄 만큼 많은 양이 들어 있다. 비교를 위해 우주 전체를 통틀어 보면 산소 원자 1400개당 인 원자는 하나의 비율이다. 하지만 박테리아(여러 면에서 기본적인 생명 단위가 되는 단세포 유기체)에는 산소 원자 72개당 인 원자 하나꼴로 존재한다. 인은 생물학적으로 필요한 양으로 볼 때 다섯 번째로 중요한 원자다. 인은 보통 다른 원자와 연결하는 기능을 하기 때문이다. 양자역학을 이용해 인 원자에 있는 전자의 행동에 영향을 주면 인 원자 하나가 동시에 다섯 개의 다른 원자 다섯 개와 결합하는 것도 가능하다. 따라서 인은 수많은 분자의 구성요소가 되며, 여러 화학 물질들을 복잡하고 흥미로운 방식으로 이어준다. 이 점을 이해하면 인이 생명의 복합성을 위한 중대한 성분이라는 사실을 당연하게 받아들일 수 있다. 많은 화학적 결합이 가능한 인의 능력은 희소성의 단점을 벌충하고도 남는다.[74] 정원사나 농부라면 인산염 비료가 작물의 생장에 얼마나 중요한지 충분히 알 것이다.

운석이 중요한 이유는 뭘까? 운석에는 인이 철이나 니켈과 함께 광물 형태로 갇혀 있기 때문이다. 2004년 애리조나 대학의 연구자들은 그런 광물에 속하는 슈라이버자이트를 상온에서 평범한 물과 접촉시키는 간단한 실험을 했다. 그 결과로 일어난 화학 반응에서 일종의 인 화합물인 P_2O_7 산화물이 생겨났다. 이것은 몇 가지 생화학 공정에 이용되며, 모든 살아 있는 세포에 에너지를 저장하는 데 사용되는 아데노신 3인산염(ATP)이라는 화합물의 성분과 유사하다. ATP는 근육을 수축하는 동력을 제공한다. 여기서 또다시 우리는 우주에서 생명을 만드는 재료의 재료를 발견한다. 운석은 아미노산을 함유한다는 것이 밝혀졌다(단백질의 재료가 태양계를 형성한 물질 속에 이미 존재한다는 것을 알 수 있다). 카르복시산과 당, 특히 지구상의 세포가 세포벽을 만드는 데 사용하는 당인 글리세린과 호흡에 중요한 육각형 고리분자인 글루코스($C_6H_{12}O_6$)가 그것이다.

운석에서 발견되는 분자는 오늘날 지구상의 생명과 우주 공간에 있는 생명 분자의 기원을 연결해준다. 아미노산과 더 흥미로운 당 같은 복잡한 분자는 뚜렷한 3차원 형태를 취하며, 장갑의 왼쪽과 오른쪽처럼 서로 상대방의 거울

---

74 이 점에서 인은 헬륨의 예와 대조된다. 헬륨은 우주 중입자 물질의 25퍼센트나 차지하지만 어느 것과도 안정된 결합을 하지 않으므로 생명 분자와는 거의 무관하다.

영상과 같은 두 가지 형태로 존재하는 경우가 많다. 그래서 그것을 가리켜 분자의 좌우 이성질체isomer라고 말한다. 여기서 '좌우'는 분자가 극성을 띤 빛에 영향을 주는 방식에 의해 정해진다. 극성을 띤 빛은 말하자면 길게 뻗은 밧줄의 옆에서 직각으로 나아가는 물결이라고 볼 수 있다. 좌우 이성질체는 똑바른 물결의 각도를 변화시켜 왼쪽이나 오른쪽으로 약간 기울게 만든다. 그 구성 원자들을 가지고 그런 분자를 합성하면 좌이성질체와 우이성질체가 똑같은 양으로 생산된다. 양자화학의 법칙은 어느 한 쪽을 더 두둔하는 법이 없다. 하지만 지구상의 생명은 거의 대부분 왼쪽 아미노산을 이용해 단백질을 만들고, 오른쪽 당으로 핵산을 만든다. DNA 분자가 왼쪽 디옥시리보오스를 더 많이 사용하지 않는 것은 말하자면 우리가 왼손 장갑을 오른손 장갑보다 더 많이 끼지 않는 것과 마찬가지다.[75]

이것으로 알 수 있는 첫 번째 사실은 오늘날 지구상의 모든 생명이 공통의 조상을 가진다는 점이다. 만약 그 조상의 생명체—아마도 최초의 세포—가 마침 이성질체를 이용했다면, 그 후손들도 전부 그랬을 것이다. 환경 속에 그 생명 분자들의 거울 영상이 존재하는지 여부는 상관없다. 그래서 최근까지 만약 우리와 비슷한 생명체가 인근 행성에서 발견된다면 오른쪽 아미노산과 왼쪽 당을 이용할 것인지, 아니면 좌우 두 종류의 분자를 모두 이용할 것인지 흥미로운 가능성을 타진했다. 이 주제를 놓고 과학소설도 몇 편 나왔는

---

[75] 이것이 바로 저칼로리 당분의 비결이다. 왼쪽 당으로만 당분을 만들면 단맛을 주면서도 신체가 그것을 사용하지는 못한다.

데, 그 가운데는 우주 여행자가 다른 세계에 존재하는 음식을 소화할 수 없어 풍요 속에서 굶어죽는다는 이야기도 있다. 하지만 1990년대 후반 우주생물학자들은 운석에서 발견된 아미노산도 왼쪽이라는 사실을 알아냈다. 태양계가 탄생하기 전에도 생명 분자는 이미 비대칭적이었던 것이다.

좌우 가운데 어느 한 측에 속하는 분자가 남도록 하려면 두 가지 방법이 있다. 한 이성질체를 더 많이 만들거나 이미 만든 이성질체를 파괴하는 것이다. 실험에서는 순환 극성을 지닌 빛의 영향으로 한 쪽의 분자들만 제거하는 것이 가능하다.[76] 이 퍼즐의 마지막 조각은 오스트레일리아 사이딩스프링 천문대의 학자들이 맞추었다. 그들은 여기에 설치된 앵글로오스트레일리언 망원경으로 오리온자리의 분자구름에서 오는 순환 극성의 빛(적외선)을 찾아냈다. 이곳은 별 탄생지이며, 유기 분자가 발견된 구역이다. 이곳에서는 순환 극성의 빛이 유기 분자의 좌우를 결정한 뒤 구름의 일부분이 붕괴해 새 별과 행성을 낳을 것이 확실시된다.

그렇다면 좌우의 독특한 유형은 별 집단을 형성하는 모든 물질에 찍혀 있다고 볼 수 있다. 하지만 순환 극성의 빛은 회전 방향에 따라 좌와 우 모두 될 수 있기 때문에 서로 다른 성간 구름 속의 분자들은 다른 영향을 받게 된다(심지어 같은 GMC의 다른 부분이라도 달라진다). 그러므로 태양계 어딘가에 아미노산이 또 있다면 지구상의 아미노산처럼 왼쪽이겠지만, 은하의 다른 부분에 있다면 오른쪽일 수도 있다. 소설 같은 이야

---

[76] 순환 극성의 빛은 마치 빛의 파동 자체가 공간을 가로지르면서 회전하는 것처럼 운동한다. 말하자면 나사를 회전시켜 나무에 박는 것과 비슷하다.

기지만 우주 여행자들이 아주 멀리까지 가본다고 해도 그 사실은 변함이 없을 것이다.

현재의 증거에 따르면, 생명의 재료가 태양계를 낳은 물질 구름에 이미 존재했다는 것은 확실하다. 또한 우리는 이 물질이 운석을 통해 지표면에 전해졌다는 것도 살펴본 바 있다. 이것으로도 이제 지구상 생명의 출현으로 들어가기에 충분한 증거다. 하지만 지구에 유기물을 전하는 더 나은 방법이 있다. 태양계가 젊었을 때는 더 효과적이었을 것이다. 그것은 바로 혜성이다.

혜성은 이제 과거처럼 미신적인 공포를 불러일으키는 대상이 아니다. 혜성을 길들이는 과정은 18세기에 시작되었다. 당시 에드먼드 핼리Edmond Halley는 오늘날 그의 이름을 지닌 혜성이 돌아오는 시기를 정확히 예측했다. 그 덕분에 혜성은 태양계의 당당한 일원이 되었으며, 중력의 영향을 받고 태양의 둘레를 도는 행성들과 똑같은 법칙의 지배를 받는다는 사실이 밝혀졌다. 최근에 들어서는 지구에서 혜성에 대한 분광학적 연구가 가능해졌고 혜성에 우주 탐사기가 접근 비행할 수도 있게 되었다. 2005년에는 템펠-1 혜성에 대한 극적인 연구가 진행되었다. 탐사기를 일부러 혜성으로 돌진시켜 근접 사진을 촬영하고, 충돌로 혜성의 물질을 분출시킨 뒤 분광기로 분석했다. 그 결과 혜성에 물이 대량으로 존재한다는 사실을 밝혀냈으나 아무도 그 결과에 놀라지 않았다. 혜성은 먼지가 잔뜩 모인 우주 빙산 혹은 더러운 얼음덩이라고 말할 수 있지만 알고 보면 생각보다 단단하다. 혜성의 많은 먼지는 탄소 화합물 같은 유기물이다. 이 먼지는 혜성의 질량 전체로 보면 작은 부분에 불과하지만, 혜성은 워낙 크므로 아무리 작은 부분이라 해도 인간의 척도로 보면 많은 물질을 함유하고 있다. 더구나 하나의 혜성만 해도 그렇다.

혜성은 궤도에 따라 두 종류로 나뉜다. 단주기 혜성은 행성들의 궤도와 거의 같은 태양계의 구역을 타원형으로 운동한다. 예를 들어 핼리혜성은 약 76년을 공전 주기로 해왕성의 궤도를 살짝 넘어갔다가 태양 가까이 접근할 때는 금성의 궤도 안쪽까지 들어온다. 공전하는 대부분의 기간 동안 이 혜성은 더러운 거대한 얼음덩이에 불과하다. 그러나 태양에 접근하면 온도가 상승해 표면에서 물질이 증발하기 시작한다. 이 물질은 기다란 꼬리를 이루어 지구에서도 뚜렷이 보이는 장관을 연출한다. 핼리혜성이 다음에 다가오는 2061년에는 태양계의 반대편에 위치하기 때문에 지구에 멋진 모습을 보여주지 못할 것이다. 그러나 2134년에는 지구에 1400만 킬로미터까지 접근해 화려한 자태를 뽐내게 된다. 현재 궤도가 정확히 파악된 단주기 혜성은 100개가 넘는다.

장주기 혜성은 더 긴 타원형 궤도로 태양으로부터 먼 거리까지 이동한다. 장주기와 단주기는 관례적으로 200년 공전 주기를 기준으로 나뉘는데, 이 구분은 자의적일 뿐 아니라 약간 잘못이기도 하다. 장주기 혜성은 지금까지 500여 개가 확인되었지만, 진정한 구분은 아무리 길다 해도 궤도가 알려진 혜성과 정확한 계산이 불가능할 만큼 궤도가 희미한 혜성으로 나뉘어야 한다. 그런 혜성은 아주 먼 곳에서 다가와 태양을 한 번 돌고는 아무도 모르는 곳으로 영원히 사라져버린다.

궤도와 주기가 알려진 모든 혜성은 원래 초장주기였다가

목성의 인력으로 궤도에 갇히게 되었다. 그러나 이 '야생' 혜성들 가운데 그런 운명에 처하게 된 것은 100만 개 중 하나에 불과하다. 그렇다면 우주 어딘가에 태양계의 이쪽 부분에 혜성들을 공급해주는 방대한 혜성의 저수지가 있어야 한다. 그래야만 궤도와 주기가 알려진 수백 개의 혜성을 설명할 수 있다.

계산 결과 이 야생 혜성들의 궤도는 모두 태양으로부터 10만AU 떨어진 곳에서 시작된다는 것이 밝혀졌다. 가장 가까운 별까지의 절반에 해당하는 거리다.[77] 이렇게 보면 태양계의 주위에는 멀리 방대한 혜성의 구름이 둘러싸고 있다는 것을 알 수 있다. 이 견해를 처음 제기한 두 천문학자의 이름을 따서 그것을 외픽-오르트 구름Öpik-Oort Cloud이라고 부른다. 반세기 동안 이 구름이 실제로 존재하는지, 만약 존재한다면 혜성이 어떻게 거기까지 가는지를 놓고 다양한 토론이 벌어졌다. 하지만 1990년대 이후 화가자리 베타와 같은 젊은 별의 주변에 있는 먼지 원반이 연구되면서 토론이 진정되고, 태양계가 탄생한 시기에 '이미' 혜성의 저수지가 채워졌다는 사실이 밝혀졌다.

태양계의 탄생을 다루는 컴퓨터 시뮬레이션은 화가자리 베타의 주위에 있는 것처럼 태양 자체의 질량보다 큰 원반의 존재를 고려에 넣는다. 원반을 이루는 물질은 태양계가 안정됨에 따라 대부분 우주 공간으로 사라졌지만 아직 지구의 수백 배에 달하며 행성들을 전부 합친 것보다도 많은 물질이 혜성의 형태로 남아 있다. 이 가운데 일부는 태양 주

---

[77] 비교하자면, 가장 먼 행성인 해왕성과 태양의 거리는 30AU에 불과하다.

변 해왕성의 궤도 너머까지 원반 형태로 뻗어 있고, 외픽-오르트 구름에도 지구 질량의 최소한 100배에 해당하는 물질이 있다. 이 정도면 핼리혜성만한 물체를 2조 개나 만들 수 있는 양이므로 거의 무한한 혜성의 저수지인 셈이다. 여기서 매년 20개씩 혜성들이 태양을 향해 출발한다 해도—요즘에는 그 수가 크게 늘었다—태양이 살아 있는 기간에 저수지의 질량은 겨우 5퍼센트 줄어들 뿐이다.

구름 속의 일반적인 혜성은 초당 100미터의 느린 속도로 태양을 공전한다. 육상선수보다 10배 빠른 정도인데, 한 번 공전하는 데 수십억 년이 걸린다. 이따금씩 (이웃한 별의 중력이나 두 혜성의 상호작용으로 인해) 구름 속에서 교란이 일어나 혜성 한두 개가 저수지를 이탈해 떠돌다가 고속으로 태양계 안쪽으로 들어오는 경우가 있다. 그 대다수는 경주에 나선 자동차처럼 태양을 향해 돌진한 뒤 먼 우주 공간으로 사라진다. 100만 개 중 한 개는 목성에 의해 궤도가 빗겨나가 단주기 혜성이 된다. 간혹 (1994년의 슈메이커-레비 9처럼) 혜성이 목성이나 다른 행성과 충돌하기도 한다. 크기에 따라 다르지만 혜성이 지구와 충돌한다면 지역적 재해나 전 지구적 재앙이 일어날 수 있다(전자의 예는 1908년 시베리아의 퉁구스카에서 일어났고 후자의 예는 6500만 년 전 백악기 말에 있었다). 그러나 혜성은 지구에 죽음을 가져올 수도 있고 생명을 가져다 줄 수도 있다.

혜성이 태양계를 낳은 가스와 먼지 구름의 전형적인 물질로 이루어져 있다는 것은 분명하다. 따라서 혜성은 GMC에 존재하는 모든 성분과 더불어 우리가 아직 우주에서 찾지 못한 복잡한 분자도 함유하고 있을 것으로 추측된다. 운석 중에는 아미노산을 함유한 것이 있기 때문에 일부 혜성에도 틀림없이 아미노산이 있을 것이다. 또한 태양계가 젊었던 시절에는 태양계 내부를 방랑하는 혜성도 많았을 것이다. 행성들이 갓 생겨난 무렵은 지금처럼 모든 게 안정된 상태가 아니었다. 시뮬레이션은 태양계의 초기에 수많은 혜성들이 우주로 방출되어 상당수가 태양을 향해 다가오다가 행성들에게 먹히는 것을 보여준다. 앞에서 보았듯이 우툴두툴한 달 표면은 40억 년 이상에 걸친 무수한 충돌을 증명하는 말없는 증거다. 달 표면을 곰보처럼 만든 것은 지구 표면에도 똑같이 충돌했다. 지표면의 물 가운데 상당 부분(거의 대부분)은 바로 그 혜성 같은 물질들이 폭격하던 시기에 저장되었을 것이다. 유기물은 그런 충격에도 살아남았는데, 그것은 지극히 당연한 일이다. 지구에 유기물이 전해진 과정 가운데 상당히 온건한 편이니까.

혜성의 가장 뚜렷한 특징은 태양에 접근하면서 물질을 잃는다는 데 있다. 또한 혜성은 더 작은 조각들로 부서져 더 많은 물질을 방출하기도 한다. 태양의 열이 혜성 내부의 얼어붙은 물질을 기체로 만들어 혜성을 아예 부숴버리는 것이다. 부서진 혜성 조각들은 태양의 둘레를 몇 차례 돌게 되는데, 이렇게 생겨난 단주기 혜성은 궤도 전체에 걸쳐 긴 먼지꼬리를 남긴다. 이 먼지 알갱이들이 대기 중에서 불타면서 하늘에 빛줄기를 만드는 것이 바로 유성우다. 매년 11월(사자자리)과 8월(페르세우스자리)에 쏟아지는 유성우가 가장 유명하다. 이따금 완전히 타버리지 않은 알갱이도 있다. 작은 것들은 부드럽게 대기를 뚫고 날아와 지표면에 무사히 착륙한다.

오늘날에도 매년 혜성의 먼지 알갱이들이 지구에 300톤 가량의 새로운 유기물을 보태고 있다. 또한 운석은 약 10킬로그램의 유기물을 암석 표면 속에 안전하게 간직한 채 대기를 뚫고 들어와 지표면에 떨어지기도 한다. 지구에 대한 최초의 폭격이 끝났을 무렵 태양계 안쪽 구역은 엄청난 먼지에 휩싸였다. 앞에서 언급한 시뮬레이션에 바탕을 두고 추산해보면, 적게 잡아도 약 1만 톤의 유기물이 혜성에 의해 태양계 안쪽까지 전달되었을 것이다. 게다가 그 시기에는 GMC의 물질도 직접 지표면까지 도착했다. 그렇게 1억 년쯤 지나 지구상에서 생명체가 최초로 등장할 무렵 지구에는 탄소를 함유한 다원자 분자를 비롯해 엄청난 양의 유기물이 이미 존재하고 있었다. 이런 출발 조건을 감안하면 지표면에 생명이 탄생하지 않기가 오히려 더 어렵다. 그렇다면 남은 문제는 이것이다. 혜성의 유기물은 지표면에 도착하기 전에 얼마나 생명에 가까운 상태였을까?

생명의 기초 단위는 세포다. 생명의 화학은 단백질이나 핵산 같은 분자와 연관되는데, 이것들은 아미노산과 당 같은 하위 단위들이 결합해 만들어진다. 하지만 그런 화학 작용이 일어나려면 세포벽으로 외부 환경과 차단된 조건이 필요하다. DNA와 단백질의 외톨이 분자가 바다에서 마냥 떠다닌다면 그것들이 모여 생명을 이룰 가능성은 거의 없다. 생명이 탄생하려면 중요 분자들이 상호작용할 수 있는 장소에 가둬져야만 한다. 생명이 시작된 장소에 관해서는 여러 가지 추측이 있었다. 한 가지 흥미로운 가능성은 중요 분자들이 진흙 같은 물질층 안에 갇혔다는 추측이다. 이제 우리가 개략적으로 소개할 추측은 독특한 것도 아니고 검증된 것도 아니다. 그러나 적어도 알려진 모든 사실에 들어맞는 선구적인 추측인 것은 분명하다.

세포는 지름이 1/100밀리미터에 불과할 만큼 작다. 우리 신체에는 세포가 약 100조 개나 있다.[78] 이 세포들의 활동으로 우리가 살아갈 수 있다. 하지만 박테리아 같은 단세포 유기체도 나름대로 잘 살아간다. 세포의 가장 중요한 특징은 액체 성분을 둘러싼 막이다. 세포질이라고 부르는 이 막 안에서 생명의 화학 작용이 일어난다. 외부 세계와 차단해주는 이 장벽의 두께는 천만분의 몇 밀리미터밖에 안 될 만큼 얇으므로 어떤 분자들(예컨대 음식물)은 안으로 들어갈 수 있고 어떤 분자들(폐기물)은 밖으로 나올 수 있다. 이 막은 크기와 모양을 기준으로 드나드는 분자를 선택한다. 다양한 분자들이 다양한 통로로 드나들기 위해서는 벽돌처럼 구멍이 뚫린 획일적인 구조가 아니라 '안'과 '밖'이 분명한 구조여야 한다. 아무리 단순한 단세포 유기체라 해도 최소한의 내부 구조는 가지고 있다. 그러므로 이것이 원초적 생명체, 즉 최초의 단세포 생물을 나타낸다고 보는 게 합리적이다. 화석 증거에 따르면 복잡한 다세포 유기체가 지구상에 출현한 시기는 단세포 생물이 출현한 지 30억 년이나 뒤인 약 6억 년 전이다. 인간과 같은 생물은 훨씬 이후에 진화했다. 그러나 여기서 우리의 관심은 생명의 기원에 있으므로 이 원시적 단세포 생물에 집중할 필요가 있다. 이 생물은 항상 아미노-당이라는 분자들의 긴 사슬(중합체)로 이루어진 화학적으로 복잡한 막에 싸여 있다. 사슬은 다른 화학적 단위(펩

---

[78] 우리 은하 내에 있는 별의 수보다 수백 배나 많다.

티드라고 부르는 아미노산의 짧은 사슬)에 의해 서로 연결되어 마치 끈으로 된 가방과 비슷한 그물을 형성한다. 우리의 강조점은 관련된 화합물의 명칭으로 명백히 드러난다. 세포벽을 이루는 하위 단위는 아미노산과 당인데, 둘 다 태양계를 낳은 구름의 성분이자 혜성 먼지의 성분이다.

    1990년대 후반과 21세기 벽두에 NASA의 과학자들과 샌터크루즈 캘리포니아 대학의 연구자들은 막 같은 조직이 GMC에 존재하는 얼음 먼지 알갱이로부터 생성될 수 있는지 연구하는 실험을 했다. 우선 GMC에 있는 단순한 기체 혼합물—물, 메탄, 암모니아, 일산화탄소, 가장 단순한 알코올인 메탄올—을 동결시켜 얼음 알갱이로 만든 다음 그것을 $-263°C$로 냉각된 작은 알루미늄 조각 위에 놓았다. 마치 추운 겨울밤에 자동차 앞유리 위에 서리층이 내려앉은 것과 같다. 그 다음에 얼음 알갱이에 자외선 복사를 비추어 뜨거운 젊은 별에서 오는 복사의 효과를 대신했다. 그 결과 더 복잡한 알코올인 알데히드와 더불어 헥사메틸렌테트라민, 즉 HMT라는 더 큰 유기화합물이 생산되었다. 하지만 이 물질을 물에 넣고 온도를 상승시키자 진짜 극적인 발견이 이루어졌다. 일부 성분이 저절로 작고 빈 공 모양을 이룬 것이다. 소낭小囊이라고 부르는 이 공은 크기가 100만분의 10~40미터로, 적혈구 세포와 비슷하다.

    설명은 간단하다. 자외선을 그 얼음에 비춘 결과로 생산되는 복잡한 유기분자의 성질을 알면 이해하기 쉽다. 이 분자는 양친매성兩親媒性 물질amphiphile이라고 부르는데, 세제의 성분을 이루는 분자와 비슷하게 행동한다. 이 분자는 '머리'와 '꼬리'가 뚜렷이 구분되는데, 꼬리는 물을 밀어내고

머리는 물을 끌어당기는 성질을 가지고 있다. 그래서 꼬리를 먼지 알갱이에 박고 세제 분자가 먼지 알갱이를 에워싸 세탁물로부터 떼어내는 방식으로 기능한다(여기에는 약간의 진동이 필요하다). 하지만 시뮬레이션의 우주 환경에서는 꼬리를 박을 만한 물체가 없으므로 양친매성 물질은 이중의 층을 형성해 꼬리를 안에, 머리를 바깥에 둔다. 그런 다음 이 층이 자연스럽게 말려 공 모양의 작은 공간을 만드는 것이다. 아울러 이 층은 자외선을 흡수하므로 소낭의 내부가 외부와 차단되어 안에서 화학 작용이 가능해진다.

이 새로운 발견을 조심스럽게 해석해보자. 혜성의 먼지에서 나온 소낭이 우주의 다른 유기물을 지닌 채 젊은 지구의 물속을 떠다니다가 따뜻한 작은 연못을 만난다. 거기서 그 안에 갇혀 있던 아미노산과 당 같은 물질이 생명으로 이어지는 과정을 시작한다. 하지만 나는 더 과감한 해석을 좋아한다. 혜성의 얼음덩이가 초신성의 폭발로 생겨난 단주기 동위원소의 방사성 붕괴로 온도가 상승하면 그 안에서 소낭이 진흙 반죽 같은 형태를 취하면서 복잡한 유기분자를 담게 되고 생명의 분자를 함유하게 된다. 이 경우 다른 어떤 점보다도 큰 장점은 무생물에서 생물로 전환하는 데 필요한 화학 반응의 시간이 늘어난다는 것이다. 그 기간은 지표면에서처럼 2억 년이 아니라 수조 년으로 늘어난다. 설령 나중에 혜성이 다시 얼어붙는다 해도 소낭은 해동되기를 기다리고 있다가 태양계 안쪽 구역에서 유성우에 실려 행성의 표면에 생명의 씨앗을 전한다.

이 견해는 21세기 초인 지금도 과감해 보인다. 그러나 그 시나리오를 처음으로 제기한 사람은 1970년대의 천체물리학자 프레드 호일이라는 점에 주목할 필요가 있다. 당시 호일의 견해는 조롱을 받았지만, 호일은 더 나아가 동료인 찬드라 위크라마싱헤Chandra Wickramasinghe과 함께 인플루엔자 같은 질병도 혜성 먼지에 의해 지구에 전해졌을지 모른다고 주장했다. 현재 호일의 가설은 약간 지나친 측면은 있어도 그른 점보다 옳은 점이 더 많다고 여겨진다.[79] 세포가 먼저 생겼고 그 뒤에 효소, 유전자가 차례로 생겼다는 견해는 계보가 더 길어 1920년대 A. I. 오파린의 연구까지 거슬러간다. 하지만 최초의 세포가 우주에서 왔다는 생각은 그보다 훨씬 후대의 일이다. 과학상의 새로운 견해는 일단 터무니없다며 일축되었다가 나중에 혁명적인 새 이론으로 간주되고 최종적으로 자명하다는 평가를 받는 게 보통이다.[80] 그렇게 보면, 생명이 먼 우주에서 발원해 혜성을 통해 지구에 전해졌다는 견해는 현재 제2단계에 속한다.

오늘날에는 가장 극단적인 가능성이 고려되고 있다. "생명은 어떻게 탄생했을까?"라는 질문에 대한 나의 개인적 대답은 이것이다. "GMC의 얼음 물질, 별과 행성을 낳은 물질 속에서 탄생했다." 하지만 시대의 조류에 맞춰 보수적으로 대답하면 이렇게 된다. "지구상의 따뜻한 작은 연못에서 혜성이 지구에 전한 복잡한 유기분자가 번식의 중대한 단계로 들어섰다." 어느 답을 택하든 지구 같은 행성의 젊은 시절에 유기물의 씨앗이 뿌려졌다는 데는 의심의 여지가 없다. 이

---

79 내 자랑을 조금 하자면, 나는 1981년에 출판된 『*Genesis*』(Dent)에서 그렇게 말한 적이 있다.

80 독일 철학자 아르투르 쇼펜하우어Arthur Schopenhauer(1788~1860)의 말을 빌리면 이렇다. "모든 진리는 세 단계를 거친다. 첫째, 조롱을 받는다. 둘째, 격렬한 반대를 받는다. 셋째, 자명한 것으로 인정된다."

는 곧 생명이 우주 전역에 흔하고 모든 생명은 아미노산과 당이라는 기본 요소로 이루어졌다는 것을 의미한다. 그러나 다른 곳의 생명은 지구상의 생명과는 다른 아미노산과 당을 이용할 수도 있다. 외계에 지적 생명체가 존재할 가능성은 지금 이 책의 범위를 넘어서는 또 다른 문제다. 이 책에서 우리가 답하고자 하는 마지막 중대한 문제는 이것이다. "우주는 어떻게 끝날까?"

10

우주는 어떻게 끝날까?

How Will it All End?

우리가 아는 유일한 생명인 지구상의 생명을 토대로 판단해보면, 생명은 행성에 자리를 잡고 나면 대단히 활력이 넘친다. 인류 문명의 미래는 인간 스스로가 초래한 전쟁, 인위적 기후 변동, 환경오염 등으로 불확실성에 휩싸여 있다.[81] 우리가 이 위험에서 살아남을지는 과학적 토론의 주제가 아니라 정치적 의지의 문제다. 예를 들어 인간 활동으로 인해 세계가 살기 불편할 정도로 온난화된다는 명백한 과학적 증거가 있다 해도 그 문제에 어떻게 대처할지는 정치적 결정의 몫이다. 마찬가지로 우리는 현재 지구의 인구보다 더 많은 인구라 해도 충분히 먹여살릴 수 있는 과학·기술적 지식을 가지고 있지만 지금도 여전

---

81 이런 위험을 잘 소개한 책으로는 마틴 리스Martin Rees, 『우리의 마지막 세기Our Final Century』(Heinemann, London, 2003)가 있다.

히 정치적 결정 때문에 수많은 사람들이 굶어죽고 있다. 정치적 결정의 결과가 무엇이든, 또 향후 수백 년 동안 인류 문명이 어떻게 되든 생명은 지속될 것이다. 지구상 생명체의 가장 오랜 형태인 단세포 박테리아는 지금까지 온갖 환경의 어려움을 헤쳐나가면서 40억 년 가까이 살아왔다.

지구상의 생명에게 가장 큰 자연적 위협은 역설적이게도 지구상에 처음으로 생명을 가져다준 바로 그 계기, 즉 우주로부터의 충격이다. 지질학적 기록에 따르면 우리 행성에서는 많은 생물종(생물 개체가 아니라 종 전체)이 멸종한 경우가 여러 차례 있었다. 그 중 몇 차례는 운석이나 혜성이 지구에 충돌했기 때문에 발생했다. 가장 유명한 대량 멸종 사건은 6500만 년 전에 일어났다. 운석의 충돌은 '공룡의 멸종'에 결정적인 역할을 했다고 생각된다. 이것은 최초의 물고기가 진화한 이래 다섯 번째의 규모이자 지금까지 맨 마지막에 일어난 대량 멸종이다. 첫 번째는 4억 4천만 년 전에 일어났고, 두 번째는 3억 6천만 년 전, 세 번째(가장 큰 규모)는 2억 5천만 년 전, 네 번째는 2억 1500만 년 전이다. 6500만 년 전의 사건은 최대의 규모는 아니지만 (백악기-제3기 사건이라고도 부르며, 두 지질학적 시대를 가르는 구분점이 된다), 가장 최근에 일어났기 때문에 우리가 가장 잘 알고 있다. 백악기가 끝났을 때는 전 생물종의 70퍼센트 이상이 멸종했다. 오늘날에도 그런 재앙이 일어난다면 인류를 비롯한 많은 생물종이 멸종할 게 거의 확실하다. 나머지 사건들 중에는 더 파괴적인 것도 있었다. 하지만 여기서 우리의 논점은 지구상 생명의 역사를 통틀어 여러 차례 멸종 사건이 일어나도 생명은 지속된다는 점이다. 40억 년 동안이나 매번 재앙이 일어날 때마다 새로운 생물종이 진화하고 달라진 환경에 적응하는 과정이 반복되었다. 그렇다면 장차 지구상의 생명을 완전히 멸종시킬 만한 사건은 무엇일까?

가장 확실한 사실은 태양이 수명을 다할 무렵 적색거성으로 부풀어올라 우리 행성이 거주 불가능해지는 일이다. 이것은 완전히 이해할 수 있는 사건이므로 우리가 안다고 생각하는 게 아니라 안다고 생각하는 것에 속한다.

하나마나한 말이지만 적색거성은 붉고 크기 때문에 그런 명칭이 붙었다. 태양과 같은 별은 모두 핵연료가 다 떨어지면 그런 운명을 겪는다. 앞에서 말한 대로 태양의 내부에 수소가 충분할 때까지는 양성자(수소 핵)를 헬륨 핵으로 전환시켜 나오는 에너지로 중력에 맞서 별의 외각층을 붙잡아놓을 수 있다. 그동안은 모든 게 매끄럽게 돌아가며, 지구상에도 생명이 살기 좋은 환경이 조성된다.[82] 개략적으로 말하면 태양은 탄생할 때부터 이 과정을 100억 년가량 지속할 만한 연료를 가지고 있었다. 우리는 오랜 안정기의 절반에 약간 못 미치는 시기에 살고 있으니 다행이 아닐 수 없다.

태양 같은 별은 내부의 수소 연료가 고갈되면 더 이상 중력의 힘을 이겨낼 수 없어 수축하기 시작한다. 하지만 내부가 수축할 때 중력 에너지가 방출되어 내부의 온도는 더 상승한다. 안에서 나오는 열이 증가하면서 별의 외각층은 더 빠르게 밖으로 부풀게 된다. 또 내부의 온도가 상승하면 더 많은 열이 표면을 뚫고 나온다. 하지만 별이 팽창함에 따라

---

[82] 그렇기는 하지만 태양은 늙어갈수록 약간 온도가 상승한다. 그래서 지구상의 생명에게 나쁜 환경이 닥쳐오는 시기는 그렇게까지 늦지는 않다. 물론 그때가 오더라도 한동안 박테리아는 살 수 있을 것이다.

별 표면의 면적도 급속히 커지므로 별 표면 전체를 통틀어 열의 총량은 늘어나지만 특정한 부분의 열은 줄어든다. 그래서 많은 에너지가 우주 공간으로 빠져나가는데도 표면 온도는 내려간다. 적색거성이 고온의 파란색이나 노란색을 띠지 못하고 저온의 붉은색을 띠는 이유는 그 때문이다. 하지만 이런 거성으로서의 첫 경험은 오래가지 않는다. 별 내부가 뜨거워지면서 헬륨 핵이 서로 융합되어 탄소 핵을 만든다. 이때 방출된 에너지로 내부가 약간 팽창하고 온도가 낮아지며, 외각층은 팽창을 멈추고 수축하기 시작한다.

내부의 헬륨이 전부 소모된 뒤에도(이 기간은 오랜 수소연소 단계에 비해 무척 짧은 1억 년가량이다) 똑같은 일이 일어난다. 내부가 수축하고 온도가 상승하며, 외각층이 더 팽창해 별은 초거성이 된다. 탄소는 태양 같은 별에서 일어나는 핵합성의 맨 마지막에 해당한다. 앞에서 보았듯이 무거운 원소를 생산하는 과정은 훨씬 더 무거운 별에서만 일어난다. 하지만 우리 태양과 같은 질량을 가진 별은 한동안 비활성의 탄소 핵을 가진 초거성의 상태를 유지하면서 중심 주변의 껍질 속에서 수소를 헬륨으로 연소시킨다. 그 결과 별은 중심이 계속 무거워지고 조밀해지며, 외각층이 계속 팽창하면서 물질을 외부로 방출한다. 이윽고 연료가 전부 고갈되고 나면 별은 냉각되고 백색왜성으로 수축된다. 최종적으로 지구만한 부피 속에 태양 하나의 질량이 들어찬 별의 찌꺼기가 남게 된다.

이 과정에 관해서는 여러 가지 대중적 설명이 나와 있는데(교과서 저자의 지식이 짧은 경우도 있다), 그중에는 지금으로부터 75억 년쯤 지나 태양이 적색거성으로 진화하면 지구를 삼켜버릴 것이라는 주장도 있다. 이 시나리오에 의

하면 약 55억 년 뒤 태양은 지금의 두 배로 밝아지며, 이때 지구의 모든 것은 불타버리고 종말이 찾아오게 된다. 하지만 여기에는 착각이 있다. 그 시나리오를 주장하는 사람들은 지금 태양의 질량을 기준으로 모든 계산을 하고, 다른 별의 관측과 비교할 때도 지금 태양과 같은 질량을 가진 적색거성을 기준으로 삼는다. 하지만 태양은 늙어갈수록 질량을 잃게 되며, 특히 팽창하기 시작할 때는 급속도로 질량이 줄어든다. 태양과 같은 질량을 가진 적색거성이라면 원래는 훨씬 더 큰 질량이었을 테고, 처음에 태양과 같은 질량을 가진 별이라면 지금은 질량이 훨씬 더 줄어 있어야 한다. 물론 자연의 경로에 따르면 지구가 영원히 생명의 고향으로 남을 수는 없겠지만, 거칠게 계산해도 지구가 장차 태양에게 삼켜지지는 않으리라는 것을 쉽게 알 수 있다. 더 현명한 진단으로 보면 오래전부터 명백한 사실이다. 지금은 더 훌륭한 진단이 가능하다. 태양과 지구의 운명에 관한 더 정확한 예보는 서식스 대학의 내 동료들이 해냈다. 현재까지는 이것이 우리 행성의 장기적 운명에 관한 최선의 진단이다.[83]

현재 지구의 궤도는 태양으로부터 약 1억 5천만 킬로미터 떨어져 있다.[84] 계산에 따르면(그리고 우리 은하에서 관측된 적색거성과 비교해보면) 태양이 적색거성으로 진화할 경우 많은 물질을 잃는다 해도 반지름이 1억 6800만 킬로미터까지 팽창하므로 지구를 삼키기에 충분하다. 그러나 그때쯤 되면 태

---

[83] Peter Schröder, Robert Smith, Kevin Apps, *Astronomy and Geophysics*, 42권, 6.26쪽(2001년 12월).

[84] 엄밀히 말해 태양의 중심으로부터 따지면 1억 4960만 킬로미터다. 또한 태양의 반지름은 140만 킬로미터이므로 태양 표면을 기준으로 하면 지구와의 거리는 1억 4820만 킬로미터로 줄어든다.

양은 질량을 너무 많이 잃어 행성을 잡아두는 중력이 크게 약해지므로 지구의 궤도는 반지름 1억 8500만 킬로미터로 커질 것이다. 태양의 바깥 부분에서 물질의 손실이 크기 때문에(적색거성이 될 때면 원래 질량의 20퍼센트를 잃는다) 팽창의 막바지에 이르면 연료가 부족해져 수소연소가 불가능해진다. 결국 태양은 초거성이 되지는 못하는 것이다. 팽창의 제2단계에 태양의 반지름은 적색거성의 첫 단계에 비해 별로 팽창하지 못하고 1억 7200만 킬로미터에 그치므로 지구를 삼키기에는 부족하다. 이때가 되면 태양의 총 질량은 원래의 30퍼센트로 줄어들고, 지구 궤도는 지금보다 50퍼센트 가량 커진 반지름 2억 2천만 킬로미터에 달한다. 이것은 현재 화성의 궤도와 비슷한데, 이미 화성은 더 바깥쪽으로 밀려나 있을 것이다.

이런 현상이 일어나는 동안 태양의 밝기는 팽창 초기에 현재의 2800배로 증가하며, 2차 팽창으로 적색거성이 되면 현재의 4200배가 된다. 그러나 그렇게 밝아지더라도 표면 온도는 지금의 5800K에서 2700K로 절반 이상 떨어진다.

이 변화는 내행성인 수성과 금성에게 그다지 희망적이지 않다. 수성은 태양에 가까운 탓에 태양이 최대로 팽창하기 이미 오래전에 삼켜진다. 금성 궤도는 태양이 1차 팽창에서 최대 규모에 도달할 무렵이면 지금의 반지름 1억 800만 킬로미터에서 1억 3400만 킬로미터로 커지지만, 그래도 태양 표면에서 불과 3천만 킬로미터밖에 안 되는 거리다. 태양의 대기에서 나온 가스가 밀어닥쳐 금성은 삽시간에 불지옥으로 변해버릴 것이다.

지구의 온도가 생명이 살기에 부적합할 만큼 상승할 때까지 얼마나 걸릴지는 확정할 수 없는 문제다. 하지만 이 계산을 이용해 현재 우주적 견지에서 인류가 직면한 문제들 중 하나를 제기할 수 있다. 인위적인 온실효과로 21세기 말에는 지구의 평균 온도가 5℃ 이상 상승할 것이 확실시된다(상당히 적게 잡은 수치다). 태양의 노화에 따른 점진적 온도 상승으로 그 정도 온도가 올라가려면 약 8억 년이 걸린다. 바꿔 말하면 인간 활동이 그 과정을 1천만 배나 압축시키는 것이다. 서식스 연구팀은 바다가 끓기 시작하면 지구에는 생명이 살 수 없으리라고 주장한다. 우리가 지구의 열 균형을 조정하지 못한다면 그 시기는 앞으로 57억 년쯤 뒤일 것이다.[85] 그 정도면 우리 후손이나 장차 지구상에 발달할 새로운 지적인 생물종이 우주에서 새 고향을 찾기에 충분한 기간이다. 하지만 부분적인 해결책도 있다. 다음에 소개하는 방법은 진지하게 고찰할 만한 것은 못 되지만, 아무리 작은 영향이라 해도 천문학적 시간 척도로 보면 크게 덧쌓인다는 것을 보여주는 예다.

　유인 우주선으로 태양계를 탐험하는 일에 관심을 가진 사람이라면 누구나 알고 있듯이, 우주선이 먼 행성으로 여행하려면 다른 행성—금성이나 목성—의 주변에 이르렀을 때 그 행성의 중력으로 우주선을 추진하는 '새총' 효과를 이용한다. 물론 우주에서는 어느 것도 공짜가 없으므로 행성은 그만큼의 에너지를 잃게 된다. 그러나 우주선의 질량은 행성

---

[85] 이런 일이 일어나면 태양에서 먼 세계, 이를테면 목성의 얼음 위성 에우로파는 온도가 상승해 생명이 살기에 적합해진다. 그래서 일부 천문학자들은 우주의 생명을 찾는 일에 우리 태양만이 아니라 거성에 가까운 별 주변의 행성계 탐구도 포함시켜야 한다고 주장한다.

의 질량에 비해 아주 작기 때문에 그 효과는 무시할 수 있을 정도다. 그 과정을 거꾸로 해보자. 우주선의 궤적이 행성을 지나치도록 하면 우주선의 속도가 늦춰지고 행성에 미세한 양의 에너지를 보낼 수 있다. 그렇다고 해서 뭐가 달라질까? 우주선이 아주 크고 행성이 지구라면 달라지는 게 있다.

21세기 초에 미국의 한 연구팀은 재미 삼아 지구의 공전 속도를 변화시키려면 얼마나 큰 힘이 필요한지를 계산했다. 늘어가는 태양이 뜨거워지는 것에 맞춰 지구의 궤도를 점차 바깥쪽으로 이동시키는 것이다. 계산 결과 세심하게 장기적 계획을 세워 실행하면 지금의 기술로도 가능하다는 사실이 밝혀졌다. 우선 지름이 약 100킬로미터(공룡을 멸종시킨 것의 다섯 배)인 소행성이 필요하다. 여기에 로켓 엔진을 부착하고 소행성을 조종해 지구의 궤도를 조금씩 원하는 방향으로 이끄는 것이다. 이 우주 바위를 목성과 토성으로 이어지는 기다란 타원 궤도를 타고 6천 년에 한 번씩 지구를 지나치면 지구 궤도는 그때마다 몇 킬로미터씩 바깥쪽으로 밀려나가게 된다. 그 궤도의 반대편 끝에 이르면 소행성은 목성과 토성으로부터 에너지를 얻어 자체의 궤도를 유지하면서 두 행성의 궤도를 약간 줄이게 된다. 상쇄하는 효과를 빼면 지구는 두 외행성에게서 에너지를 얻어 꾸준히 태양 반대편으로 밀려나간다. 원리적으로 볼 때 이렇게 하면 태양이 적색거성으로 진화할 때까지 지구는 생명에 적합한 행성으로 남을 수 있다.

사실 이 시나리오에는 큰 위험이 따른다. 우선 우주 바위가 매번 공전할 때마다 지구로부터 1만 5천 킬로미터 이내로 접근해야 하므로 조금만 실수해도 엄청난 재앙이 일어날 수 있다. 하지만 2007년은 최초의 인공위성 스푸트니크 1호를 발사한 지 50년밖에 안 되는 해다. 또한 우리는 이미 그 작업을 추진할 만한 기술력을 보유하고 있다. 미래에 우리 후손들이 살아남으려면 지금부터 섬세한 행성 공학에 착수해야 할지도 모른다.

장기적으로 보면 태양은 결국 죽어 백색왜성으로 냉각될 것이다. 우리 태양보다 상당히 큰 질량을 가진 별은 밀도가 더 조밀한 중성자별이 되는데, 이것은 태양보다 큰 질량이 지구상의 어지간한 산맥만한 부피에 밀집한 별이다. 혹은 블랙홀이 될 수도 있다. 모든 것은 죽는다. 우리는 우주의 탄생보다 우주의 최종적 운명에 대해 훨씬 더 모른다. 하지만 우리는 우주가 영원히 팽창을 지속한다면 장차 어떻게 될지 안다고 생각한다. 우주가 팽창하지 않는다면 어떻게 될지에 관해서는 흥미로운 추측이 있다(추측이기는 하지만 과학에 바탕을 두고 있다). 이것은 이 책에서 논의된 어떤 주제보다 더 추측의 성격이 강할 수밖에 없지만, 불과 수십 년 전 우주의 탄생에 관한 견해보다는 덜 추측적이다.

물질의 운명을 이야기하자면, 우리는 우주의 다른 물질이 무엇인지 모르기 때문에 중입자 물질만을 말할 수밖에 없다. 우주의 팽창이 아주 오랫동안 지속된다면, 결국 별의 탄생은 끝나고 별 형성 물질이 고갈될 것이다. 여기까지의 시간은 너무 길어 굳이 세세히 밝힐 필요도 없지만, 지금으로부터 몇 조(10^{12})년 이내에는 끝나야 한다. 다시 말해 빅뱅 이후 지금까지 지나온 시간의 약 100배에 해당하는 시간이다. 은하들은 내부의 별들이 백색왜성(냉각되어 빛을 잃은 별), 중성자별, 블랙홀이 되면서 사라져간다. 동시에 은하들은 수축하게 된다. 그 이유는 중력복사로 에너지를 잃기 때문이기도 하고, 별들이 서로 에너지를 교환하기 때문이기도 하다(중력 새총을 이용한 궤적에서 에너지가 교환되는 것과 같다). 에너지가 교환되면 에너지를 얻은 별은 은하간 공간으로 방출되고, 에너지를 잃은 별은 궤도가 은하 중심 가까이로 이동한다. 대다수 은하들은 이미 중심부에 블랙홀을 가지고 있는데, 이 과정에서 블랙홀이 성장해 점점 더 많은 물질을 흡수하게 된다.

여기서 살아남은 중입자라 해도 최후의 운명을 피할 수는 없다. 앞서 말했듯이 중입자는 빅뱅에서 탄생할 때부터 장기적으로 불안정할 수밖에 없었다. 최종적인 중입자는 양성자와 전자다(중성자도 아주 작은 시간 척도에서 양성자, 중성미자, 전자로 붕괴한다). 양성자는 (우리가 지금 이해하는 입자 세계의 논리에 따르면) 10^{32}년이라는 시간 척도에서 스스로 붕괴해 양전자와 에너지 복사를 이룬다. 우주의 양전하와 음전하는 전체적으로 균형을 이루므로 지금으로부터 10^{34}년이 지나 이 과정이 끝날 때면 우주의 모든 중입자는 중성미자, 에너지, 같은 수의 전자와 양전자로 전환된다. 전자와 양전자는 또 서로 만나 소멸하면서 감마선을 방출한다. 그래도 초강력 블랙홀에는 원래의 중입자에서 나머지 전부로 구성된 '물질'이 여전히 남아 있지만 블랙홀도 영원하지는 않다. 호킹 복사Hawking radiation라고 말하는 과정을 통해 대형 블랙홀의 에너지는 아주 느리게 복사 에너지로, 그리고 같은 양의 입자와 반입자로 전환된다.[86] 입자와 반입자도 서로

---

[86] 소형 블랙홀은 속도가 더 빠르므로 양성자 붕괴가 일어나기 오래전에 소멸한다.

만나 소멸한다. 만약 10^{120}년쯤 지날 때까지도 우주가 존속한다면 모든 것은 호킹 과정을 통해 증발하게 된다.

그런데 우주는 그때까지 지금과 같은 형태로 존속할까? 오늘날의 영리한 도박꾼이라면 그렇지 않다고 말하겠지만, 세 가지 대안 가운데 어느 것의 가능성이 더 높은지 말할 수 있을 만큼 영리한 도박꾼은 지금까지 없었다.

낡은 우주학적 구도에 따르면—여기서 '낡은'이란 2000년 이전을 가리킨다—우주는 온갖 붕괴와 소멸이 일어나는 가운데 속도가 점점 느려져도 영원히 팽창을 지속한다. 하지만 암흑에너지 혹은 우주상수의 존재는 모든 것을 바꿔놓았다. 낡은 우주학의 또 다른 특징은 우주의 운명을 목격하게 될 지적인 생명체가 존재할 가능성이 크다고 믿는 것이다. 우리가 바라보는 우주는 빛의 속도로 팽창하고 있다. 우리가 우주에서 보는 거리는 빛이 빅뱅 이후의 시간 동안 여행할 수 있는 거리다. 그 한계 너머에는 우리로부터 빛의 속도로 멀어져가는 우주의 구역이 있다(빛보다 빠른 속도로 우주 공간을 이동하기 때문이 아니라 우주 자체가 팽창하기 때문이다). 그 구역에 관해 우리는 전혀 알 수 없다. 우주가 팽창하는 속도는 점차 느려져도 '빛의 거품'은 늘 바깥쪽으로 빛의 속도로 이동한다. 은하단들의 간격은 점점 넓어지지만, 낡은 구도에서는 초감각적인 감시자가 있어 물질 자체가 붕괴할 때까지 그 먼 은하의 사건들을 직접 지켜본다는 상상이 가능하다. 그러나 이 구도는 더 이상 유효하지 않다.

지금 우리는 암흑에너지가 있기 때문에 우주의 팽창이 가속된다는 것을 안다(혹은 적어도 안다고 생각한다). 이에 대한 가장 단순한 해석은 우주상수가 실제로 불변이라고 보는 것이다. 우주의 모든 크기는 고유하며, 암흑에너지의 양은 고정불변이다. 가속화의 해석은 최근(내가 이 책을 쓸 무렵) 먼 거리의 초신성을 관찰함으로써 입증되었다. 그것은 초신성 증거조사Supernova Legacy Survey라는 계획이다. 2005년 12월에 발표된 이 계획의 첫 성과는 가속 팽창하는 우주가 실제로 우주상수 혹은 람다 에너지에 의해 추동된다는 견해와 완벽하게 일치했다. 그렇다면 붕괴와 소멸 과정은 우리가 앞서 설명한 그대로 진행될 것이며, 지적 관찰자가 그것을 지켜볼 가능성은 크지 않다. 우주의 팽창은 끊임없이 가속되기 때문에 먼 은하단들은 빛의 거품이 팽창하는 속도보다 더 빠르게 이동하면서 우주 지평선을 넘게 되며, 시간이 갈수록 더 빨라진다. 계산은 매우 간단하다. 우주의 가속화가 지금 우리가 보는 것과 같은 속도로 지속된다면 우리 은하가 속한 국부은하군 너머의 모든 은하들은 현재 우주 나이의 10배를 약간 넘는 2천억 년이 지나면 보이지 않게 될 것이다. 그래도 우리 은하의 잔해 주변에는 우주 지평선이 빛의 속도로 후퇴하는 가운데 여전히 가시적인 우주의 거품이 있겠지만, 이 '가시적' 우주에는 아무것도 남지 않을 것이다.

하지만 우주상수가 불변이 아니라면 어떻게 될까? 우주의 특정한 부피를 담당하는 암흑에너지의 양이 갈수록 커지거나 작아진다면 어떻게 될까? 앞에서 말한 것처럼 초신성 연구에 힘입어 먼 은하들이 후퇴하는 방식을 관찰하고, 우주마이크로파배경복사를 연구한 결과 그 변수들이 변하는 속도에 엄격한 한계를 정할 수 있었다. 그러나 이 한계는 흥미로운 추측의 여지를 남긴다. 첫 번째 가능성은 암흑에너지의 힘이 갈수록 커지는 것이다. 이 추측은 오늘날 우주상수가 작은 이유를 설명해주기 때문에 상당한 힘을 가진다. 만약 우주상수가 0으로 시작해 서서히 커졌다면 중간에 아주 작았던 시기가 틀림없이 있었을 것이다. 그것만이 아니다. 그 견해가 제시하는 미래의 극적인 전망은 지금까지 우리가 설명한 시나리오의 극단적인 변주다. 가장 극단적인 것은 지금 우리가 우주의 생애 초기 단계에 있는 게 아니라 빅뱅에서 우주가 끝나는 시간까지의 거의 중간 지점에 살고 있다는 주장이다. 이 경우 지적 관찰자가 우주의 종말을 지켜보게 될 가능성이 크다. 이 시나리오는 '빅립Big Rip'이라는 극적인 명칭을 얻었다. 이 견해를 주창하는 사람들은 팽창을 급격히 가속하는 또 다른 암흑에너지를 '유령에너지phantom energy'라고 이름 지어 극적인 효과를 더욱 높인다. 그것은 앞에서 우리가 논의한 암흑에너지와 같다. 단지 좀 더 강조했을 뿐이다.[87]

  이 구도에서 우주의 팽창은 자체로 힘을 얻는다. 우주가 팽창하면 암흑에너지가 증대하고, 암흑에너지의 힘이 커지면 다시 우주의 팽창을 가속하는 식이다. 전통적인 구도에서는 우주상수가 작으므로 태양, 별, 은하처럼 중력에 의해 묶인 체계에서는 팽창이 불가능하다. 즉 중력이 암흑에너지를 압도한다고 본 것이다. 그러나 빅립 구상에 의하면 결국 우주의 팽창이 먼저 중력을 누르고, 계속해서 다른 자연의

---

[87] 유령에너지는 다른 맥락에서도 유용하다. '스타게이트' 같은 과학소설에서 공간과 시간을 이동하는 지름길이라고 말하는 '웜홀wormhole'은 우주에 실제로 존재할 가능성이 별로 없다. 설령 있다 해도 중력이 웜홀을 닫아걸 것이다. 하지만 유령에너지가 존재한다면 중력의 힘을 막고 웜홀을 열어놓을 수 있다.

힘들에 비해 조금이라도 앞서게 된다. 관측이 허용하는 이 시나리오의 가장 극단적인 견해에 따르면 지금으로부터 약 210억 년 뒤에 종말이 온다. 하지만 일방적인 팽창은 나중에 갈수록 가속되기 때문에 오랫동안 극적인 사건은 없다. 격렬한 활동은 우주의 생애 초기 10억 년으로 국한된다.

우주는 갈수록 가속이 심화되므로 국부은하군의 모든 은하들이 중력의 굴레에서 풀려나는 시간은 지금으로부터 200억 년쯤 뒤인데, 지금처럼 균일한 속도로 그 단계까지 가는 데 90퍼센트의 시간이 소요된다. 그때가 되어도 우리 은하는 우주 공간에서 식별이 가능한 섬처럼 존재하겠지만, 이웃한 안드로메다은하(M31이라고도 부른다)와 합병을 이루어 훨씬 더 커져 있을 것이다. 물론 우리 태양계는 그 오래전에 사라지겠지만, 그때도 늙어가는 초은하 속에 우리 태양계와 비슷한 것이 존재할 가능성은 충분하다. 태양 같은 별 주위를 공전하는 지구 같은 행성에 지적인 존재도 있을 수 있다. 별들 사이에서 암흑에너지의 반발력이 중력의 당기는 힘보다 우세해져 그들의 고향 은하가 깨질 때가 되면 운명의 날은 불과 6천만 년 앞으로 다가온다. 지구상에 공룡이 멸종했을 때부터 오늘날까지의 기간과 엇비슷하다. 하지만 우주 지평선은 아직 70메가파섹(약 2억 3천만 광년)의 거리에 있다. 그러므로 그들의 고향 은하가 '해체'되어 발생하는 빛이 이웃 은하(국부은하군의 잔존물)에 도달할 시간은 충분하다. 아마 이웃 은하의 어느 천문학자는 그 은하가 부서져나가는 양태를 연구할지도 모른다.

종말 석 달 전에 그 미래 '태양계'의 행성들은 모성으로부터 풀려나 자유롭게 날아갈 것이다. 그 재앙의 생존자가 있다면 운명의 순간에서 30분 뒤에 모행성이 폭발해 무수한 원자들로 해체되는 것을 보게 된다. 그 원자들은 마지막 10^{-19}초에 쪼개지고 이후에는 팽창하는 평탄하고 밋밋한 진공만이 남는다. 그것이 바로 시간의 종말이다. 아마 그런 상태에서 새로운 인플레이션 단계가 시작될 것이다. 사실 이면 미래의 모습은 우리가 아는 우주 탄생의 모습이기도 하다. 순전한 추측이지만, 우주의 운명에 관한 두 번째 대안은 흥미롭게도 시간의 시작과 시간의 종말을 한층 밀접하게 연결해준다. 이것은 빅크런치Big Crunch라고 불리는데, 암흑에너지가 갈수록 강해지는 게 아니라 약해진다는 가정에서 나왔다.

이 첫 번째 변주는 끊임없이 팽창하는 우주 속에서 은하들이 점차 사라지고 물질이 붕괴한다는 20세기의 낡은 시나리오와 상당히 비슷해 보인다. 만약 우주상수가 점점 0에 가까워진다면, 결국에는 처음부터 내내 우주상수가 0이었던 상황과 다를 바 없어질 것이다. 그런데 왜 0에서 멈춰야 할까? 우주학 방정식으로 볼 때 암흑에너지의 힘이 양수의 값에서 0으로 감소할 수 있다면, 음수의 값도 될 수 있어야 한다. 또한 양수의 암흑에너지가 중력을 거슬러 우주의 팽창을 가속시키는 것처럼 음수의 암흑에너지는 중력을 증대시켜 우주의 팽창을 늦추고 나아가 우주의 수축을 가속시킬 것이다. 그렇다면 지금까지의 관측에 의한 가장 극단적인 수축 속도로 볼 때 우리는 우주의 생애에서 거의 정확히 절반에 살고 있는 셈이며, 우주가 붕괴해 특이점으로 돌아가는 시기는 지금으로부터 120~140억 년 뒤가 된다(하지만 우주의 운명의 날은 지금으로부터 400억 년 뒤로 미뤄진다).

우주의 팽창이 멈추고 붕괴로 전환할 무렵 우리 은하 내부의 지적 관찰자는 별로 극적인 광경을 보지 못하겠지만, 이 변화는 우주 전체에서 한꺼번에 일어난다. 그러나 빛의 속도가 한정되어 있기 때문에 전환이 일어난 직후 관찰자는 먼 은하들의 적색이동과 더불어 가까운 은하들의 청색이동을 보게 될 것이다. '청색이동 지평선'은 빛의 속도로 우주 전역에 확산된다. 그 전환이 언제 일어나리라고 정확히 말할 수는 없다. 암흑에너지가 변화하는 방식에 관한 충분한 정보가 없기 때문이다(변화 자체는 있다). 어쨌든 우주가 빅크런치에 근접하면서 흥미로운 사태가 일어나기 시작한다. 따라서 다시 운명의 날까지 가는 동안의 중요한 사건들을 점검해볼 필요가 있다. 우주의 크기를 기준으로 삼아 살펴보면 알기 쉽다. 이 경우 지적 관찰자는 생존이 불가능하므로 마지막 몇 분에 일어나는 흥미로운 일을 지켜볼 수 없게 된다.

물론 우리는 전체 우주를 판단하지 못한다. 우리가 보기에 우주는 무한하다. 그러나 모든 것이 함께 변하기 때문에 상대적인 크기 변화는 우주의 어느 한 구역을 선택해도 똑같다. 그래서 지금 우리는 가시적 우주의 크기를 측정할 수 있으며, 우주의 부피가 어떻게 수축하고 그 안에서 어떤 일이 일어나는지 고찰할 수 있다. 오랫동안 관측자들은 우주가 별다른 환경의 영향을 받지 않고도 붕괴한다는 것을 볼 수 있었다. 은하단들이 서로 가까워지다가 합쳐지고 개별 은하들도 서로 뭉치지만 그렇다고 해서 미래에 지구에서의 생명 활동에 저해가 되지는 않는다. 행성의 생명체에 대한 위협은 그 격렬하고 웅장한 상호작용에서 나오는 게 아니라 우주배경복사의 온도가 알지 못하는 사이에 조금씩 상승하고 우주가 수축하면서 점점 더 고에너지로 청색이동하는 데서 나온다. 은하 내부의 별들은 서로 멀찍이 떨어져 있으므로 은하들이 합쳐질 때도 별들이 충돌하는 경우는 드물다. 은하들이 합쳐지기 시작하면 우주배경복사의 온도—즉 하늘의 온도—가 100K까지 상승하며, 우주의 크기는 지금의 1/100로 줄어든다.

그때부터 우주는 수백만 년마다 크기가 절반으로 줄어 현재의 1/1000로 줄어드는데, 이 기간 동안 행성의 생명체는 처음에 불편해지고 다음에 어려워지고 그 다음에는 살 수 없게 된다. 하늘의 온도는 곧 300K에 달해 빙점을 크게 웃돌고 행성의 빙하와 얼음이 모두 녹는다. 우주복사(이제 '배경'복사라는 말은 적절하지 않다)의 온도가 계속 상승함에 따라 하늘 전체가 불타기 시작한다. 처음에는 불그스름한 색으로, 다음에는 주황색으로 변하면서 온도는 이내 태양 표면의 온도와 맞먹는 수천K까지 치솟는다. 우주의 크기가 현재의 1/1000이 되면 바다는 이미 오래전에 끓어 증발했고, 대기는 원자들이 부서져(해체) 핵과 전자의 플라즈마가 되고, 생명은 불가능해진다. 이 해체가 일어날 때 우주의 크기가 바로 팽창하는 우주에서 재결합이 일어날 때와 똑같다는 사실은 결코 우연의 일치가 아니다. 이 시나리오는 빅뱅을 완전히 뒤집은 것이다.

빅크런치로 다가갈수록 우주가 붕괴하고 가열되는 속도는 더 빨라진다. 빅뱅의 불덩이 단계를 거꾸로 보는 것과 같다. 우주의 크기가 현재의 100만분의 1이 되면 온도가 현재 별 내부의 온도와 맞먹는 수백만 도로 뜨거워져 별이 견디지 못하고 폭발한다. 우주가 지금의 10억분의 1로 줄어들면 온도가 10억 도에 달하고, 수십억 년에 걸쳐 별의 내부에서 어렵게 형성된 산소와 철 같은 복잡한 핵이 부서져 양성자와 중성자로 분리된다. 우주가 지금의 1조분의 1로 줄어들면 온도도 1조 도로 치솟으며 양성자와 중성자가 해체되어 쿼크의 죽으로 변한다. 이때는 최종적인 붕괴를 통해 특이점으로 돌아가기 불과 몇 초 전이다. 이때부터는 우리가 아는 물리 법칙이 무너지고 기적 같은 일이 일어난다. 하지만 그것을 볼 수 있는 생명체는 아무도 없다.

우주의 최후는 빅크런치가 될까, 빅립이 될까? 2020년대가 되면 그 두 가지 극단적 가능성 중 판단이 가능해질 테고, 적어도 미래의 사태에 관해 엄밀한 한계를 설정할 수 있을 것이다. 2012년에 대구경시놉틱망원경Large Synoptic Survey Telescope이 가동되면 은하들이 응집하는 과정을 정밀하고 상세하게 측정할 수 있다. 충분한 통계 정보를 바탕으로 암흑에너지의 힘을 정확히 판단할 수 있고 아마 우주가 늙어가면서 암흑에너지가 어떻게 변했는지도 알 수 있게 될 것이다. 또한 2015년까지 발사될 SNAP(초신성가속탐사기, Supernova Acceleration Probe)라는 인공위성으로 먼 은하에 있는 초신성 수천 개의 정보를 얻으면, 우주의 팽창이 지금보다 가속되는 양태를 훨씬 더 정확하게 측정할 수 있게 된다.

하지만 그때까지는 오로지 상상에 의존할 수밖에 없다. 다행히 물리학자들은 상상력이 풍부하다. 지금까지 나는 우주의 궁극적인 종말에 관한 수많은 추측 가운데 내가 가장 좋아하는 것을 아껴놓았다. 그것은 제3장에서 소개한 에크파이로틱 우주 모델의 풀버전이다. 암흑에너지를 자연스럽게 도입하고, 빅립과 빅크런치의 요소들을 아우르며, 탄생, 죽음, 재탄생의 영구 순환을 설정하고, M-이론과 막의 최신 개념들을 수용한다. 그렇다고 해서 그 모델이 반드시 옳다는 말은 아니다. 다만 그것은 아름답게 꾸며진 패키지를 통해 새 밀레니엄의 벽두에 물리학이 어떻게 전개되고 있는지 다른 어떤 사례보다 명확하게 알 수 있게 해준다.

이 모델의 나쁜 측면은 명칭이다. 에크파이로틱이라는 말은 '재앙'이라는 뜻의 그리스어 에크피로시스ekpyrosis(꽃불 pyrotechnics이나 방화광pyromania이라는 말과 통한다)에서 나왔다. 나중에 보겠지만 실은 적절한 명칭인데, 빅뱅을 비롯해 '빅'이 들어간 다른 명칭만큼 입에 당기지는 않는다. 이 모델을 비판하는 사람들은 '빅스플랫Big Splat'이라고 부르기도 하는데, 동의하는 사람들에게는 약간 짜증나는 일이다. 빅뱅이라는 용어도 원래는 그 모델을 비판하는 사람(프레드 호일)이 만들어냈다가 고착되었다는 것을 알고 있기 때문이다. 하지만 빅스플랫이라는 말은 M-이론의 방정식에서 말하는 두 막이 충돌하는 이미지를 담고 있으므로 괜찮은 측면이 있다. 엄밀히 말해 에크파이로틱 우주라는 용어는 막들이 단 한 번 충돌해 빅뱅을 낳은 모델을 가리킨다. 그러나 지금은 그런 충돌이 여러 차례 반복되면서 죽음과 부활이 끝없이 순환하는 모델의 의미도 포함한다. 그렇게 본다면 피닉스 우주Phoenix Universe라는 말이 더 나을 듯도 싶다.

이 순환에 관련된 막들은 우리 우주처럼 완전히 무한한 3차원 우주를 가리키는 공간적 의미이며, 시간이 넷째 차원이다. 이 우주들은 넷째 공간 차원으로 서로 구분된다(그래서 모두 합쳐 다섯 개 차원이다). 쉽게 말해 책의 인접한 두 페이

지처럼 2차원 막이 셋째 공간 차원으로 구분되어 있다고 보면 된다. 앞에서 설명했듯이 낯익은 입자들과 중력을 제외한 힘들은 모두 단일한 막세계(우리 우주) 내에서 운동하고 작용하지만, 중력은 다섯째 차원으로 새어나가 이웃 우주에 영향을 미칠 수 있다. 이 과정은 순환적이기 때문에(아마 무한할 것이다) 우리는 순환의 어느 지점에서든 설명을 시작할 수 있다. 논리적인 장소는 우리가 보통 빅뱅이라고 생각하는 것에 해당하는 지점이다. 나중에 보겠지만 이것도 역시 우리가 아는 우주의 끝에 해당한다.

두 개의 막이 다섯째 차원을 따라가며 서로 접근한다고 상상해보자. 마치 두 장의 종이가 서로 가까이 대면하는 것과 같다. 우리 막의 관점에서 볼 때, 만약 그 시기에 지적 존재가 있고 다섯째 차원을 따라가며 '관찰'할 수 있는 도구를 가지고 있다면 그들은 자신들의 막(우리의 막)은 고정되어 있는데 다른 막이 접근한다고 여길 것이다. 두 막은 다섯째 차원을 따라 그 차원에 작용하는 힘(바로 중력의 힘)에 의해 서로 이끌린다. 이유는 조금 뒤에 드러나겠지만, 순환의 이 단계에서 두 막은 사실상 비어 있으며, 시공간의 곡률로 볼 때 극단적으로 평탄하다. 그러나 양자 효과 때문에 어떤 시공간도 완벽하게 평탄할 수는 없다. 그래서 막에는 불규칙성이 생긴다. 2차원 평면에 생긴 언덕과 계곡에 해당한다. 두 막이 평행한 두 종이처럼 서로 접근한다 해도 융기된 지점이 먼저 닿게 된다. 그렇다면 이 작은 불규칙성이 접촉의 출발점이라고 생각하기 쉽다. 하지만 M-이론의 방정식에 따라 두 막이 아주 가까워질 때 강력한 힘이 양측에 작용해 단단히 달라붙게 만들고 양자 굴곡을 확대시킨다.

그 결과 온갖 크기의 불규칙성이 생겨난다(불규칙성은 '눈금불변scale invariant'이라고 부른다). 아원자 크기가 있는가 하면, 지금의 가시적 우주 전체만큼 큰 것도 있으며, 그 중간에 다양한 크기의 불규칙성이 있다. 그러나 우리의 관심을 끄는 것은 두 막이 접촉할 때 생겨나는 1미터 너비의 불규칙성이다. 계산에 따르면 바로 그것이 지금 우리가 보는 것과 같은 우주를 만들어내기에 적합한 크기다.

막은 공간적으로 3차원이기 때문에 그림으로 묘사하는 최선의 방법은 구형의 공간을 상상하는 것이다. 지름은 1미터쯤 되고 그 안에는 3-공간마다 배열된 점 하나씩이 다른 막의 3-공간마다 배열된 점 하나씩과 동시에 접촉한다. 그 결과 에너지의 불덩이가 '우리' 막의 세 공간 차원에서 급격히 팽창하는데, 시간이 갈수록 속도는 느려진다. 여기서 중요한 것은 비록 초기에는 지금의 기준으로 볼 때 매우 급격한 팽창이지만 인플레이션 시기가 없다는 점이다. 처음에 우주는 10^{-20}초마다 크기가 두 배로 늘어나지만 이후 팽창 속도가 느려져 오늘날에는 두 배로 커지는 데 10^{10}년쯤 걸린다. 그 기간은 장차 암흑에너지가 팽창을 가속시킴에 따라 다시 줄어들게 된다. 전반적으로 우주는 10^{20} 혹은 10^{30}배로 커지는데, 이는 인플레이션과 똑같은 방식으로 우리 우주의 극단적인 평탄함을 설명한다.

이 구도에 따르면 우리 우주 전체는 지름 1미터의 불덩이로부터 팽창해 나왔다. 그러나 충돌 과정 중에 2차 양자 굴곡이 시공간에 흔적을 남긴다. 그 덕분에 표준 인플레이션 구도에서처럼 우주마이크로파배경복사에 굴곡이 생겨나고 은하단이 성장할 수 있는 씨앗이 마련된다. 하지만 중요한 것은 시간의 시작에 특이점이 없다는 점이다. '우리 우주'는 1미터나 되는 상태에서 출발했으므로 무한한 밀도를 겪지 않았다. 비록 탄생할 때 온도는 10^{24}도의 초고온이었지만 그래도 어지간한 크기가 있었기 때문에 유한하다. 많은 우주학자들이 이 모델에 흥미를 느끼는 이유는 거기에 있다. 또한 그렇다면 우리는 우리 막의 관점에서 고유하다고 여기지만 '우리 우주'는 고유하지 않다. 막에는 다른 구역들이 많이 존재해야 하며(막이 유한하므로 그 구역들도 대부분 유한하다), 이것들이 접촉해 팽창하는 우주들을 탄생시킨다. 그러나 그것들은 영원히 우리가 볼 수 있는 팽창하는 공간의 거품으로 된 지평선 너머에 존재한다. 우주들 사이에 놓인 막의 조직도 갈수록 팽창하기 때문이다. 또한 막의 조직이 팽창하는 이유는 두 막이 충돌한 뒤에는 서로 반발하기 때문이다.

다른 막은 두 막이 반발한 뒤 약간 다른 운명으로 바뀌어 다섯째 차원을 따라 이동하기 시작한다. 이 모델에 의하면 다섯째 차원은 휘어 있으므로 이 차원을 따라 한 방향으로 계속 가면 낯익은 세 공간 차원의 크기가 커지지만 다른 방향으로 이동하면 낯익은 세 차원의 크기가 줄어든다. 두 막이 충돌한 뒤 반발할 때 '우리' 우주는 마침 3-공간을 팽창시키는 방향으로 이동하게 된다. 처음에 이웃했던 우주는 반대 방향으로 튀어 다섯째 차원을 따라가다가 수축한다. 하지만 막들 간의 인력(실은 중력)이 워낙 강력한 탓에 그 막은 방향을 돌려 우리 막 뒤에 끌려온다. 그 때문에 곧 그 막에서 별들이 팽창하기 시작한다. 두 막은 각각 별도로 팽창, 희박화, 물질 붕괴의 과정을 겪는다. 앞서 우리가 영구히 팽창하는 우주를 설명할 때 말했던 과정이다. 수조 년에 해당하는 그 기간 동안에는 어떤 접촉도 없다. 막들의 간격은 인간의 기준으로는 아주 작다. 아마 수천 플랑크 길이, 즉 10^{-30}센티미터에 불과할 것이다(양성자보다도 훨씬 더 작다). 하지만 그래도 분리는 엄연히 분리다. 막간에 작용하는 힘 덕분에 두 막은 내내 평행을 유지하면서 점차 안이 비고 평탄해진다.

그 기간 동안 두 막은 같은 간격을 두고 '맴돈다.' 그러다 점차 막간 인력이 반발로 일어난 운동에너지보다 커지면서 서로 끌어당기기 시작한다. 이 과정은 처음에 대단히 느리지만 두 막이 점점 가까워질수록 속도가 극적으로 빨라진다. 늘어난 용수철이 원래의 상태로 돌아가게 하는 힘과는 달리 두 막 사이에 작용하는 인력은 수천 플랑크 길이만큼 떨어져 있을 때보다 점점 가까워질 때 엄청나게 강력해진다. 이 순환 단계에서 막들(기본적으로 비어 있고 평탄한 시공간이다)은 약간 수축하지만 수축 비율은 10배 정도에 불과하다(팽창 단계에 10^{30}배까지 늘어난 것과 비교해보라). 그 시공간의 양자 굴곡은 1미터 크기의 융기 부분을 포함할 만큼 커진다.

빅뱅을 일으키는 에너지는 두 막이 심벌즈처럼 충돌할 때 발생하는 운동에너지에서 직접 나온다.[88] 중력이 다섯째 차원에 확산되면 막들의 간격이 중력이 가는 방향을 따라 줄어든다. 그 결과 두 막에서 모두 중력의 힘이 커진다. 이는 곧 우리 우주에서 '빅뱅이 일어나는 순간', 즉 우주의 지름이 1미터였을 때 뉴턴의 중력상수가 지금보다 더 컸음을 의

---

[88] 이 과정에서는 에너지 손실이 전혀 없기 때문에(에너지가 갈 곳이 없으니까!) 반발 에너지는 충돌 에너지와 같다. 그 때문에 순환이 무한히 반복될 수 있는 것이다. 마찰로 인해 에너지가 흩어지는 현상이 전혀 없다고 말할 수도 있다.

미한다. 하지만 불과 몇분의 1초가 지나자 중력상수는 지금의 값으로 떨어졌다.

이것으로 순환이 완료되고 처음으로 되돌아왔다. 이 모델은 우리가 사는 우주에 관해 인플레이션과 배경복사를 도입하는 표준 '람다 CDM' 모델과 똑같은 상을 만들어내면서도 그 모델의 골치 아픈 측면인 무한은 배제한다. 우리 우주의 가시적 물질이 운동하는 이유를 설명하는 데 필요한 암흑물질은 우리 우주의 입자들과 약하게 상호작용할 수도 있고, 다른 막에 미치는 입자들의 영향이 우리 막으로 새어 들어올 수도 있다. 이 모델은 그 두 가지 가능성을 구분하지 않는다. 하지만 현재 우주의 팽창을 가속시키는 암흑에너지는 이 모델의 필수적인 요소다. 물질의 평균 밀도, 온도, 기타 우주의 모든 물리적 속성은 매번 빅뱅마다(1미터 크기의 불덩이), 매번 순환마다 동일한 변화를 보인다. 각각의 빅뱅이 하나의 양자 요동으로 빚어지기 때문에 양자 요동은 통계적으로 매번 순환마다 달라지지만, 우주는 매번 스스로를 채운다. 하지만 지금의 우주를 만드는 조건은 현재의 팽창 단계가 시작되었을 때가 아니라 이전 순환의 붕괴 단계가 끝났을 때 자취를 남겼다.

피닉스 모델과 인플레이션에는 사소한 듯하지만 중요한 차이가 있다. 인플레이션을 포함하는 표준모델의 예측에 따르면 우주는 우주마이크로파배경복사에 자취를 남긴 중력복사로 채워져야 한다. 반면 피닉스 모델의 예측에 따르면 우주마이크로파배경복사에서 그런 중력파의 효과가 관측되지 않는다. 배경복사를 원하는 만큼 정확하게 측정할 수 있는 우주탐사기는 2020년까지 발사되지 못하겠지만, 모든 훌륭한 과학적 견해가 그렇듯이 피닉스 모델도 실험으로 검증될 수 있을 것이다.

지금까지 소개한 시나리오들 가운데 어느 것을 받아들일지는 전적으로 선택의 문제다. 2005년과 마찬가지로 지금 우리는 어느 것이 옳은지 실험이나 관찰을 통해 입증하지 못한다. 이런 사정은 분명히 머잖아 달라질 것이다. 하지만 내가 개인적으로 좋아하는 것은 우주가 영구히 순환하며 죽음 다음에는 늘 부활이 있는 피닉스 모델이다. 공교롭게도 피닉스 시나리오는 200여 년 전 찰스 다윈Charles Darwin의 할아버지인 이레이스머스 다윈Erasmus Darwin이 말로 묘사한 구도와 일치한다. 그는 1791년에 발표된 『식물원The Botanic Garden』이라는 시에서 다음과 같은 과학적 추측을 선보인 바 있다.

> 일어나라, 별이여! 젊음을 만끽하라.
> 밝은 곡선으로 시간의 흔적 없는 걸음을 표시하라.
> 그대의 빛나는 자동차가 점점 더 가까이 올수록
> 천구를 줄이고 줄여 맞닿게 될수록
> 하늘의 꽃이여! 그대 역시 늙을 수밖에 없을지니.
> 들판의 하늘하늘한 자매들처럼 연약한 존재로다!
> 천체의 높은 아치에서 별들이 잇달아 쏟아지고
> 태양들이 가라앉고 우주들이 무너지고
> 하나의 암흑 중심으로 곤두박질쳐 소멸하고
> 죽음과 밤과 혼돈이 온통 뒤섞이리니!
> 끝내 폭풍을 견딘 난파선만 남아
> 불사의 자연이 변화무쌍한 형상을 드러내고

장례용 장작더미에 올라 불의 날개를 퍼덕이며
빛나는 모습으로 치솟아 또 다른 시작을 준비하리니.

이 이미지는 확실히 현대적인 순환 우주보다 전통적인 빅 크런치에 더 가깝지만 18세기의 추측 치고는 괜찮은 편이다. 무엇보다도 이 책의 끝을 처음으로 되돌려놓을 수 있게 해준다.

■ 용어해설

ㄱ

경입자lepton : 전자와 중성자를 포함하는 입자의 종류.
고전 물리학classical physics : 원자처럼 작은 척도가 아니라 큰 척도에 적용되는 물리학.
과거 시간look-back time : 먼 물체에서 나온 빛이 우리에게 도달하는 데 걸리는 시간. 1천만 광년 떨어진 은하가 있다면 우리는 1천만 광년 전에 그 은하를 출발한 빛을 보는 셈이다. 더 먼 우주를 볼수록 시간을 더 거슬러 가게 된다.
광년light year : 빛이 1년간 이동하는 거리. 시간이 아니라 거리의 척도다.
광자photon : 전자기력과 관련된 입자(보손).
GeV : 기가볼트(10억eV). 1GeV는 양성자 하나 혹은 수소 원자 하나의 질량과 비슷하다.

ㄷ

다운down : 쿼크가 가진 성질의 하나. 업의 반대.
대통일이론Grand Unified Theory(GUT) : 중력을 제외한 자연의 모든 힘들에 관한 설명을 하나의 수학 체계로 통일하려는 이론(나는 이론보다 '모델'이라는 말을 더 좋아한다).
도플러 효과Doppler effect : 청색이동과 적색이동을 총칭하는 명칭.

ㅁ

만물이론Theory of Everything(TOE) : 중력과 자연의 모든 힘들에 관한 설명을 하나의 수학 체계로 통일하려는 이론(나는 이론보다 '모델'이라는 말을 더 좋아한다).
MeV : 100만eV.
메손meson : 보손의 하위그룹.
뮤온 중성미자muon neutrino : 중성미자의 무거운 짝(그래도 매우 가볍다).
뮤온muon : 전자의 무거운 짝.

ㅂ

반물질antimatter : 전하 같은 성질이 일상 입자와 반대되는 물질. 예를 들어 전자의 반물질은 음전기가 아니라 양전기를 띤다.

백색왜성whit dwarf : 수명을 다한 별이 단단한 공 모양으로 안정된 것. 지구만한 크기에 우리 태양과 맞먹는 질량이 밀집해 있다.

베타붕괴beta decay : 중성자가 전자를 방출하고 양성자로 전환되는 과정.

보손boson : 흔히 전자기력 같은 힘으로 간주되는 입자. W+, W-, Z 보손들은 약한 핵력과 연관된다.

보텀bottom : 쿼크가 가진 성질의 하나. 톱의 반대.

블랙홀black hole : 시공간이 휠 만큼 강력한 중력장이 작용해 빛을 포함해 아무것도 빠져나오지 못하는 물질의 집중체.

ㅅ

상호작용interaction : 물리학자들이 자연의 힘을 지칭하는 용어.

SUSY : 초대칭.

스트레인지strange : 쿼크가 가진 성질의 하나. 참의 반대.

ㅇ

암흑에너지dark energy : 시공간을 평탄하게 만드는 역할을 하는 에너지 형태. 우주를 채우고 있지만 암흑에너지가 정확히 무엇인지는 아직 모른다. 우주의 팽창을 가속시키는 역할도 한다.

액시온axion : 가설적인 아원자 입자로, 우주 총 질량의 큰 부분을 차지한다.

양성자proton : 비교적 무겁고 양전하를 띤 입자. 지구상에서 양성자는 거의 다 전자, 중성자와 함께 원자 속에 갇혀 있다.

양자물리학quantum physics : 원자나 그 이하의 작은 척도에 적용되는 물리학이다.

양자장이론quantum field theory : 물질 입자들 간의 상호작용을 장양자(보손)의 교환으로 설명하는 모든 이론. 전부는 아니지만 일부의 경우(특히 중력) 장양자들끼리 상호작용할 수도 있다.

양자quantum(명사) : 존재할 수 있는 가장 작은 양. 예를 들어 전자기장의 양자는 광자다.

양자quantum(형용사) : 양자역학의 법칙이 지배하는 아주 작은 것의 세계를 가리킨다.

양전자positron : 전자의 반물질 짝.

업up : 쿼크가 가진 성질의 하나. 다운의 반대.

윔프WIMP : 약하게 상호작용하는 무거운 입자Weakly Interacting Massive Particle의 약어. 차가운 암흑물질의 다른 명칭.

은하galaxy : g를 소문자로 쓰면 우주에 존재하는 수천억 개의 별들이 모인 집단을 가리킨다. 대문자 G를 쓰면 역시 수천억 개의 별들이 모인 우리 은하를 가리킨다.

인플레이션inflation : 초기 우주의 일반적인 모델. 관측되는 물체들을 처음 몇분의 1초 동안 시공간이 급속히 팽창한 결과라고 설명한다.

임계 밀도critical density : 우주의 시공간이 평탄한 데 필요한 밀도.

ㅈ

장field : 중력이나 전자기력 같은 힘의 영향권.

적색이동redshift : 관찰자에게서 멀어져가는 물체의 스펙트럼에서 빛의 파장이 늘어지는 현상.

전자볼트electron volt : 입자물리학자들이 질량과 에너지를 측정하는 데 사용하는 단위. 양성자의 질량은 약 1기가전자볼트, 즉 1GeV다.

전자electron : 음전기를 띤 가벼운 입자. 지구상의 대다수 전자는 양성자, 중성자와 함께 원자 속에 갇혀 있다.

중력미자gravitino : 중력자의 초대칭 짝.

중력자gravito : 중력과 관련된 입자. 중력자는 보손 계열에 속한다.

중성미자neutrino : 전하가 없는 매우 가벼운 경입자.

중성자별neutron star : 별의 잔해. 우리 태양과 비슷한 양의 물질이 에베레스트 산의 크기만한 공 속에 밀집해 있다.

중성자neutron : 비교적 무겁고 전기적으로 중성인 입자. 지구상에서 중성자는 거의 다 양성자, 전자와 함께 원자 속에 갇혀 있다.

중입자baryon : 우리가 보통 '입자'라고 여기는 물질. 양성자와 중성자 등을 뜻하지만 전자는 제외된다.

진동oscillation : 일부 종류의 입자들(예컨대 중성미자)이 다른 것으로 전환되었다가 다시 원래의 상태로 돌아오는 현상.

ㅊ

차가운 암흑물질Cold Dark Matter(CDM) : 우주 질량의 상당 부분을 차지하는 물질. 하지만 중입자와 경입자의 형태는 아니다. CDM이 정확히 무엇인지는 아직 모른다.

참charm : 쿼크가 가진 성질의 하나. 스트레인지의 반대.

천문단위astronomical unit : 천문학자들이 사용하는 거리의 단위. 지구에서 태양까지의 평균 거리에 해당한다.

청색이동blueshift : 관찰자를 향해 이동하는 물체의 스펙트럼에서 빛의 파장이 빽빽해지는 현상.

초대칭 짝supersymmetric partner : 초대칭 개념으로 예측된 일상적 보손과 페르미온의 짝.

초대칭supersymmetry(SUSY) : 페르미온의 모든 변종은 보손 짝을 가지고 보손의 모든 변종은 페르미온 짝을 가진다는 모델. 만물이론(TOE)을 찾으려는 시도의 일환이다.

초전자selectron : 전자의 초대칭 짝.

초중성소자neutralino : 중성의 작은 초대칭 입자. 특정 입자를 가리키는 게 아니라 포괄적인 명칭이다.

ㅋ

카온kaon(K-입자) : 보손에 속하는 입자로서 물리 법칙에 작은 비대칭이 있음을 증명한다. 이 비대칭 때문에 물질이 존재할 수 있다.

K메손 : 카온.

keV : 1000eV.

쿼크quark : 모든 중입자를 만드는 기본 입자들의 종류.

퀘이사quasar : 은하 활동적 중심. 태양 질량의 수억 배나 되는 블랙홀에 빨려드는 물질을 연료로 삼는다. 대부분의 퀘이사는 주변의 은하 전체보다도 빛이 밝으며, 태양 수천억 개보다도 밝다. 그래서 아주 먼 우주에서도 볼 수 있다. 퀘이사라는 이름은 준항성quasistellar의 준말인데, 먼 우주의 사진에서 별처럼 보이기 때문에 그런 이름이 붙었다.

ㅌ

타우 중성미자tau neutrino : 중성미자의 무거운 짝(그래도 매우 가볍다).
타우tau : 전자의 무거운 짝.
태양계Solar System : 태양과 주변 행성, 혜성, 기타 우주 잔해.
TeV : 1조 eV.
톱top : 쿼크가 가진 성질의 하나. 보텀의 반대.

ㅍ

파섹parsec : 3.26광년.
파이중간자pion : 양성자와 중성자의 상호작용에 관계하는 세 가지 보손의 종류.
페르미온fermion : 일상 물질을 구성하는 입자. 중입자와 경입자도 페르미온이다.
포티노photino : 광자의 초대칭 짝.

ㅎ

핵자nucleon : 핵 속에 존재하는 입자인 양성자와 중성자를 총칭하는 용어.
핵nucleus : 원자 내부의 알맹이. 양성자와 중성자(둘 다 핵자에 속한다)로 이루어진다.
히그스장Higgs field : 우주 전체를 채운다고 간주되는 가설적인 장. 입자에 질량을 부여한다.

■ 참고문헌

이 목록에 나의 책이 몇 권 나와 있는 이유는 해당 주제에 관한 최고의 책이라는 뜻이 아니라 여기서 다룬 주제들의 배경을 아는 데 도움을 주기 위해서다.

Abbot, George: *Flatland*, Shambhalla, London, 1999 (2차원 세계의 생명에 관한 빅토리아 시대의 고전을 현대에 페이퍼백으로 재출간한 책).
Allday, Jonathan: *Quarks, Leptons and the Big Bang*, IoP Publishing, Briston, 1998.
Barrow, John / Tipler, Frank: *The Anthropic Cosmological Principle*, Oxford University Press, Oxford, 1986.
Bartusiak, Marcia: *Einstein's Unfinished Symphony*, Jeseph Henry Press, Washington, DC, 2000.
Dyson, Freeman: *Origins of Life*, 제2판, Cambridge University Press, Cambridge, 1999.
Feynman, Richard: *The Character of Physical Law*, MIT Press, Cambridge, Mass., 1965.
Greene, Brian: *The Elegant Universe*, Jonathan Cape, London, 1999.
_____: *The Fabric of the Cosmos*, Allen Lane, London, 2004.
Gribbin, John: *In the Beginning*, Viking, London, 1993.
_____: *The Birth of Time*, Weidenfeld & Nicolson, London, 1999.
_____: *Stardust*, Allen Lane, London, 2000.
_____: *Deep Simplicity*, Allen Lane, London, 2004.
Gribbin, John / Gribbin, Mary: *Annus Mirabilis*, Chamberlain, New York, 2005.
Gribbin, John / Rees, Martin: *The Stuff of the Universe*, Penguin, London, 1993.
Guth, Alan: *The Inflationary Universe*, Cape, London, 1997.
Krauss, Lawrence: *The Fifth Essence*, Basic Books, New York, 1989.
Mitton, Simon: *Fred Hoyle*, Aurum Press, London, 2005.

National Research Council: *Connecting Quarks with the Cosmos*, National Academies Press, Washington, DC, 2003.

Oparin, A. I.: *The Origin of Life on the Earth*, 제3판, Oliver & Boyd, Edinburgh, 1957.

Rees, Martin: *Just Six Numbers*, Weidenfeld & Nicolson, London, 1999.

Smolin, Lee: *The Life of the Cosmos*, Weidenfeld & Nicolson, London, 1997.

Stewart, Ian: *Flatterland*, Pan, London, 2003 (George Abbot의 고전을 현대에 계승한 속편).

Thorne, Kip: *Black Holes and Time Warp*, Norton, New York, 1994.

Wickramasinghe, Chandra / Burbidge, Geoffrey / Narlikar, Jayant: *Fred Hoyle's Universe*, Kluwer, Dordrecht, 2003.

■ 찾아보기

ㄱ

가상입자 30, 45, 47, 91, 125
가스-먼지 복합체 207
가시광선 18, 239
각운동량angular momentum 211~212, 217~219, 223
감마선 92, 140, 185, 200, 283
강한 핵력 25, 35, 39, 42, 47~49, 60, 62, 74, 94, 99, 165, 178~180, 222
거대분자구름 214, 216~217, 242, 246
게르마늄 152, 154
경입자輕粒子 35, 43~44, 49, 88, 98~99, 300, 302, 304
고리분자ring molecule 254, 258
골디락스 86
공명 185~187
광붕괴 190
광자 17, 28~32, 36, 45, 49~50, 52, 92, 96~97, 99~101, 103, 105, 107, 109~110, 117~118, 133~134, 148~150, 185, 300~301, 304
구아닌(G) 248
국부은하군 131, 285, 287
규산염 234, 253, 257
규소 검출기 154
글루온 31~32, 34, 43, 47, 60
글리신 246
글리코알데히드 249~250
기저 상태ground state 135~136
꽃불pyrotechnics 292
끈모델string model 56~57, 62

ㄴ

내행성 225, 228, 279
눈금불변scale invariant 293

ㄷ

다당류polysaccharide 255
다운쿼크 26, 33~35, 39, 45, 49
다환방향족탄화수소류polycyclic aromatic hydrocarbon 256
단백질 240, 242~244, 246~247, 249, 258~259, 266
대구경시놉틱망원경Large Synoptic Survey Telescope 291
대전입자 27~28, 30, 46, 78, 107, 133, 230
대통일이론Grand Unified Theory 42~44, 46, 48, 50~51, 58, 77, 91, 96~97, 119, 146, 167, 300
대형강입자가속기Large Hadron Collider 38
도플러 이동 128
도플러 효과 211, 226, 300
동위원소 183, 196, 215
들뜬 상태excited state 185~186
디옥시리보오스 247, 259

ㄹ

리보오스 247, 249~250, 259

ㅁ

막membrane 63
먼지층 213, 216
목성형 행성 225, 227
뮤온muon 35, 50, 117, 121, 300

ㅂ

박테리아 257, 267, 275~276
반입자 92, 94, 99, 101, 283
반중력 80, 157~159, 166, 168, 171
반중성미자 34, 43, 103
방향적외선주파수aromatic infrared band 255
방향족 화합물aromatic compound 254
방화광pyromania 292
배경 잡음 155
배경복사 68~69, 155, 296

백색왜성white dwarf 192~193, 197, 277, 282, 301
베타붕괴beta decay 32~34, 178, 180, 301
별의 폭발starburst 160~161, 210
보손boson 32, 34, 36, 38, 43~45, 47~49, 56, 59~62, 91, 96~98, 300~303
보텀bottom 35, 301, 303
분광학 110~111, 177,199, 211, 231, 233, 239, 252
불변의 상수 159
블랙홀 53, 81, 132~134 137~141, 197, 202, 282~283, 301, 303
비평형 상태 98
빅립Big Rip 286, 291
빅뱅 7,9 32, 55, 64, 66~69, 72~73, 78, 84~86, 89~90, 95~97, 104, 108, 115~119, 122, 129~131, 133~135, 139~140, 147, 151, 156, 160~161, 163, 165, 174, 179~180, 197~198, 201, 203, 206, 208, 213, 282~284, 286, 290, 292~293, 296~297
빅스플랫Big Splat 292
빅크런치Big Crunch 71, 288, 290~291
빛의 거품 284~285

사이클로트론cyclotron 90
상호작용 22~28, 30~37, 43~48, 51~52, 56, 61, 70, 83, 90, 94, 100, 102~103, 104, 107~108, 115, 119~120, 123, 127, 133, 139~141, 146~148, 152, 154~155, 181, 184, 188~189, 192~196, 198, 214, 264, 266, 289, 297, 301~304
새총 효과 217, 280
생체분자biomolecule 250
성간매질interstellar medium 200, 202~203, 214, 217
소립자 7, 14, 16, 18
수소 원자핵 103
수소연소hydrogen burning 181, 183~184, 189, 198, 277, 279
순수 에너지 88

슈라이버자이트 258
스트레인지strange 35, 301, 303
스펀지의 구조 122
스펙트럼 18~21, 110~111, 131, 136, 148, 188, 226, 239, 249, 252~256, 302~303
스핀spin 145
시아노펜트아세틸렌 250
시토신(C) 248
쌍성계 177, 212, 224
쌍성펄서 52

아데닌(A) 246~248
아미노산 243~247, 249~250, 258~260, 264, 266~270
아원자 16, 27, 38, 293, 301
안드로메다은하 108, 287
암흑물질cold dark matter 77, 112, 117, 121~133, 135, 137, 139~140, 144~145, 147, 149~151, 153~155, 158, 164, 169, 171, 302
액시온axion 145~149
양성자 14, 25, 27, 31, 33, 38~39, 43~44, 47, 50, 54, 57, 75~78, 88~89, 91, 96, 100~101, 106, 127, 139, 147, 150, 155, 178~183, 187~189, 221~222, 276, 283, 290~291, 295, 300~304
양성자-양성자 연쇄 반응proton-proton chain 181, 188, 221~222
양자 불확정성 28, 31, 44, 78, 179
양자물리학 16, 18, 28, 73, 177, 185, 301
양자색역학 31, 43, 146
양자역학 28, 30~31, 34, 301
양자장 28, 31~32, 166~167, 301
양전자 32, 45~46, 91~93, 101, 103~104, 189, 191, 283, 302
양전하 19, 23, 25, 31~34, 91, 104, 178~179, 187~188, 234, 283, 301
양친매성兩親媒性 물질amphiphile 268~269
업쿼크 26, 32~35, 43, 45, 49

에크파이로틱 84, 292
에크피로시스ekpyrosis 292
연장된 고무판 73
염소 원자 119~120
예상치 161
오리온성운단 207
오컴의 면도날 169
온실효과 289
와비클 22
완전 소비 188
왜소은하dwarf galaxy 116, 134~135
외각층 192, 194, 199, 202, 234, 239, 251, 276~277
외피-오르트 구름Öpik-Oort Cloud 263
우라실(U) 248
우주마이크로파배경복사 89, 105, 108, 114, 160, 294, 297
우주배경복사cosmic background radiation 67~70, 74, 77~78, 96, 109~112, 114, 117, 133, 139, 163, 290
우주상수 157~166, 169, 171, 173, 284~286, 288
우주선cosmic ray 37, 56, 119~120, 123, 152, 154~155, 280~281
운동에너지 27, 79, 153, 185~186, 296
운석 215, 256~258, 260~261, 264~265, 275
원반은하disc galaxy 129~130, 135, 141
원시별 219~221, 223
원시행성원반protoplanetary disc 230, 234
원자핵 9, 14, 19, 23~25, 33, 47, 72, 90, 103, 152, 154, 164, 177~178, 185, 187
윔프WIMP 145, 302
유기물 256, 261, 265~266, 269
유기분자 240, 242, 246, 268~270
유럽원자핵공동연구소 24
유령에너지phantom energy 286
유모油母 256
유성우 265, 269
유전 코드 249
음에너지 79
음전하 23, 25, 31~34, 91, 234, 283

이성질체isomer 258~260
이종끈이론heterotic string theory 61
인플레이션 74~80, 83, 86, 88, 100, 105, 108, 111~112, 156, 167~168, 171~172, 288, 294, 296~297, 302
일반상대성이론 14~15, 52, 55, 58, 60, 66~67, 70, 72~74, 89, 109, 156, 158, 160~161, 166
임계밀도 70~72, 77
입자가속기 24, 36, 38, 44, 64, 72, 90~91, 99, 180
입자물리학 39, 44, 50~51, 64, 91, 97, 99, 118, 123~124, 145, 165, 178, 186, 189, 302
입자-반입자 상호작용 94
입자빔 38, 47
입자천체물리학 64

ㅈ

자외선 복사 136, 216, 268
장이론 28, 31, 167, 301
재결합recombination 108~109, 114~1,6, 125, 132~133, 135, 140, 169, 200, 202, 220, 290
재규격화renormalization 56~57, 62
재이온화 115~116, 134, 136
적색거성 251, 276~279, 281
적색이동 106, 111, 115~116, 124, 126, 128, 133~136, 139~141, 158~164, 170, 200, 289, 300, 302
적외선 복사 213, 220, 231, 252, 254
전기 방전 245
전자구름 13, 17, 29
전자기력 22~26, 32~34, 42, 47~49, 52, 58, 62, 79, 107, 152, 165, 300~302
전자기약력 36, 39, 42~43, 47, 62, 99
전하량 26, 33~34, 45, 91
점근가지거성asymptotic giant branch 251
제5의 힘quintessence 165~166
제트류 219
조밀화compactification 59~62, 82~83
종족population 198~202, 224, 251

준안정 상태 203
준항성quasistellar 109
중력 14~15, 19, 21~24, 26, 31, 32~33, 39, 42, 51~59, 61~62, 70~71, 74~75, 79~80, 84, 86, 99, 112, 114, 122, 124~130, 133, 135~140, 147, 150, 152, 156~159, 164~171, 174, 176~177, 183, 191, 193~195, 197~199, 207~209, 212, 215~218, 222, 224, 226, 228, 231~235, 252, 261, 276, 279~280, 283, 286~288, 292~293, 295~302
중력미자gravitino 150, 302
중성미자 진동neutrino oscillation 120~121
중성미자neutrino 33~35, 43, 50~51, 101~103, 117~124, 145, 147~151, 155, 168~169, 195, 283, 300, 302~303
중성자 9, 14, 25, 33~34, 43, 46, 52, 88, 92, 96, 100~105, 109, 127, 147, 178, 180, 191, 194, 196~197, 222, 282~283, 291, 300~304
중수소 원자핵 103
중심핵 13
중입자 88, 91, 94~97, 99~106, 109~112, 114~115, 122~123, 127~133, 139~141, 144~147, 151~152, 154, 156, 158~159, 169, 174, 177, 198, 241, 258, 282~283, 302~304
중합체polymer 255, 267
진공 에너지 167~168
진공의 요동 30, 45
진동oscillation 16, 50~51, 53, 60~61, 63, 120~122, 153, 185, 268, 302
질량점 126

차세대우주망원경Next Generation Space Telescope 233
찬드라세카르 한계 193, 196
참charm 35, 303
청색이동 지평선 289
초고온 294
초대류 74

초대칭 48~51, 91, 97, 149~150, 167~168, 301~304
초신성가속탐사기 291
초신성supernova 102, 161, 285, 291
초은하 78, 140, 287
초전자selectron 49, 303
초중력supergravity 62
초중성소자neutralino 150~155, 303
추적자장tracker field 166

카르복시산 258
카온kaon 121, 123, 303
카이퍼벨트Kuiper Belt 228~229, 232
칼루차—클라인 모델 59~60
코스모스Cosmos 171~172
쿼크 26~27, 31~35, 43~45, 49, 88, 92~94, 98~100, 147, 300~304
퀘이사quasar 109, 137~140, 201, 303

탄성 12~13
탄소별 252, 254~256
탄화규소 252, 254
터널 효과tunnel effect 179~180
톱top 35, 301, 303
특수상대성이론 30
티민(T) 248

ㅍ

파동 16~18, 21~22, 29, 48, 52~53, 121, 148~149, 177, 179, 260
파동—입자 이중성 21~22, 29, 121, 179
판구조plate tectonics 229
페르미가속기연구소Fermilab 90
페르미온fermion 32~34, 43~44, 48~49, 60~61, 303~304
펩티드 267
평탄한 우주flat Universe 71, 83, 124, 174
평탄화 158
포말하우트 231~232
포티노photino 49, 304

표준모델 13, 16, 21, 27, 32, 35~39, 47~48, 50, 57~58, 60, 68~69, 297
프랙탈fractal 215
플라즈마 100, 107~108, 290
피닉스 우주Phoenix Universe 292

ㅎ

항성블랙홀 138
항성풍 252
핵력 22, 25, 34~35, 39, 42~43, 47~49, 58, 60, 62, 74, 94, 99, 102, 165, 178~180, 301
핵물질 73, 101
핵산 242, 247~248, 250, 259
핵자 25~27, 109~111, 183, 188, 190~191, 304
핵합성nucleosynthesis 104~105, 109~112, 118~119, 131~132, 134, 180, 182~184, 187, 190, 192, 198~199, 208, 241, 277
핼리혜성 262~263
행성상 성운planetary nebula 192
행성찌꺼기 228~229, 231, 233~235
헥사메틸렌테트라민 268
헬륨 9, 97, 99, 104~105, 109, 111, 115, 118~119, 122, 131, 149, 174, 177~178, 181~184, 187~191, 193, 195, 198~199, 201, 208, 222, 231, 233, 241, 245, 251, 253, 258, 276~277
호킹 복사Hawking radiation 283
화가자리 베타 230~232, 263
회전력 219
횡단 시간crossing time 217
희미한 초신성 202
히그스장Higgs field 37, 39, 304